高等学校计算机基础教育系列教材

多媒体应用技术教程
（第2版·微课版）

宗绪锋 孙希涛 王鑫 主编

清华大学出版社
北 京

内容简介

本教材从应用的角度出发,以实例为主线,在多媒体技术基本理论和基本概念的基础上,系统地讲解了多媒体素材的处理制作,以及运用多媒体素材进行多媒体作品的设计开发的方法。主要内容包括图像处理、图形绘制、声音录制、影视编辑、二维动画制作以及多媒体作品创作。运用的主要工具软件有Photoshop、Illustrator、Audition、Premiere、Animate、PowerPoint。

本教材内容先进,结构合理,实例丰富,图文并茂,配有教学视频、电子教案、教材实例和习题的原始素材及最终作品等教学资源,供教师和学习者使用。基于本教材的在线课程,为学习者提供了良好的学习环境。

本教材适合作为高等院校本科生、专科生的教材,也可供多媒体制作人员学习参考。

图书在版编目(CIP)数据

多媒体应用技术教程:微课版/宗绪锋,孙希涛,王鑫主编. —2版. —北京:清华大学出版社,2022.10
高等学校计算机基础教育系列教材
ISBN 978-7-302-61967-3

Ⅰ.①多… Ⅱ.①宗… ②孙… ③王… Ⅲ.①多媒体技术-高等学校-教材 Ⅳ.①TP37

中国版本图书馆CIP数据核字(2022)第181623号

责任编辑:白立军 薛 阳
封面设计:何凤霞
责任校对:焦丽丽
责任印制:沈 露

出版发行:清华大学出版社
网 址:http://www.tup.com.cn, http://www.wqbook.com
地 址:北京清华大学学研大厦A座 邮 编:100084
社 总 机:010-83470000 邮 购:010-62786544
投稿与读者服务:010-62776969, c-service@tup.tsinghua.edu.cn
质量反馈:010-62772015, zhiliang@tup.tsinghua.edu.cn
课件下载:http://www.tup.com.cn,010-83470236
印 装 者:三河市龙大印装有限公司
经 销:全国新华书店
开 本:185mm×260mm **印 张**:18.75 **字 数**:435千字
版 次:2011年8月第1版 2022年10月第2版 **印 次**:2022年10月第1次印刷
定 价:59.80元

产品编号:060028-01

前言

多媒体技术是基于计算机科学的综合高新技术，具有很强的实用性，应用领域非常广泛。多媒体应用技术以极强的渗透力进入人们的生活、工作、学习、娱乐中，使信息展示更加生动，人机交互更加简捷，更加接近人们自然的信息交流方式。多媒体应用技术受到了广大读者的关注和喜爱。

本教材由长期从事多媒体教学和多媒体开发、有着丰富的教学实践经验的一线教师编写，其内容按照“基础知识→素材制作→作品创作”的顺序编排，以便使学生在掌握基本知识的基础上进行多媒体素材的制作，并合理运用多媒体素材进行多媒体作品的创作。基础知识部分对多媒体技术及硬件设备、各类媒体的概念及原理进行概括性的介绍，使学习者对多媒体应用技术产生总体的了解，为后面内容的学习进行铺垫；素材制作部分分别介绍图像处理、图形绘制、声音录制、视频编辑、动画制作等方面的内容；作品创作部分介绍多媒体作品设计与制作的方法。整个教材在多媒体基本理论的基础上，以相关的应用实例为主线，系统介绍素材制作和作品创作的方法和过程，注重理论知识与实际应用相结合，在保证学科体系完整的基础上注重设计技能和动手能力的培养。

本教材共分为 7 章，第 1 章概括介绍多媒体基本概念、多媒体关键技术及应用领域、多媒体计算机系统组成、各种媒体的基本概念和原理、多媒体作品的创作流程等；第 2 章介绍用数字图像处理软件 Photoshop 进行图像处理的方法；第 3 章介绍用图形制作软件 Illustrator 进行图形绘制的方法；第 4 章介绍用数字声音编辑软件 Audition 进行声音录制的方法；第 5 章介绍用影视编辑软件 Premiere 进行视频编辑的方法；第 6 章介绍用二维动画软件 Animate 进行动画制作的方法；第 7 章介绍用演示文稿制作软件 PowerPoint 进行多媒体作品创作的方法。

本教材力求深入浅出，循序渐进，有利于读者系统地学习、了解、掌握和运用多媒体应用技术，带领学习者进入丰富多彩的多媒体世界，为多媒体应用技术的深入运用打下良好的基础。教材涉及的多媒体制作及开发工具都是当前流行的主流产品和最新版本。

本教材总学时建议安排为 32 学时，其中理论教学 16 学时，实验 16 学时，在学习过程中可以根据专业背景和需要进行适当取舍。

教材配有高质量教学视频、精美的教学课件、教材实例和习题的原始素材及最终作品等立体化教学资源。基于本教材的在线课程，为学习者提供了良好的学习环境。

本教材由宗绪锋、孙希涛、王鑫主编。第 1 章由宗绪锋、孙希涛编写，第 2 章由韩笑编写，第3章由宗绪锋、徐晓彤编写，第4章由张凌燕、孙希涛编写，第5章由董辉编写，第6章由徐晓彤编写，第7章由宗绪锋、王鑫编写。参加教材编写及微课录制的还有王涛、魏建国、陈爽和李凤慧等。

在本教材的编写过程中，清华大学出版社给予了大力的支持。在此，对参加编写的同仁以及清华大学出版社表示由衷的感谢！

由于编者水平有限，书中难免存在一些疏漏和不足，恳请广大读者批评指正。

编　者

2022年8月

目录

第1章

多媒体技术基础知识

本章学习目标

- 理解多媒体的相关概念。
- 了解多媒体关键技术及应用领域。
- 了解多媒体计算机系统的组成、主要功能。
- 熟悉常用的多媒体计算机辅助设备。
- 理解图形、图像的基本概念及图形和图像的比较。
- 理解音频、视频的基本概念。
- 理解动画的基本概念和主要技术方法。
- 了解多媒体作品的基本模式和创作流程。
- 了解各种媒体素材制作及多媒体作品创作的工具软件。

1.1 多媒体及相关概念

1.1.1 信息与媒体

1. 信息

信息(Information)是有某种价值并且有传递意义的内容。通知、消息、报告、新闻等有价值的内容,只有传播才有存在的意义;数据、资料等是具有某种价值的内容,有了传播的需求和过程之后就成为信息;人们通过获得、识别自然界和社会的不同信息来区别不同事物,得以认识和改造世界。

2. 媒体

在信息社会中,信息的表现形式是多种多样的,人们把这些表现形式称为媒体。在计算机技术领域中,媒体(Medium)是指信息传递和存储的最基本的技术和手段,它包括两个方面的含义:一方面是指存储信息的实体,如磁盘、光盘、磁带等,通常称为媒质;另一方面是指传递信息的载体，如文字、图像、声音、影视等，通常称为媒介。

按照ITU(国际电信联盟)标准的定义，媒体可分为下列5种。

(1) 感觉媒体(Perception Medium)。感觉媒体是指能直接作用于人的感官，使人产生感觉的一类媒体，如人们所看到的文字、图像，听到的声音等。

(2) 表示媒体(Representation Medium)。表示媒体是指为了有效地加工、处理和传输感觉媒体而人为研究和构造出来的一种媒体，例如，文本编码、语言编码、静态和活动图像编码等，都是表示媒体。

(3) 显示媒体(Presentation Medium)。显示媒体是指感觉媒体与用于通信的电信号之间转换用的一类媒体，即获取信息或显示信息的物理设备，可分为输入显示媒体和输出显示媒体。键盘、鼠标、麦克风、摄像机、扫描仪等是输入显示媒体；显示器、打印机、音箱、投影仪等属于输出显示媒体。

(4) 存储媒体(Storage Medium)。存储媒体是指用于存放数字化的表示媒体的存储介质，如磁盘、光盘、磁带等。

(5) 传输媒体(Transmission Medium)。传输媒体是指用来将表示媒体从一处传递到另一处的物理传输介质，如同轴电缆、双绞线、光缆、电磁波等。

1.1.2 多媒体

1. 多媒体的定义

运用计算机技术对信息的处理涉及多种媒体形式，这样我们自然会联想到目前非常流行的一个词——多媒体。“多媒体”一词是20世纪80年代初出现的英文单词Multimedia的译文，是由词根“multi”和“media”构成的复合词。实际上，一般所说的“多媒体”，不仅指多种媒体信息本身，而且还指处理和应用各种媒体信息的相应技术，因此，“多媒体”通常是指“多媒体技术”，是“多媒体技术”的同义词。

多媒体技术和计算机技术是密不可分的，它是一种基于计算机科学的综合高新技术。多媒体技术从不同的角度可有不同的定义，概括起来可将其描述为“多媒体技术就是计算机交互式综合处理多种媒体信息——文本、图形、图像和声音，使多种信息建立逻辑连接，集成为一个系统，并具有交互性。简言之，多媒体技术就是计算机综合处理声、文、图信息的技术，具有集成性、实时性和交互性。”

2. 多媒体的类型

多媒体信息包括文本、图形、图像、声音、影视、动画等多种不同的形式，不同类型的媒体由于内容和格式的不同，相应的内容管理和处理方法也不同，存储量的差别也很大。

(1) 文字。文字是人们在现实世界中进行通信交流的主要形式，也是人与计算机之间进行信息交换的主要媒体。在计算机中，文字用二进制的编码表示，即使用不同的二进制编码来代表不同的文字。常用的文字包括西文与汉字。在计算机中，西文采用美国信息交换标准代码(American Standard Code for Information Interchange，ASCII)表示。汉字编码包括：汉字的输入编码、汉字内码和汉字字模码，是计算机中用于输入、内部处理、输出三种不同用途的编码。传统的文字输入方法是利用键盘进行输入，目前可以通过手写输入设备直接向计算机输入文字，也可以通过光学符号识别（OCR）技术自动识别文字进行输入。较理想的输入方法是利用语音进行输入，让计算机能听懂人的语言，并将其转换成机内代码，同时计算机可以根据文本进行发音，真正实现“人机对话”，这正是多媒体技术需要解决的问题。

（2）图形。图形是指由点、线、面以及三维空间所表示的几何图。在几何学中，几何元素通常用矢量表示，所以图形也称矢量图形。矢量图形是以一组指令集合来表示的，这些指令用来描述构成一幅图所包含的直线、矩形、圆、圆弧、曲线等的形状、位置、颜色等各种属性和参数。

（3）图像。图像是一个矩阵，其元素代表空间中的一个点，称为像素（Pixel），每个像素的颜色和亮度用二进制数来表示，这种图像也称为位图。黑白图用 1 位值表示，灰度图常用 4 位（16 种灰度等级）或 8 位（256 种灰度等级）来表示某一个点的亮度，而彩色图像则有多种描述方法。位图图像适合于表现比较细致、层次和色彩比较丰富、包含大量细节的图像。

（4）声音。声音是多媒体信息的一个重要组成部分，也是表达思想和情感的一种必不可少的媒体。声音主要包括波形声音、语音和音乐三种类型。声音是一种振动波，波形声音是声音的最一般形态，它包含所有的声音形式；语音是一种包含丰富的语言内涵的波形声音，人们对于语音，可以经过抽象，提取其特定的成分，从而达到对其意义的理解，它是声音中的一种特殊媒体；音乐就是符号化了的声音，和语音相比，它的形式更为规范，如音乐中的乐曲，乐谱就是乐曲的规范表达形式。

（5）视频。我们的眼睛具备一种“视觉暂留”的生物现象，即在观察过物体之后，物体的映像将在眼睛的视网膜上保留短暂的时间。因此，如果以足够快的速度不断播放每次略微改变物体的位置和形状的一幅幅图像，眼睛将感觉到物体在连续运动。影视（Video）系统（如电影和电视）就是应用这一原理产生的动态图像。这一幅幅图像被称为帧（Frame），它是构成影视信息的基本单元。传统的广播电视系统采用的是模拟存储方式，要用计算机对影视进行处理，必须将模拟影视转换成数字影视。数字化影视系统是以数字化方式记录连续变化的图像信息的信息系统，并可在应用程序的控制下进行回放，甚至通过编辑操作加入特殊效果。

（6）动画。动画和影视类似，都是由一帧帧静止的画面按照一定的顺序排列而成，每一帧与相邻帧略有不同，当帧以一定的速度连续播放时，视觉暂留特性造成了连续的动态效果。计算机动画和影视的主要差别类似图形与图像的区别，即帧画面的产生方式有所不同。计算机动画是用计算机表现真实对象和模拟对象随时间变化的行为和动作，是利用计算机图形技术绘制出的连续画面，是计算机图形学的一个重要分支；而数字影视主要指模拟信号源（如电视、电影等）经过数字化后的图像和同步声音的混合体。目前，在多媒体应用中有将计算机动画和数字影视混同的趋势。

（7）超文本与超媒体。在当今的信息社会，信息不断地迅猛增加，而且种类也不断增长，除了文本、数字之外，图形、图像、声音、影视等多媒体信息已在信息处理领域占有越来越大的比重。如何对海量的多媒体信息进行有效的组织和管理，以便于人们检索和查看，已成为一项重要的课题。超文本与超媒体技术的出现，使这一课题得到了较好的解决，目前它已成为 Internet 上信息检索的核心技术。人类的记忆是以一种联想的方式构成的网络结构。网状结构有多种路径，不同的联想检索必然导致不同的路径。网状信息结构用传统的文本形式是无法管理的，必须采用一种比文本更高层次的信息管理技术——超文本。超文本(Hypertext)可以简单地定义为收集、存储和浏览离散信息，以及建立和表示信息之间关系的技术。从概念上讲，一般把已组成网(Web)的信息称为超文本，而把对其进行管理使用的系统称为超文本系统。超文本具有非线性的网状结构，这种结构可以按人脑的联想思维方式把相关信息块联系在一起，通过信息块中的"热字""热区"等定义的链来打开另一些相关的媒体信息，供用户浏览。随着多媒体技术的发展，超文本中的媒体信息除了文字外，还可以是声音、图形、图像、影视等多媒体信息，从而引入了"超媒体"这一概念，超媒体＝多媒体＋超文本。"超文本"和"超媒体"这两个概念一般不严格区分，通常看作同义词。

3. 多媒体技术的特性

根据多媒体技术的定义，可以看出多媒体技术具有集成性、交互性和实时性等关键特性。这也是多媒体技术研究过程中必须解决的主要问题。

(1) 集成性。人类对于信息的接收和产生，主要在视觉、听觉、触觉、嗅觉和味觉 5 个感觉空间内。多媒体技术目前提供了多维信息空间下的影视与声音信息的获取和表示的方法，广泛采用文字、图形、图像、声音、影视、动画等多样化的信息形式，使得人们的思维表达有了更充分、更自由的扩展空间。对于多媒体信息的多样化，多媒体技术是把各种媒体有机地集成在一起的一种应用技术。多媒体的集成性主要表现在两个方面：多媒体信息载体的集成和处理这些多媒体信息的设备的集成。多媒体信息载体的集成是指将文字、图形、图像、声音、影视、动画等信息集成在一起综合处理，组合成一个完整的多媒体信息，它包括信息的多通道统一获取、多媒体信息的统一存储与组织、多媒体信息表现合成等方面；而多媒体信息的设备集成则包括计算机系统、存储设备、音响设备、影视设备等的集成，是指将各种媒体在各种设备上有机地组织在一起，形成多媒体系统，从而实现声、文、图、像的一体化处理。

(2) 交互性。交互性是多媒体技术的关键特性，它向用户提供了更加有效地控制和使用信息的手段，可以增加对信息的注意和理解，延长信息的保留时间，使人们获取信息和使用信息的方式由被动变为主动。人们可以根据需要对多媒体系统进行控制、选择、检索和参与多媒体信息的播放和节目的组织，而不再像传统的电视机那样，只能被动地接收编排好的节目。交互性的特点使人们有了使用和控制多媒体信息的手段，并借助这种交互式的沟通达到交流、咨询和学习的目的，也为多媒体信息的应用开辟了广阔的领域。目前，交互的主要方式是通过观察屏幕的显示信息，利用鼠标、键盘或触摸屏等输入设备对屏幕的信息进行选择，达到人机对话的目的。随着信息处理技术和通信技术的发展，还可以通过语音输入、网络通信控制等手段来进行交互。

(3) 实时性。由于多媒体技术是研究多种媒体集成的技术，其中声音和活动的图像是与时间密切相关的，这就要求对它们进行处理以及人机的交互、显示、检索等操作都必须实时完成，特别是在多媒体网络和多媒体通信中，实时传播和同步支持是一个非常重要的指标。如在播放声音和图像时，不能出现停顿现象，并且要保持同步，否则会影响播放的效果。

除了上述三个特性之外，数字化也是多媒体技术的一个基本特性。因为在多媒体计算机系统中，各种媒体信息都是以数字的形式存放到计算机中，并对其进行处理。多媒体计算机技术就是建立在数字化处理的基础上的。由于多媒体信息种类繁多，包括文字、图形、图像、动画、声音、影视信号等，它们的表示形式在现实中也都各不相同，因此必须把这些多媒体的信息数字化，才能按一定结构存储，使各种信息之间建立逻辑关系，利用计算机对这些信息进行处理，实现多媒体信息的一体化，进而通过有线或无线网络进行传输。因此，多媒体信息的数字化是多媒体技术发展的基础。

1.1.3 相关概念

与多媒体相关的概念有数字媒体、新媒体、自媒体、融媒体等，这些概念既有区别，又有联系，是从不同的角度和形态对媒体的描述。

1. 数字媒体

2005 年 12 月 26 日，由科技部牵头的 863 专家组制定的《2005 中国数字媒体技术发展白皮书》发布(以下简称“白皮书”)。863 专家组以“文化为体，科技为酶”概括数字媒体的本质，白皮书给出了“数字媒体”的定义：数字媒体是数字化的内容作品，以现代网络为主要传播载体，通过完善的服务体系，分发到终端和用户进行消费的全过程。这一定义强调数字媒体的传播方式是通过网络，而将光盘等媒介内容排除在数字媒体的传播范畴之外。这是因为网络传播是数字媒体传播中最显著和最关键的特征，也是必然的发展趋势，而光盘等方式本质上仍然是传统的传播渠道。数字媒体具有数字化特征和媒体特征，有别于传统媒体，数字媒体不仅在于内容的数字化，更在于其传播手段的网络化。

从数字媒体定义的角度来看，可以从以下三个维度进行分类。

(1) 按时间属性划分，数字媒体可分成静止媒体(Still Media)和连续媒体(Continuous Media)。静止媒体是指内容不会随着时间而变化的数字媒体，如文本和图片；而连续媒体是指内容随着时间而变化的数字媒体，如音频、视频、虚拟图像等。

(2) 按来源属性划分，数字媒体可分成自然媒体(Natural Media)和合成媒体(Synthetic Media)。其中，自然媒体是指客观世界存在的景物、声音等，经过专门的设备进行数字化和编码处理之后得到的数字媒体，如数码相机拍的照片、数码摄像机拍的影像等。合成媒体则是指以计算机为工具，采用特定符号、语言或算法表示的，由计算机生成(合成)的文本、音乐、语音、图像和动画等，如用 3D 制作软件制作出来的动画角色。

(3) 按组成元素划分，数字媒体又可分成单一媒体(Single Media)和多媒体(Multi Media)。顾名思义，单一媒体就是指单一信息载体组成的载体；而多媒体则是指多种信息载体的表现形式和传递方式。

数字媒体通过计算机和网络进行信息传播，将改变传统大众传播中传播者和受众的关系以及信息的组成、结构、传播过程、方式和效果。数字媒体传播模式主要包括大众传播模式、媒体信息传播模式、数字媒体传播模式、超媒体传播模式等。信息技术的革命和发展不断改变着人们的学习方式、工作方式和娱乐方式。

2.新媒体

新媒体是新的技术支撑体系下出现的媒体形态，如数字杂志、数字报纸、数字广播、手机短信、移动电视、网络、桌面视窗、数字电视、数字电影、触摸媒体等。相对于报纸、杂志、广播、电视四大传统意义上的媒体，新媒体被形象地称为“第五媒体”。

新媒体也是一个宽泛的概念，是利用数字技术和网络技术，通过互联网、宽带局域网、无线通信网、卫星等渠道，以及计算机、手机、数字电视机等终端，向用户提供信息和娱乐服务的传播形态。

关于“新媒体”的确切定义，业界和学界目前尚未达成共识。其实，“新媒体”是一个通俗的说法，严谨的表述是“数字化交互式新媒体”。从技术上看，新媒体是数字化的；从传播特征上看，新媒体具有高度的互动性。数字化、互动性是新媒体的本质特征。新媒体的传播过程具有非线性的特点，信息发送和接收可以是同步的，也可以是异步进行。诸如楼宇媒体、车载电视等，由于缺乏互动性，不属于新媒体的范畴，而是新出现的传统媒体。

3. 自媒体

自媒体是指普通大众通过网络等途径向外发布他们本身的事实和新闻的传播方式。“自媒体”，英文为“We Media”，是普通大众经由数字科技与全球知识体系相连之后，一种提供与分享他们本身的事实和新闻的途径，是私人化、平民化、普泛化、自主化的传播者，以现代化、电子化的手段，向不特定的大多数或者特定的单个人传递规范性及非规范性信息的新媒体的总称。

自媒体有别于由专业媒体机构主导的信息传播，它是由普通大众主导的信息传播活动，由传统的“点到面”的传播，转换为“点到点”的一种对等的传播概念。同时，它也指为个体提供信息生产、积累、共享、传播内容兼具私密性和公开性的信息传播方式。

自媒体之所以爆发出如此大的能量和对传统媒体有如此大的威慑力，从根本上说取决于其传播主体的多样化、平民化和普泛化。

(1) 多样化。自媒体的传播主体来自各行各业，这相对于传统媒体从业人员单个行业的知晓能力来说，可以说是覆盖面更广。在一定程度上，他们对于新闻事件的综合把握可以更具体、更清楚、更切合实际。

(2) 平民化。自媒体的传播主体来自社会底层，自媒体的传播者因此被定义为“草根阶层”。这些业余的新闻爱好者相对于传统媒体的从业人员来说体现出更强烈的无功利性，他们的参与带有更少的预设立场和偏见，他们对新闻事件的判断往往更客观、公正。

(3) 普泛化。自媒体最重要的作用是：它授话语权给草根阶层、给普通民众，它张扬自我、助力个性成长，铸就个体价值，体现了民意。这种普泛化的特点使“自我声音”的表达愈来愈成为一种趋势。

4. 融媒体

从自媒体出现之后，这些自媒体公司成为平台的搭建者。例如，“今日头条”并不产生新闻，可有很多作者在这个平台上创作，因此这些平台获得了巨大的用户量。这样，自媒体对传统媒体的倒逼，便出现了融媒体。

融媒体是充分利用媒介载体，把广播、电视、报纸等既有共同点，又存在互补性的不同媒体，在人力、内容、宣传等方面进行全面整合，实现“资源通融、内容兼容、宣传互融、利益共融”的新型媒体。

“融媒体”不是一个独立的实体媒体，而是一个把广播、电视、互联网的优势互为整合，互为利用，使其功能、手段、价值得以全面提升的一种运作模式。广播、电视、网络同时变为共同为一个项目活动服务的三种形式、手段和方法。合理整合新老媒体的人力物力资源，变各自服务为共同服务。首先将广播与网站合并，将双方原采编人员打通，组建成立了“媒体采编中心”。中心记者外出采访时，将录音笔和数码相机两种采访设备同时携带，为广播和网络同时供稿，既保证了双方新闻稿源，降低了人力成本，又提升了网站新闻稿件的权威性和原创能力。

1.2 多媒体关键技术及应用领域

1.2.1 多媒体计算机关键技术

多媒体信息的处理和应用需要一系列相关技术的支持，下列各项技术是多媒体计算机的关键技术，也是多媒体研究的热点课题，是未来多媒体技术发展的趋势。

1. 多媒体数据压缩编码与解压缩技术

信息时代的重要特征是信息的数字化，而数字化的数据量特别是声音和影视的数据量相当庞大，给数据的存储、传输和处理带来了极大的压力。而另一方面，多媒体的图、文、声、像等信息有着极大的相关性，存在着大量的冗余信息。所谓的冗余，是指信息中存在的各种性质的多余度，若把这些冗余的信息去掉，只保留相互独立的信息分量，就可以减少数据量，实现数据的压缩。

鉴于此，多媒体数据压缩编码技术是解决大数据量存储与传输问题的行之有效的方法。采用先进的压缩编码算法，对数字化的声音和影视信息进行压缩，既节省了存储空间，又提高了传输效率，同时也使计算机实时处理和播放声音、影视信息成为可能。

数据的压缩可分为无损压缩和有损压缩两种形式。无损压缩是指压缩后的数据经解压缩后还原得到的数据与原始数据相同，不存在任何误差。例如，文本数据的压缩必须使用无损压缩，因为文本数据一旦有损失，信息就会产生歧义。有损压缩是指压缩后的数据经解压缩后，在还原时得到的数据与原数据之间存在着一定的差异，由于允许有一定的误差，因此这类技术往往可以获得较大的压缩比。例如，在多媒体图像信息处理中，一般采用有损压缩，虽然压缩后还原得到的数据与原始数据存在一定的误差，但人的眼睛觉察不出来，这种误差是被允许的。

计算机技术的发展离不开标准规范，目前最流行的压缩编码的国际标准有以下三种。

- 静止图像压缩编码标准：JPEG。
- 运动图像压缩编码标准：MPEG。
- 影视通信编码标准：H.261(P×64)。

2. 多媒体数据存储技术

多媒体信息的特点是数据量大，实时性强。多媒体数据虽然经过压缩处理，但其数据量仍然很大，在存储和传输时需要很大的空间和时间开销。因此，发展大容量、高速度、使用方便、性能可靠的存储器是多媒体技术的关键技术之一。

硬盘是计算机重要的存储设备，随着存储技术的不断提高，目前单个硬盘的容量已达到上百个GB。在一些大型服务器和影视点播系统中广泛采用的磁盘阵列RAID(Redundent Array of Inexpensive Disk)，是由许多台小型的磁盘存储器按一定的组合条件组成的超大容量、快速响应、高可靠性的存储系统，其最大集成容量可达上千个GB或更多。同时，光盘的发展速度也很快。VCD采用MPEG-1图像压缩技术，已广泛用于电影、广告、电子出版物和教育培训等方面，成为市场上最热门的光盘产品之一。DVD采用MPEG-2图像压缩技术，现已推出单面单密、单面双密、双面单密、双面双密四种记录密度格式的DVD光盘，其单面单密格式的容量为4.7GB，双面双密格式的容量可达到17GB。

3. 多媒体数据库技术

传统的数据库只能解决数值与字符数据的存储与检索。根据多媒体数据的特点，多媒体数据库除要求处理结构化的数据外，还要求处理大量非结构化数据。多媒体数据库需要解决的问题主要有：数据模型、数据压缩/还原、数据库操作、浏览、统计查询以及对象的表现。

随着多媒体计算机技术的发展，面向对象技术的成熟以及人工智能技术的发展，多媒体数据库、面向对象的数据库以及智能化多媒体数据库的发展越来越迅速，它们将进一步发展或取代传统的数据库，形成对多媒体数据进行有效管理的新技术。

4. 多媒体网络与通信技术

现代社会人们的工作方式的特点是具有群体性、交互性。传统的电信业务如电话、传真等通信方式已不能适应社会的需要，迫切要求通信与多媒体技术相结合，为人们提供更加高效和快捷的沟通途径，如提供多媒体电子邮件、视频会议、远程交互式教学系统、点播电视等新的服务。

多媒体通信是一个综合性技术，涉及多媒体技术、计算机技术和通信技术等领域，长期以来，一直是多媒体应用的一个重要方面。由于多媒体的传输涉及包括声音、影视和数据在内的多方面内容，需要完成大数据量的连续媒体信息的实时传输、时空同步和数据压缩，如语音和影视有较强的实时性要求，它容许出现某些细节的错误，但不能容忍任何延迟；而对于数据来说，可以容忍延时，但不能有任何错误，因为即便是一字节的错误都将会改变整个数据的意义。为了给多媒体通信提供新型的传输网络，发展的重点为宽带综合业务数字网(B-ISDN)。它可以传输高保真立体声和高清晰度电视，是多媒体通信的理想环境。

5. 多媒体信息检索技术

多媒体信息检索是根据用户的要求，对文本、图形、图像、声音、动画等多媒体信息进行检索，以得到用户所需要的信息。其中，基于特征的多媒体信息检索技术有着广阔的应用前景，它将广泛用于远程教学、远程医疗、电子会议、电子图书馆、艺术收藏和博物馆管理、地理信息系统、遥感和地球资源管理、计算机支持协同工作等方面。例如，数字图书馆可将物理信息转换为数字多媒体形式，通过网络供世界各地的用户使用。计算机使用自然语言查询和概念查询对返回给用户的信息进行筛选，使相关数据的定位更为简单和精确；聚集功能将查询结果组织在一起，使用户能够简单地识别并选择相关的信息；摘要功能能够对查询结果进行主要观点的概括，而使用户不必查看全部文本就可以确定所要查找的信息。

6. 人机交互技术

人机交互技术(Human-Computer Interaction Techniques)是指通过计算机输入、输出设备，以有效的方式实现人与计算机对话的技术。它包括机器通过输出或显示设备给人提供大量有关信息及提示请示等，人通过输入设备给机器输入有关信息，回答问题及提示请示等。人机交互技术是计算机用户界面设计中的重要内容之一。

人机交互从技术上讲，主要是研究人与计算机之间的信息交换，它主要包括人到计算机和计算机到人的信息交换两部分。一方面，研究人们如何借助键盘、鼠标、操纵杆、眼动跟踪器、位置跟踪器、数据手套、压力笔等设备，用手、脚、声音、姿势或身体的动作、眼睛甚至脑电波等向计算机传递信息。另一方面，研究计算机如何通过打印机、绘图仪、显示器、头戴式显示器(Head Mount Display，HMD)、音箱、力反馈等输出设备给人提供信息。

人机交互与认知心理学、人机工程学、多媒体技术和虚拟现实与增强现实技术密切相关。其中，认知心理学与人机工程学是人机交互技术的理论基础，而多媒体技术和虚拟现实与增强现实技术与人机交互技术相互交叉和渗透。

认知心理学研究人们如何获得外部世界信息，信息在人脑内如何表示并转换为知识，知识怎样存储，又如何用来指导人们的注意和行为，了解认知心理学原理可以指导人们进行人机交互界面设计。

人机工程学运用生理学、心理学和医学等有关知识，研究人、机器、环境相互间的合理关系，以保证人们安全、健康、舒适地工作，从而提高整个系统工效。

多媒体技术将文本、声音、图形、图像、影视等集成在一起，而动画、声音、影视等动态媒体大大丰富了计算机表现信息的形式，拓宽了计算机输出的带宽，提高了用户接收信息的效率。目前多媒体技术的研究基本上限于信息的存储和传输方面，媒体理解和推理研究较少。多通道人机交互研究的兴起，将进一步提高计算机的信息识别、理解能力，提高人机交互的效率和用户友好性，将人机交互技术和用户界面设计引向更高境界。

自然和谐的交互方式是虚拟现实技术的一个重要研究内容，其目的是使人能以声音、动作、表情等自然方式与虚拟世界中的对象进行交互，虚拟现实为人机交互的研究提供了很好的契机和媒介。

增强现实技术融合了虚拟环境与真实环境，其在交互性与可视化方法方面开辟了一个崭新的领域；而虚拟现实使用虚拟环境取代了真实环境。增强现实是把虚拟的信息立体化，在人的周围环境中再现出来，虚实结合，能够达到以假乱真的效果，给人逼真的感觉。在增强现实环境中交互是实时的。

7. 虚拟现实技术

虚拟现实(Virtual Reality，VR)是当今计算机科学中最尖端的课题。虚拟现实是计算机硬件技术、软件技术、传感技术、人工智能及心理学等技术的综合。它利用数字媒体系统生成一个具有逼真的视觉、听觉、触觉及嗅觉的模拟现实环境，受众可以用人的自然技能对这一虚拟的现实进行交互体验，仿佛在真实现实中的体验一样。

虚拟现实之所以能让用户从主观上有一种进入虚拟世界的感觉，而不是从外部去观察它，主要是采用了一些特殊的输入/输出设备。

- 头戴式显示器。最重要的输入/输出设备是头戴式显示器，又称为数据头盔。HMD取代计算机屏幕，能使用户产生进入虚拟世界的感觉的主要原因是采用了两种技术：一是微型显示器使人的每只眼睛产生不同的成像，产生了三维立体的效果；二是HMD配有立体声耳机，以产生三维声音。除了输出信息，HMD同时也是一种输入设备，它可以对HMD的移动进行监视，以获取用户头部的空间位置及方向等信息，并传送给计算机，使计算机根据这些信息调节虚拟世界中图像的显示。处理三维声音的系统也随之调节声音，并反映与虚拟世界中虚拟声源有关的人的头部的位置及方向。
- 手套式输入设备。手套式输入设备一般又称为数据手套(Data Glove)，是一种能感知手的位置及方向的设备。通过它可以指向某一物体，在某一场景内探索和查询，或者在一定的距离之外对现实世界发生作用。虚拟物体是可以操纵的，如让其旋转，以便更仔细地查看；或通过虚拟现实移动远处的真实物体，用户只需监视其对应的虚拟成像。数据手套可以返回手的触感信息，通过它可以模拟出物体的形状。

虚拟现实技术的实现需要相应的硬件和软件的支持。虽然现在对虚拟现实环境的操作已经达到了一定的水平，但它毕竟同人类现实世界中的行动有一定的差别，还不能十分灵活、清晰地表达人类的活动与思维，因此，这方面还有大量的工作要做。

1.2.2 多媒体技术应用领域

多媒体技术是一种实用性很强的技术，它一出现就引起许多相关行业的关注，由于其社会影响和经济影响都十分巨大，相关的研究部门和产业部门都非常重视产品化工作，因此多媒体技术的发展和应用日新月异，产品更新换代的周期很快。

多媒体技术的显著特点是改善了人机交互界面，集声、文、图、像处理一体化，更接近人们自然的信息交流方式。多媒体技术及其应用几乎覆盖了计算机应用的绝大多数领域，而且还开拓了涉及人类生活、娱乐、学习等方面的新领域。

多媒体技术的典型应用包括以下几个方面。

(1) 教育和培训。利用多媒体技术开展培训、教学工作，寓教于乐，内容直观、生动、活泼，给学习者的印象深刻，培训教学效果好。

(2) 咨询和演示。在销售、导游或宣传等活动中，使用多媒体技术编制的软件(或节目)，能够图文并茂地展示产品、游览景点和其他宣传内容。使用者可与多媒体系统交互，获取感兴趣的多媒体信息。

(3) 娱乐和游戏。影视作品和游戏产品制作是计算机应用的一个重要领域。多媒体技术的出现给影视作品和游戏产品制作带来了革命性变化，由简单的卡通片到声文图并茂的实体模拟，画面、声音更加逼真，趣味性、娱乐性得到增强。随着 CD-ROM 的流行，价廉物美的游戏产品倍受人们的欢迎，它可以启迪儿童的智慧，丰富成年人的娱乐活动。

(4) 管理信息系统(Management Information System，MIS)。目前，MIS 在商业、企业、银行等部门已得到广泛的应用。多媒体技术应用到 MIS 中可得到多种形象生动、活泼、直观的多媒体信息，克服了传统 MIS 中数字加表格的枯燥形式，使用人员可以通过友好直观的界面与之交互，获取多媒体信息，使工作变得生动有趣。多媒体信息管理系统改善了工作环境，提高了工作质量，有很好的应用前景。

(5) 视频会议系统。随着多媒体通信和影视图像传输数字化技术的发展，计算机技术和通信网络技术的结合，视频会议系统成为一个最受关注的应用领域；与电话会议系统相比，视频会议系统能够传输实时图像，使与会者具有身临其境的感觉。但要使视频会议系统实用化，必须解决相关的图像及声音的压缩、传输和同步等问题。

(6) 计算机支持协同工作(Computer Supported Cooperative Work，CSCW)。在信息共享和人与人之间合作越来越重要的今天，支持多个用户合作工作的 CSCW 多媒体通信技术和分布式计算机技术相结合所组成的分布式多媒体计算机系统，能够支持人们长期梦想的远程协同工作。例如，远程会诊系统可把身处两地的专家通过网络召集在一起，同时异地会诊复杂病例，远程报纸共编系统可将身处多地的编辑组织起来共同编辑同一份报纸。CSCW 的应用领域将十分广泛。

(7) 影视服务系统。诸如影视点播系统(VOD)、影视购物系统等影视服务系统拥有大量的用户，也是多媒体技术的一个应用热点。

1.3 多媒体计算机系统

1.3.1 多媒体计算机及其主要功能

1. 多媒体计算机系统组成

多媒体计算机系统是一个能综合处理多种媒体信息的计算机系统，由多媒体硬件系统和多媒体软件系统组成。多媒体硬件系统的核心是一台高性能的计算机系统，包括计算机主机及其外部设备，而外部设备除包括基本的输入/输出设备和存储设备外，主要还包括能够处理声音、影视等的多媒体配套设备。多媒体软件系统包括多媒体操作系统与应用系统。

多媒体计算机系统是对基本计算机系统的软硬件功能的扩展，作为一个完整的多媒体计算机系统，应该包括 6 个层次的结构，如图 1-1 所示。

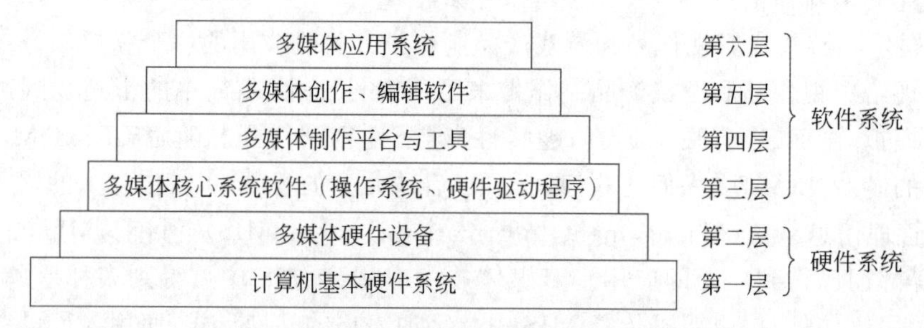

图 1-1　多媒体系统的层次结构

第一层是整个多媒体计算机系统的最底层，由计算机的基本硬件组成。

第二层为多媒体硬件设备。在计算机基本硬件的基础上添加可以处理各种媒体的硬件，就形成了多媒体硬件系统，从而能够实时地综合处理文、图、声、像信息，实现全动态视像和立体声的处理，并对多媒体信息进行实时的压缩与解压缩。

第三层包括多媒体操作系统和多媒体硬件的驱动程序。该层软件为系统软件的核心，用于对多媒体计算机的硬件、软件进行控制与管理，而驱动程序除与硬件设备打交道外，还要提供 I/O 接口程序。

第四层是多媒体制作平台和媒体制作工具软件，支持开发人员创作多媒体应用软件。设计者利用该层提供的接口和工具采集、制作媒体数据。常用的有声音采集与编辑系统、图像设计与编辑系统、影视采集与编辑系统、动画制作系统以及多媒体公用程序等。

第五层是多媒体编辑与创作系统。该层是多媒体应用系统编辑制作的环境，根据所用工具的类型来区分，有的是脚本语言及解释系统，有的是基于图标导向的编辑系统，还有的是基于时间导向的编辑系统。它们通常除编辑功能外，还具有控制外设播放多媒体的功能。设计者可以利用这层的开发工具和编辑系统来创作各种教育、娱乐、商业等应用的多媒体节目。

第六层是多媒体应用系统的运行平台，即多媒体播放系统。该层可以在计算机上播放硬盘上的节目，也可以单独播放多媒体的产品，如消费性电子产品中的CD-I等。

多媒体计算机系统可分为：多媒体个人计算机、专用多媒体系统和多媒体工作站。其中，多媒体个人计算机应用最为广泛。

多媒体个人计算机(Multimedia Personal Computer，MPC)，是指符合MPC标准的具有多媒体功能的个人计算机。同时，MPC也代表多媒体个人计算机的工业标准。从多媒体计算机系统的组成可以看出，MPC并不是一种全新的个人计算机，它是在传统个人计算机的基础上，通过扩充使用影视、声音、图形处理软硬件来实现高质量的图形、立体声和影视处理。与通用的个人计算机相比，多媒体计算机的主要硬件除了常规的硬件，如主机、内存储器、硬盘驱动器、显示器、网卡之外，还要有光盘驱动器、音频信息处理硬件和影视信息处理硬件等部分。

2. 多媒体计算机主要功能

MPC的主要功能如下。

1) 声音处理功能

在MPC中必须包括一块声卡，它提供了丰富的声音信号处理功能。

(1) 录入、处理和重放声波信号。声波信号经过拾音器以后转换成连续的模拟电信号。这样的信号要经过数字化处理，转换成离散的数字信号，形成波形文件后才能进入计算机进行存储和处理。声卡也可以将数字信号转换成模拟信号，通过音箱或耳机播放。

(2) 用MIDI(Musical Instrument Digital Interface，乐器数字接口)技术合成音乐。与波形的声音不同，MIDI技术不是对声波的本身进行编码，而是把MIDI乐器上产生的每个活动编码记录下来，存储在MIDI文件中。MIDI文件中的音乐可通过声卡中的声音合成器或与PC连接的外部MIDI声音合成器来产生高质量的音乐效果。MIDI技术的优点是可以节省大量的存储空间，并可方便地配乐。

2) 图形处理功能

MPC有较强的图形处理功能，在VGA显示硬件的Windows软件配合下，MPC可以产生色彩丰富、形象逼真的图形，并且在此基础上实现一定程度的2D动画。

3) 图像处理功能

MPC通过VGA接口卡和显示器可以逼真、生动地显示静止图像。如果原始图像是真彩色的图像，即每个像素用24位来表示，而VGA显示接口卡是256色的，这时可以利用调色板技术，并应用彩色选择算法，从图像中选择出现最频繁的256种颜色。这样仍可很逼真地显示彩色图像。但如果要自行输入图像，就需要增加图像输入设备和相应的接口卡。

4) 影视处理功能

MPC一般不能实时录入和压缩影视图像，只能播放已压缩好的影视图像，而且质量也较低。当然，随着压缩算法的改进和CPU运算速度的提高，播放的影视图像的质量也将不断提高。对影视图像的压缩软件的性能也在改善，现在已出现可按MPEG运动图像压缩算法非实时地逐帧压缩影视图像序列的软件包。这时要求把每帧图像都作为一个文件存储。压缩处理时对每个图像文件顺序逐一处理，并完成整个图像序列的压缩。

1.3.2 MPC 硬件系统

1. MPC 的基本配置

从多媒体计算机系统组成可以看出，多媒体计算机对于传统的计算机不是全新的计算机系统，只不过多媒体计算机针对多媒体信息处理的不同要求进行了相应的功能扩展。如果要进行图像处理，则需要配备数码照相机、扫描仪和彩色打印机等，若要进行影视处理，则需要配备高速、大容量的硬盘和视频卡、摄像机等。下面简要介绍几种常见的 MPC 硬件配置和接口。

1）光盘驱动器

在从传统计算机向多媒体计算机过渡的初期，因为图形、图像、声音、影视、动画等多媒体存储的需求，光盘成为主要的存储设备和传输设备，光盘驱动器是多媒体计算机的必需配置，并从 CD 驱动器发展到 DVD 驱动器。而随着计算机网络的发展，网络传输和存储成为现在的主流，光盘驱动器逐渐失去了其自身的价值，现在很多计算机都不配光盘驱动器，但目前光驱还不会彻底消失，可以根据需要为计算机选配外置光驱，毕竟原先存储在光盘上的信息还要靠它读取。

2）声卡

声卡(Sound Card)是多媒体计算机的主要部件之一，它包含记录和播放声音所需的硬件。连接声卡的声音输入/输出设备包括话筒、声音播放设备、MIDI 合成器、耳机、扬声器等。对数字声音处理是多媒体计算机的重要功能，声卡具有 A/D 和 D/A 声音信号的转换功能，可以合成音乐、混合多种声源，还可以外接 MIDI 电子音乐设备。从硬件上实施声音信号的数字化、压缩、存储、解压和回放等功能，并提供各种声音、音乐设备的接口与集成能力。声卡的输入/输出(I/O)接口是声卡中与用户关系最密切的部分，用来连接计算机外部的声音设备。

声卡发展至今，主要分为板卡式、集成式和外置式三种接口类型，以适用不同用户的需求，三种类型的产品各有优缺点。

(1) 板卡式声卡：卡式产品是现今市场上的中坚力量，产品涵盖低、中、高各档次，售价从几十元至上千元不等。早期的板卡式产品多为 ISA 接口，由于此接口总线带宽较低、功能单一、占用系统资源过多，目前已被淘汰；PCI 则取代了 ISA 接口成为目前的主流，它们拥有更好的性能及兼容性，支持即插即用，安装使用都很方便。

(2) 集成式声卡：声卡只会影响到计算机的音质，对 PC 用户较敏感的系统性能并没有什么关系。因此，大多用户对声卡的要求都满足于能用就行，更愿将资金投入到能增强系统性能的部分。虽然板卡式产品的兼容性、易用性及性能都能满足市场需求，但为了追求更为廉价与简便，集成式声卡出现了。此类产品集成在主板上，具有不占用 PCI 接口、成本更为低廉、兼容性更好等优势，能够满足普通用户的绝大多数音频需求，自然就受到市场青睐。而且集成声卡的技术也在不断进步，PCI 声卡具有的多声道、低 CPU 占有率等优势也相继出现在集成声卡上，并由此占据了主导地位，占据了声卡市场的大半壁江山。

（3）外置式声卡：是创新公司独家推出的一个新兴事物，它通过 USB 接口与 PC 连接，具有使用方便、便于移动等优势。但这类产品主要应用于特殊环境，如连接笔记本实现更好的音质等。目前市场上的外置声卡并不多，常见的有创新的 Extigy、Digital Music 两款，以及 MAYA EX、MAYA 5.1 USB 等。

3）视频卡

视频卡可分为视频捕捉卡、视频处理卡、视频播放卡以及 TV 编码器等专用卡，其功能是连接摄像机、VCR 影碟机、TV 等设备，以便获取、处理和表现各种动画和数字化影视媒体。它以硬件方法快速有效地解决活动图像信号的数字化、压缩、存储、解压和回放等重要影视处理和标准化问题，并提供摄像机、录放像机、影碟机、电视等各种影视设备的接口和集成能力。

4）图形加速卡

图文并茂的多媒体表现需要分辨率高而且屏幕显示色彩丰富的显示卡的支持，同时还要求具有 Windows 的显示驱动程序，并在 Windows 下的像素运算速度要快。现在，带有图形用户接口(GUI)加速器的局部总线显示适配器使得 Windows 的显示速度大大加快。

5）交互控制接口

交互控制接口是用来连接触摸屏、鼠标、光笔等人机交互设备的，这些设备将大大方便用户对 MPC 的使用。

6）网络接口

网络接口是实现多媒体通信的重要 MPC 扩充部件。计算机和通信技术相结合的时代已经来临，这就需要专门的多媒体外部设备将数据量庞大的多媒体信息传送出去或接收进来，通过网络接口相接的设备包括可视电话机、传真机、LAN 和 ISDN 等。

2. 常用多媒体硬件接口标准

1）USB 接口

USB 是英文 Universal Serial Bus 的缩写，中文含义是“通用串行总线”。它不是一种新的总线标准，而是应用在 PC 领域的接口技术。早在 1994 年年底，USB 由 Intel、康柏、IBM、Microsoft 等多家公司联合提出，其版本经历了多年的发展，到现在已经发展为 3.0 版本。

USB 用一个 4 针插头作为标准插头，采用菊花链形式可以把所有的外设连接起来，最多可以连接 127 个外部设备，并且不会损失带宽。USB 接口实物如图 1-2 所示。

图 1-2　USB 接口

目前 USB 接口得到广泛应用，成为目前计算机中的标准扩展接口。主板中主要采用 USB 1.1 和 USB 2.0，各 USB 版本间具有很好的兼容性。USB 需要主机硬件、操作系统和外设 3 个方面的支持才能工作。目前的主板一般都采用支持 USB 功能的控制芯片组，主板上也安装有 USB 接口插座，而且除了背板的插座之外，主板上还预留有USB插针，可以通过连线接到机箱前面作为前置USB接口，以方便使用。USB具有传输速度快、使用方便、支持热插拔、连接灵活、独立供电等优点，可以连接鼠标、键盘、打印机、扫描仪、摄像头、闪存盘、MP3、手机、数码相机、移动硬盘、外置光软驱、USB网卡等几乎所有的外部设备。

一个USB接口理论上可以支持127个装置，但是目前还无法达到这个数字。其实，对于一台计算机，所使用的周边外设很少有超过10个的。USB还有一个显著优点就是支持热插拔，在开机的情况下，可以安全地连接或断开USB设备，达到真正的即插即用。

USB 2.0兼容USB 1.1，也就是说，USB 1.1设备可以和USB 2.0设备通用，但是这时USB 2.0设备只能工作在全速状态下(12Mb/s)。USB 2.0有高速、全速和低速3种工作速度，高速是480Mb/s，全速是12Mb/s，低速是1.5Mb/s。

由Intel、微软、惠普、德州仪器、NEC、ST-NXP等业界巨头组成的USB 3.0 Promoter Group于2008年11月18日宣布，该组织负责制定的新一代USB 3.0标准已经正式完成并公开发布。新规范提供了十倍于USB 2.0的传输速度和更高的节能效率，可广泛用于PC外围设备和消费电子产品。目前，USB 3.0产品已陆续上市。

2) IEEE 1394接口

IEEE 1394接口，采用串行总线标准，传输方式为异步或同步串行传输方式，支持热插拔和菊花链连接方式，可连接多至63个设备，标准的数据传输速率最高为400Mb/s，该接口主要用在数字摄像机和高速存储驱动器上。目前，数据传速率为400Mb/s的IEEE 1394标准正被800Mb/s的IEEE 1394b所取代，IEEE 1394b(Firewire 800)是IEEE 1394技术的升级版本，是仅有的专门针对多媒体影视、声音、控制及计算机而设计的家庭网络标准。

图1-3所示的1394扩展卡挡板提供两个6针接口和一个4针接口。普通火线设备使用的6针线缆(图1-4)可提供电源，还有一种不提供电源的4针线缆(图1-5)。Firewire 800设备使用的是9针线缆以及接口，如图1-6所示。

图1-3 1394扩展卡挡板

图1-4 6针接头 **图1-5 4针接头** **图1-6 9针接头**

作为一种数据传输的开放式技术标准，IEEE 1394被应用在众多的领域。目前，IEEE 1394技术使用最广的是数字成像领域，支持的产品包括数码相机和摄像机等。

IEEE 1394 具有廉价、占用空间小、速度快、开放式标准、支持热插拔、可扩展的数据传输速率、拓扑结构灵活多样、完全数字兼容、可建立对等网络、同时支持同步和异步两种数据传输模式等多种特性。

IEEE 1394 和 USB 使用的都是串联接口，而且都支持热插拔，但两种技术之间存在着非常显著的区别，它们都有各自的适用领域。USB 支持的数据吞吐量为 12Mb/s，而绝大多数应用的速度实际只能达到 1.5Mb/s，USB 需要主机 CPU 对数据传输进行控制，并且只支持异步传输模式。与 USB 不同，IEEE 1394 允许每台设备的最大传输速度可以达到 400Mb/s，不需要任何主机进行控制，可以同时支持同步和异步传输模式。

目前，硬盘已经成为整个计算机系统性能的瓶颈，随着 CPU 和内存速度的不断提升，硬盘的速度已经越来越让人无法接受，IEEE 1394 很可能成为新一代硬盘接口的标准。

3）HDMI 接口

HDMI(High-Definition Multimedia Interface)又被称为高清晰度多媒体接口，是首个支持在单线缆上传输，不经过压缩的全数字高清晰度、多声道声音和智能格式与控制命令数据的数字接口。HDMI 接口由美国晶像公司(Silicon Image)倡导，联合索尼、日立、松下、飞利浦、汤姆逊、东芝等共 8 家著名的消费类电子制造商联合成立的工作组共同开发。HDMI 接口和接头如图 1-7 所示。

图 1-7　HDMI 接口和接头

HDMI 最早的接口规范 HDMI 1.0 于 2002 年 12 月公布，主要内容为支持传输 480～1080P 信号，Ypbpr、多声道、高采样率音频(96kHz/192kHz)、LPCM 2CH 声频传送等;2004 年 5 月，HDMI 规范推出 1.1 版，在原来的内容基础之上新增加了对 DVD AUDIO 的支持; 2005 年 8 月和 12 月，HDMI 1.2 版和 HDMI12A 版规范相继推出，大大改善了与 PC 的兼容性，并方便了数字声音流传输;2006 年 11 月，HDMI 规范升级至 1.3 版，不仅增加了单连接宽带，可满足 HD、DVD 等高清影片的需求;还支持"深色"(DEEP COLOR)技术，支持的深色从原来的 8 位提高到 16 位(RGB 或 YCbCr)，能呈现出超过 10 亿种的色彩，大幅度提高了色彩表现力;另外，还支持无损耗声音输出等。

1.3.3　MPC 软件系统

多媒体计算机软件系统按功能分主要分为系统软件和应用软件。

1. 多媒体系统软件

系统软件是多媒体系统的核心，多媒体各种软件要运行于多媒体操作系统平台(如

Windows)上，所以操作系统平台是软件的核心。多媒体计算机系统的主要系统软件如下。

(1) 多媒体驱动软件：是最底层硬件的软件支撑环境，直接与计算机硬件相关的，完成设备初始、各种设备操作、设备的打开和关闭、基于硬件的压缩/解压缩、图像快速变换及功能调用等。通常驱动软件有视频子系统、音频子系统，及视频/音频信号获取子系统。

(2) 驱动器接口程序：是高层软件与驱动程序之间的接口软件，为高层软件建立虚拟设备。

(3) 多媒体操作系统：实现多媒体环境下多任务调度，保证声音影视同步控制及信息处理的实时性，提供多媒体信息的各种基本操作和管理，具有对设备的相对独立性和可操作性。另外，操作系统还具有独立于硬件设备和较强的可扩展性。

(4) 多媒体素材制作软件及多媒体库函数：为多媒体应用程序进行数据准备的程序，主要为多媒体数据采集软件，作为开发环境的工具库，供设计者调用。

(5) 多媒体创作工具、开发环境：主要用于编辑生成多媒体特定领域的应用软件，是在多媒体操作系统上进行开发的软件工具。

2. 多媒体应用软件

多媒体应用软件是在多媒体硬件平台上设计开发的面向应用的软件系统。多媒体应用软件主要是一些创作工具或多媒体编辑工具，包括字处理软件、绘图软件、图像处理软件、动画制作软件、声音编辑软件以及视频软件。这些软件，概括来说，分别属于多媒体制作软件和多媒体播放软件。

1.3.4 常用多媒体辅助设备

1. 扫描仪

扫描仪(Scanner)是一种通过捕获图像并将之转换成计算机可以显示、编辑、存储和输出的数字化输入设备。对照片、文本页面、图纸、美术图画、照相底片，甚至纺织品、标牌面板、印制板样品等三维对象进行扫描，提取原始的线条、图形、文字、照片、平面实物，并将其转换成可以编辑及加入文件中的图片或文字。

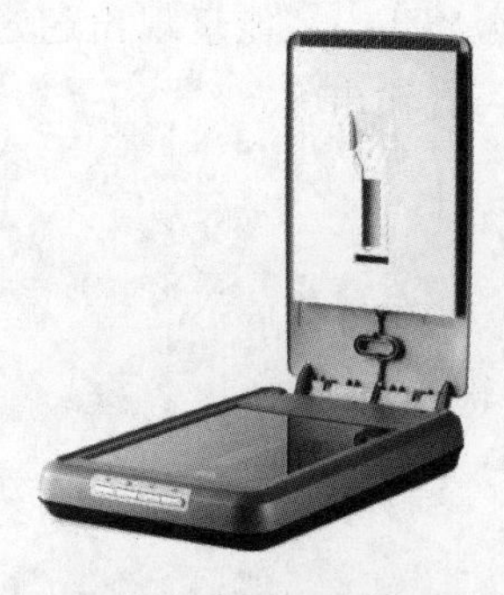
图 1-8 平面扫描仪

常见的扫描仪有平面扫描仪、滚筒式扫描仪、手持扫描仪、3D 扫描仪等，图 1-8 所示为应用最为广泛的平面扫描仪。

图像扫描仪是光、机、电一体化的产品，主要由光学成像部分、机械传动部分和转换电路部分组成。扫描仪的核心是完成光电转换的电荷耦合器件(CCD)。图像扫描仪自身携带的光源将光线照在欲输入的图稿上产生反射光(反射稿)或透射光(透射稿)，光学系统收集这些光线将其聚焦到 CCD 上，由 CCD 将光信号转换为电信号，然后再进行模数(A/D)转换，生成数字图像信号送给计算机。图像扫描仪采用线阵CCD，一次成像只生成一行图像数据，当线阵CCD经过相对运动将图稿全部扫描一遍后，一幅完整的数字图像就送入计算机中了。

图像扫描仪的性能指标主要有分辨率、色彩位数和扫描速度等。

(1) 分辨率。分辨率表示图像扫描仪的扫描精度，是图像扫描仪CCD的排列密度，通常用每英寸上图像的采样点多少来表示，标记为dpi(dot-per-inch)或ppi(pixel-per-inch)。

(2) 色彩位数。色彩位数表示图像扫描仪对色彩的分辨能力，是每一个像素点的颜色通过扫描仪A/D转换的位数。色彩位数越高，图像扫描仪的色彩分辨能力就越强。一般而言，24位(即真彩色)能够满足大多数需要。

(3) 扫描速度。扫描速度对黑白图像来讲完全取决于扫描仪的整体性能，而对彩色图像还要看扫描仪是一次扫描还是三次扫描。一次扫描的彩色扫描仪使用三行CCD，一次扫描一行图像的三原色，速度快；而三次扫描的彩色扫描仪需对图稿扫描三遍，通过滤色片使一行CCD扫描三次采集到图像的三原色，因此扫描速度是一次扫描产品的1/3。

OCR技术实际上是一种文字输入方法，它通过扫描和摄像等光学输入方式获取纸张上的文字方式图像信息，利用各种模式识别算法，分析文字形态特征，判断出文字的标准码，并按通用格式存储在文本文件中。汉字识别OCR就是使用扫描仪对输入计算机的文本图像进行识别，自动产生汉字文本文件，所以OCR是一种非常快捷而省力的文字输入方式，也是被人们广泛采用的输入方法。

现在，软件在扫描仪技术中所占的比重越来越大。尽管几乎所有的扫描仪都提供了扫描仪应用程序，但是用户可以使用多种其他的标准图像处理软件来控制扫描仪扫描图片，这样用户可以使用自己熟悉的图像工具来操作，而不必另外安装多余的软件。另外，有些扫描软件中直接集成了OCR功能，同时配合双分辨率功能，使扫描仪的易用性大大提高，用户不必再在遇到文字时单独启动OCR软件进行文字部分的扫描，扫描仪会自动对文字部分采用合适的分辨率进行扫描，比如对文字进行300dpi扫描，而同时对图像部分进行1200dpi扫描。此外，一些产品将多字体识别和字体颜色识别技术与OCR技术结合在一起工作，使扫描产品的文档在计算机中保持硬拷贝文档的原貌。

2. 打印机

打印输出是计算机最基本的输出形式之一。打印机的功能是将计算机内部的代码转换成人们能识别的形式，如字符、图形等，并印刷在纸质载体上。

打印机根据印字的方式不同，分为击打式打印机和非击打式打印机。击打式打印机在印字过程中有击打动作，将色带和打印纸相撞击而印字，如点阵打印机。非击打式打印机在印字过程中没有击打动作，它采用激光扫描、喷墨、热敏效应、静电效应等非机械手段印字，如喷墨打印机和激光打印机。

目前使用最广泛的打印机是激光打印机，如图1-9所示。激光打印机是一种高速度、高精度、低噪声的页式非击打式打印机。它是激光扫描技术与电子照相技术相结合的产物，由激光扫描系统、电子照相系统和控制系统3大部分组成。激光打印机的技术来源于

图 1-9　激光打印机

复印机，但复印机的光源是灯光，而激光打印机用的是激光。它将计算机输出的信号转换成静电磁信号，磁信号使磁粉吸附在纸上，形成有色字体。

激光打印机结构比较复杂，其中墨粉盒是非常重要的部件，在墨粉盒中有激光打印机中主要部件，如墨粉、感光鼓(硒鼓)、显影轧辘、初级高压电晕放电线等。当墨粉用完后或该部分受损坏，可以将整个盒子取下更换，这给维修带来了极大方便。激光打印机在电子控制电路的控制下，接收主机发送来的打印数据和控制命令，控制各机械部件的有效配合，使要打印的信息通过激光来显影在感光鼓上，墨粉由显影轧辘传送到鼓上，在转换电晕的作用下，将打印信息印在打印纸上，最后墨粉由定影轧辘加热熔融到打印纸上。激光打印机的性能指标很多，主要有分辨率和打印速度，其他还有单色/彩色、幅面大小、耗材寿命等。

由于激光光束能聚焦成很细的光点，因此激光打印机能输出分辨率很高的图形。其打印分辨率已达 600dpi(每英寸打印的点数或线数)以上，打印效果清晰、美观。打印速度为 6ppm(每分钟打印页数)以上，快的为 30～60ppm，甚至在 120ppm 以上。激光打印机印字质量高，字符光滑美观，打印速度快，噪声小，但价格稍高一些。

3. 麦克风

麦克风(Microphone)，也称话筒，学名为传声器，是将声音信号转换为电信号的能量转换器件。

麦克风分为动圈式、电容式和最近新兴的硅微传声器。

(1) 动圈式麦克风：如图 1-10 所示，是利用电磁感应原理做成的，利用线圈在磁场中切割磁感线，将声音信号转换为电信号，音质较好，但体积庞大，较贵。

(2) 电容式麦克风：如图 1-11 所示，是利用电容大小的变化，将声音信号转换为电信号，也叫作驻极麦克风。这种话筒最为普遍，因为它体积小巧，成本低廉，在 MPC、电话、手机等设备中广泛使用。

图 1-10　动圈式麦克风

图 1-11　驻极体麦克风

(3) 硅微麦克风：基于 CMOS MEMS 技术，体积更小。其一致性比驻极体麦克风好 4 倍以上，所以硅微麦克风特别适合高性价比的麦克风阵列应用，改进声波形成，并降低噪声。

4. 耳机

现在的生活中，到处都可以看到耳机的身影，在家中、室外、各种英语听力考试等，都少不了耳机。耳机根据其换能方式分类，主要有动圈式、静电式和等磁式，从结构上分为开放式、半开放式和封闭式，从佩戴形式上则有耳塞式、挂耳式和头带式。

动圈式耳机是最普通、最常见的耳机，如图 1-12 所示。它的驱动单元基本上就是一只小型的动圈扬声器，由处于永磁场中的音圈驱动与之相连的振膜振动。动圈式耳机效率比较高，大多可为音响上的耳机输出驱动，且可靠耐用。

图 1-12 动圈式耳机

等磁式耳机的驱动器类似于缩小的平面扬声器，它将平面的音圈嵌入轻薄的振膜里，像印刷电路板一样，可以使驱动力平均分布。磁体集中在振膜的一侧或两侧，振膜在其形成的磁场中振动。等磁体耳机振膜不像静电耳机振膜那样轻，但有同样大的振动面积和相近的音质，它不如动圈式耳机效率高，不易驱动。

静电耳机有轻而薄的振膜，由高直流电压极化，极化所需的电能由交流电转化，也有电池供电的。振膜悬挂在由两块固定的金属板(定子)形成的静电场中，当声音信号加载到定子上时，静电场发生变化，驱动振膜振动。单定子也是可以驱动振膜的，但双定子的推挽形式失真更小。静电耳机必须使用特殊的放大器将声音信号转换为数百伏的电压信号，用变压器连接到功率放大器的输出端也可以驱动静电耳机。静电耳机价格昂贵，不易于驱动，所能到达的声压级也没有动圈式耳机大，但它的反应速度快，能够重放各种微小的细节，失真极低。

驻极体耳机也叫固定式静电耳机，它的振膜本身就是极化的或者由振膜外极化物质发射的静电场极化，不需要专门设备提供极化电压。驻极体耳机具有静电耳机大部分的特点，但是驻极体会逐渐去极化，需要更换，其寿命为 5～10 年。

无线和无绳耳机由两部分组成，信号发射器和带有信号接收和放大装置的耳机(通常是动圈式的)。发射器与信号源相连，也可以在发射器前接入前级或耳机放大器来改善音质和调整音色。无线耳机一般是指以红外线传输信号的耳机系统，无绳耳机是指采用无线电波传输信号的耳机系统。红外耳机的工作频率从几 kHz 到几 MHz，有效距离大约 10m，耳机要在可视范围内；无线电耳机工作频率为 VHF 130～200MHz、UHF 450～900MHz，大多数无绳耳机工作在 UHF，可传输范围达 100m，可以绕过障碍物。两副或多副无线/无绳耳机可能会相互干扰，所以选择它们的时候最好选择有多个工作频率的品种。对于无绳耳机，工作在 UHF 比在 VHF 上受干扰的可能要小。这两种耳机都有背景噪声，较高档的型号都采用了降低噪声的技术。

5. 数码相机

数码相机是一种能够进行拍摄并通过内部处理把拍摄到的景物转换成以数字格式存放的特殊照相机。与普通相机不同，数码相机不是使用胶片，而是使用固定的或者可拆卸的半导体存储器来保存获取的图像，并可以直接连接到计算机、电视机或者打印机上。

数码相机是由镜头、CCD、A/D、MPU(微处理器)、内置存储器、LCD(液晶显示器)、PC 卡和接口(包括计算机接口、电视机接口)等部分组成，在数码相机中只有镜头的作用与普通相机相同。其余部分则完全不同。数码相机如图 1-13 所示。

图 1-13　数码相机

数码相机在工作时，外部景物通过镜头将光线汇聚到感光器件 CCD 上，CCD 由数千个独立的光敏元件组成，这些光敏元件通常排列成与取景器相对应的矩阵。外界景象所反射的光透过镜头照射在 CCD 上，并被转换成电荷，每个元件上的电荷量取决于其所受到的光照强度。由于 CCD 上每一个电荷感应元件最终表现为所拍摄图像的一个像素，因此 CCD 内部所包含的电荷感应元件集成度越高，像素就越多，最终图像的分辨率就会越高。

CCD 能够得到对应于拍摄景物的电子图像，但是它还不能马上被送去计算机处理，还需要 A/D 器件按照计算机的要求进行从模拟信号到数字信号的转换。接下来，MPU 对数字信号进行压缩并转换为特定的图像格式，如 JPEG 格式。最后，图像文件被存储在内置存储器中。至此，数码相机的主要工作已经完成。使用者可通过 LCD 查看拍摄的照片。

与传统的相机相比，目前的数码相机在拍摄质量上还有一定的差距。但是，它也有传统相机无法比拟的优势。

(1) 即拍即见。所有的数码相机都有液晶显示器作为取景器和显示器，它可以立即显示刚拍下的影像，如果发现不理想，可以把影像删除，重新拍摄，直至满意为止。

(2) 影像品质永远不变。用底片或照片记录影像，时间久了，都会褪色及变坏，无法保持原有的质量。而由数码相机拍下的影像以数字文件的方式存储在计算机硬盘及其他存储媒体中，所以数码影像不论被复制多少次，都不会改变它的品质。

(3) 可以直接进行编辑使用。用数码相机拍下的影像可直接下载到计算机内，进行编辑处理，然后进行存储或使用。

6. 数字摄像机

专业级和广播级的摄录像系统是将图像信号数字化后存储，因为相应设备的价格很高，一般单位和家庭无法承受。随着数字影视(Digital Video，DV)的标准被国际上 55 个大电子制造公司统一，数字影视正以不太高的价格进入消费领域，数字摄像机也应运而生。

DV 摄像机是将通过 CCD 转换光信号得到的图像电信号，以及通过话筒得到的声音电信号，进行 A/D 转换并压缩处理后送给磁头转换记录，即以信号数字处理为最大特征。数字摄像机如图 1-14 所示。

DV 摄像机与模拟摄像机相比具有许多优点。

图 1-14　数字摄像机

(1) 记录画面质量高。影视图像清晰程度的最基本、最直观的量度是水平清晰度。水平清晰度的线数越多，意味着图像清晰程度越高。由数字摄像机所摄并播放在电视机屏幕上的图像，比人们现在普遍采用的模拟、非广播级摄像机所摄的图像，清晰度要高得多，它可与广播级模拟摄像机所摄图像质量媲美。目前数字摄像机记录画面的水平清晰度高达 500 线以上（最高 520 线），与前些年广播级的摄像机清晰度水平相当，而家用模拟摄像机记录画面的水平清晰度最高为 430 线，还有许多只有 250 线。

(2) 记录声音达 CD 水准。DV 摄像机采用两种脉冲调制（PCM）记录方式。一种是采样频率为 48kHz、16 位量化的双声道立体声方式，提供相当于 CD 质量的伴音；另一种是采样频率为 32kHz、12 位量化的四声道（两个立体声声道）方式。

(3) 能与计算机进行信息交换。DV 摄像机以数字形式记录的图像信号，如能通过接口卡与 PC 相连接，将信号输入计算机硬盘，就可方便地进行摄像后编辑和多种特技处理。这使数字摄像机成为多媒体的最佳活动采集源和输入源，而且这种转换无须进行转换压缩，因此图像几乎没有质量损失和信号丢失，便于人们构建数字化的影视编辑系统。

(4) 信噪比高。播放录像时在电视画面上出现的雪花斑点是影视噪声。DV 所记录播放的影视信噪比达 54dB，而目前激光视盘的信噪比下限为 42dB。另外，用模拟带放像时出现的图像上下颤抖的现象，在以数字方式拍摄记录的录像带上不会出现。

(5) 可拍摄数字照片。数字摄像机也可以像数码相机一样进行数字照相，Mini DV 摄像机上有照片拍摄（Photo Shot）模式，一旦启用它就能够"冻结"和"凝固"一幅幅画面。用 Mini DV 摄像机所摄的"照片"，影像特别清晰，它们不仅可通过电视屏幕显示观看，而且可直接输入计算机进行艺术处理。

7. 数字投影仪

投影仪又称投影机，如图 1-15 所示。它主要通过三种显示技术实现，即 CRT 投影技术、LCD 投影技术以及近些年发展起来的 DLP 投影技术。

图 1-15　投影仪

CRT 是 Cathode Ray Tube 的缩写，即阴极射线管。作为成像器件，它是实现最早、应用最为广泛的一种显示技术。这种投影机可把输入信号源分解成 R（红）、G（绿）B（蓝）三个分量，由阴极射线电子束扫描击射在成像面上，使成像面上的荧光粉发光形成图像后，再传输到投影面上。光学系统与 CRT 管组成投影管，通常所说的三枪投影机就是由三个投影管组成的投影机，由于使用内光源，也叫主动式投影方式。CRT 技术成熟，显示的图像色彩丰富，还原性好，具有丰富的几何失真调整能力；但其重要技术指标图像分辨率与亮度相互制约，直接影响 CRT 投影机的亮度值，到目前为止，其亮度值始终徘徊在 300lm 以下。另外，CRT 投影机操作复杂，特别是会聚调整烦琐，机身体积大，只适合安装于环境光较弱、相对固定的场所，不宜搬动。

LCD 是 Liquid Cristal Display 的英文缩写。LCD 投影机分为液晶板和液晶光阀两种。液晶是介于液体和固体之间的物质，本身不发光，工作性质受温度影响很大，其工作温度为－55～＋77℃。投影机利用液晶的光电效应，即液晶分子的排列在电场作用下发生变化，影响其液晶单元的透光率或反射率，从而影响它的光学性质，产生具有不同灰度层次及颜色的图像。

DLP 是英文 Digital Light Porsessor 的缩写，译作数字光处理器。这一新的投影技术的诞生，使人们在拥有捕捉、接收、存储数字信息的能力后，实现了数字信息显示。DLP 技术是显示领域划时代的革命，它以 DMD(Digital Micormirror Device，数字微反射器)作为光阀成像器件。DLP 投影机的技术关键点：首先是数字优势。数字技术的采用，使图像灰度等级达 256～1024 级，色彩达 256^3～1024^3 种，图像噪声消失，画面质量稳定，精确的数字图像可不断再现。其次是反射优势。反射式 DMD 器件的应用，使成像器件的总光效率达 60%以上，对比度和亮度的均匀性都非常出色。在 DMD 块上，每一个像素的面积为 16μm×16，间隔为 1μm。根据所用 DMD 的片数，DLP 投影机可分为单片机、两片机、三片机。DLP 投影机清晰度高、画面均匀，色彩锐利，三片机亮度可达 2000lm 以上，可随意变焦，调整十分便利；分辨率高，不经压缩分辨率可达 1024×768，有些机型的分辨率已经达到 1280×1024。

8. 多媒体移动存储设备

随着计算机软硬件的飞速发展，海量、安全、快速存储的存储器是多媒体信息存储的必要设备，而移动办公、便携设备的存储需求，要求存储器的体积小、重量轻、消耗功率低，这使得移动存储器的发展成为必然趋势。

目前，移动存储器主要包括移动硬盘、U 盘以及各种多媒体存储卡。

1）移动硬盘

移动硬盘(Mobile Hard Disk)，顾名思义是以硬盘为存储介质，计算机之间交换大容量数据，强调便携性的存储产品。绝大多数的移动硬盘都是以标准硬盘为基础的，因此移动硬盘在数据的读写模式与标准 IDE 硬盘是相同的。移动硬盘(盒)的尺寸分为 1.8 英寸、2.5 英寸和 3.5 英寸三种。主流 2.5 英寸移动硬盘盒可以用于笔记本电脑硬盘，体积小重量轻，便于携带，一般没有外置电源。移动硬盘多采用 USB、IEEE 1394 等传输速度较快的接口，可以较高的速度与系统进行数据传输。2.5 英寸品牌移动硬盘的读取速度为 15～25MB/s，写入速度为 8～15MB/s。图 1-16 为 2.5 英寸移动硬盘。

图 1-16 2.5 英寸移动硬盘

移动硬盘的特点如下。

(1) 容量大。移动硬盘可以提供相当大的存储容量,是一种较具性价比的移动存储产品。移动硬盘能在用户可以接受的价格范围内,提供给用户较大的存储容量和不错的便携性。市场中的移动硬盘能提供 80GB、120GB、160GB、320GB、640GB 等,最高可达 5TB 的容量,一定程度上满足了用户的需求。

(2) 传输速度快。移动硬盘大多采用 USB、IEEE 1394、eSATA 接口,能提供较高的数据传输速度。USB 2.0 接口传输速率是 60Mb/s,IEEE 1394 接口传输速率是 50～100Mb/s,而 eSATA 达到 1.5～3Gb/s。在与主机交换数据时,读 GB 数量级的大型文件只需几分钟,特别适合影视与声音数据的存储和交换。

(3) 使用方便。主流的 PC 基本都配备了 USB 功能,主板通常可以提供 2～8 个 USB 口,USB 接口已成为 PC 的必备接口。USB 设备在大多数版本的 Windows 操作系统中,都可以不需要安装驱动程序,具有真正的"即插即用"特性,使用起来灵活方便。

(4) 可靠性强。数据安全一直是移动存储用户最为关心的问题,也是人们衡量该类产品性能好坏的一个重要标准。移动硬盘多采用硅氧盘片,这是一种比铝、磁更为坚固耐用的盘片材质,具有更好的可靠性,提高了数据的完整性。采用以硅氧为材料的磁盘驱动器,以更加平滑的盘面为特征,有效地降低了盘片可能影响数据可靠性和完整性的不规则盘面的数量,更高的盘面硬度使 USB 硬盘具有很高的可靠性。

2) U 盘

U 盘,全称"USB 闪存盘",英文名为 USB flash disk。

闪存(Flash Memory),如图 1-17 所示,是一种长寿命的非易失性的存储器,是电子可擦除只读存储器(EEPROM)的变种。与 EEPROM 不同的是,闪存数据的删除不是以单个字节为单位,而是以固定的区块为单位,区块大小一般为 256KB～20MB。这样闪存就比 EEPROM 的更新速度快。由于其断电时仍能保存数据,闪存通常被用来保存设置信息。

图 1-17　U 盘

U 盘通过 USB 接口与计算机连接,无需物理驱动器,可以实现即插即用。U 盘最大的优点就是:小巧便于携带、存储容量大、价格便宜、性能可靠。闪存盘体积很小,仅大拇指般大小,重量极轻,一般在 15g 左右,特别适合随身携带。一般的 U 盘容量有 1GB、2GB、4GB、8GB、16GB、32GB 等。闪存盘中无任何机械式装置,抗震性能极强。另外,闪存盘还具有防潮防磁、耐高低温等特性,安全可靠性很好。

3) 多媒体存储卡

闪存卡(Flash Card)是利用闪存(Flash Memory)技术达到存储电子信息的存储器。U 盘是可以直接读写的存储器,而闪存卡需要读卡器等外部设备才能进行访问,一般应用在数码相机、掌上电脑、MP3 等小型数码产品中作为存储介质。根据不同的生产厂商和不同的应用,闪存卡主要有 CF 卡、SM 卡、MMC 卡、SD 卡、MS 记忆棒和 XD 卡等,如图 1-18 所示。这些闪存卡虽然外观、规格不同,但是技术原理都是相同的。

(a) CF卡　(b) SM卡　(c) MMC卡　(d) SD卡　(e) MS记忆棒　(f) XD

图 1-18　各种闪存卡

1.4　图形图像制作与处理

1.4.1　图形与图像的基本概念

计算机中处理的图像分为两种，一种是矢量图形，另一种是位图图像。

1.矢量图形

矢量图形简称图形，它是通过计算机的绘图软件创作并在计算机上绘制出来的，用一系列计算机指令来描述和记录的一幅图的内容，即通过指令描述构成一幅图的所有直线、曲线、圆、圆弧、矩形等图元的位置、维数和形状，也可以用更为复杂的形式表示图像中的曲面、光照、材质等效果。由于图形中对象的属性用矢量的方法来描述，所以称为矢量图形。

矢量图形实质上是用数学的方式来描述一幅图形图像，在处理图形图像时根据图元对应的数学表达式进行编辑和处理。在屏幕上显示一幅图形图像时，首先要解释这些指令，然后将描述图形图像的指令转换成屏幕上显示的形状和颜色。编辑矢量图的软件通常称为绘图软件，这种软件可以产生和操作矢量图的各个成分，并对矢量图形进行移动、缩放、叠加、旋转和扭曲等变换。编辑图形时将指令转变成屏幕上所显示的形状和颜色，显示时也往往能看到绘图的过程。由于所有的矢量图形部分都可以用数学的方法加以描述，从而使得计算机可以对其进行任意的放大、缩小、旋转、变形、扭曲、移动、叠加等变换，而不会破坏图像的画面。但是，用矢量图形格式表示复杂图像(如人物、风景照片)，并要求很高时，将需要花费大量的时间进行变换、着色、处理光照效果等。

基于矢量的绘图同分辨率无关，这意味着它们可以按最高分辨率显示到输出设备上。

2. 位图图像

位图图像简称图像，或位图，是用像素点来描述的图。一般是用摄像机或扫描仪等输入设备捕捉实际场景画面，离散化为空间、亮度、颜色(灰度)的序列值，即把一幅彩色图或灰度图分成许许多多的像素(点)，每个像素用若干二进制位来指定该像素的颜色、亮度和属性，所以称为位图图像。

位图图像在计算机内存中由一组二进制位(bit)组成，这些位定义图像中每个像素点的颜色和亮度，显示一幅图像时，屏幕上的一个像素也就对应于图像中的某一个点。根据组成图像的像素密度和表示颜色、亮度级别的数目，可将图像分为彩色图像和灰度图像两大类。位图图像适合于表现比较细腻，层次较多，色彩较丰富，包含大量细节的图像，并可直接、快速地在屏幕上显示出来。但占用存储空间较大，一般需要进行数据压缩。

1.4.2　图形与图像的比较

（1）从数据描述上看，一方面，图形用一组指令集合来描述图形的内容，如描述构成该图的各种图元位置维数、形状等，描述对象可任意缩放不会失真，而图像用数字描述像素点的颜色，图像在缩放过程中会损失细节或产生锯齿。另一方面，正是由于矢量图形记录的是一组指令，而位图图像存储的是关于像素的数据，所以矢量图形需要的空间要远比位图图像小。

（2）从显示效果上看，尽管位图图像在存储和显示时占用的磁盘空间相对较大，但这种图像计算机处理起来比较容易，所以显示速度相对较快。而在图形显示时，需要相应的软件读取和解释这些指令，将其转换为屏幕上所显示的形状和颜色，所以显示速度比较慢。同时，图像的色彩层次比图形相对要丰满一些。

（3）从图像来源上看，位图图像有广泛的图像资源，如从网络上下载、用扫描仪扫描、由数码照相机拍摄、从众多的位图图像素材光盘上浏览复制等。同时，位图图像还有众多的软件支持，用于位图的图像格式有很多。而矢量图形的来源相对比较少，不同矢量软件之间的图像互通性较差。

（4）从应用场合上看，图像用于表现含有大量细节的对象，如照片、绘图等，通过图像软件可进行复杂图像的处理以得到更清晰的图像或产生特殊效果。图形用于描述轮廓不很复杂，色彩不是很丰富的对象，如几何图形、工程图纸、CAD、3D造型软件等。

（5）从处理方式上看，图像是用图像处理软件对输入的图像进行编辑处理，主要是对位图文件进行常规性的加工和编辑，但不能对某一部分控制变换，由于位图占用存储空间较大，一般要进行数据压缩。图形通常用图形绘制软件，产生矢量图形，可对矢量图形及图元独立进行移动、缩放、旋转和扭曲等变换。主要参数是描述图元的位置、维数和形状的指令和参数。

1.4.3　图形与图像的转换

图形和图像既有区别，又有联系。图形和图像之间在一定的条件下可以转换，如采用光栅化技术可以将图形转换成图像；采用图形跟踪技术可以将图像转换成图形。可以根据其特点和应用场合，通过硬件或软件实现图形和图像之间的转换，以便使制作出来的作品产生最佳的效果。

1. 图形和图像的硬件转换

一张工程图纸，在将它输入计算机以前不能称它为图形或图像，将它用扫描仪输入

Photoshop，它就变成图像；当用数字化仪来将它输入 AutoCAD 后，它就变成图形。

同一个对象既可被作为图形处理也可以作为图像处理，至于具体采用哪种处理方法，要看被处理的对象性质和要达到的处理结果。如果用 AutoCAD 软件制作好了一张图，较合理的方法是用绘图仪将它输出，但是也可以用打印机将它输出，这时计算机必须先将图形转换为打印机的扫描线，这个过程称为光栅化，也就是图形转换为图像的过程。如果用 Photoshop 软件做好了一张图，较合理的方法是用打印机将它输出，这样可以得到较多的层次和细节，如果一定要用绘图仪输出，就必然会丢失许多图像的细节。

2. 图形和图像的软件转换

图形和图像都是以文件的形式存放在计算机存储器中，可以通过应用软件实现文件格式之间的转换，达到图形和图像之间的转换。随着图形和图像处理技术的发展，出现了很多较好的格式转换软件，如 CorelDraw 软件，它几乎提供所有文件格式之间的转换。同时也出现了一些较好的文件格式，如 Adobe 公司 EPS 格式文件，它是一种兼并图形图像各自优点的文件格式。

转换并不表示可以任意互换，实际上许多转换是不可逆的，转换的次数越多，丢失的信息就越多，特别是图形和图像之间的转换。从本质上讲，各种不同的文件格式是在对不同性质的处理对象或同一对象的不同处理侧面采用一种最为科学、合理和方便的描述方法。应该根据处理对象的特点选择或转换为相应的文件格式，以及选择相应的输入/输出设备。

1.4.4 常用图形/图像处理软件

常用的图形/图像处理软件有 Photoshop、Illustrator、CorelDRAW、PageMaker 等。

(1) Illustrator。Adobe Illustrator(简称 AI)，是 Adobe 开发的矢量图形编辑软件，是用于出版、多媒体和在线图像的工业标准插画软件。其最大特征在于贝塞尔曲线的使用，使得操作简单、功能强大的矢量绘图成为可能。矢量图是由路径和锚点组成的，决定图片大小的主要因素是路径和锚点及其由路径和锚点组成的图形对象所包含的各种信息。矢量图的最显著特性是，无论放大多少倍，图片边线仍然清晰光滑。此外，Illustrator 还集成文字处理、上色等功能，是设计师创作图形的首选工具。

(2) CorelDRAW。CorelDRAW 是加拿大 Corl 公司推出的软件，它是融合了绘画与插图、文本操作、绘图编辑、桌面出版及版面设计、追踪、文件转换等高品质的输出等功能的矢量绘图软件，在工业设计、产品包装造型设计、网页制作、建筑设计等设计领域中得到极为广泛的应用。CorelDRAW 可以随意放大缩小图像而不改变清晰度，在标志设计、文字、排版中特别出色。它在 MAC 中应用不多，多见于 PC。

(3) Photoshop。Adobe Photoshop(简称 PS)，是由 Adobe 公司开发和发行的图像处理软件。Photoshop 主要处理以像素所构成的数字图像，在图像、图形、文字、视频、出版等各方面都有涉及。相比图形创作，Photoshop 更擅长对图像进行校色和调色、合成图像、编辑图像以及制作图像的特效。通过这些应用，Photoshop 可以很好地应用在传统的素描、浮雕、油画、石膏画等多种美术技巧中。Photoshop 以其强大的功能和友好的界面成为当前最流行的图像处理软件之一,无论在专业领域还是在非专业领域,都为大众所熟知。目前,PS 不仅是一个名词,已经逐渐演化为一个动词,指给图片做后期处理。

1.5 音频视频录制与编辑

1.5.1 数字音频

声音是人们用来传递信息最方便、最熟悉的方式,它可以携带大量精细、准确的信息。早期的 PC 不能发音,多媒体技术的发展使计算机能够处理声音信息。音乐和解说可使静态图像变得更加丰富多彩,声音和影视图像的同步播放,可使影视图像更具真实性。随着多媒体信息处理技术的发展,计算机数据处理能力的增强,声音被用作输入或输出,声音处理技术得到了广泛的应用。

1. 声音信号

人们之所以能听到各种声音,是因为不同频率的声波通过空气产生振动,对人耳刺激的结果。规则声音是一种连续变化的模拟信号,可用一条连续的曲线来表示,称为声波。因声波是在时间和幅度上都连续变化的量,所以称为模拟量。

模拟声音信号有两个基本参数:频率和幅度。

1) 频率

频率是指声音每秒钟震动的次数,一个声源每秒钟可产生成百上千个波峰,每秒钟所产生的波峰数目就是声音信号的频率。声音的频率体现音调的高低,单位用赫兹(Hz)或千赫兹(kHz)表示。例如,一个声波信号 1s 内有 5000 个波峰,则可将它的频率表示为 5000Hz 或 5kHz。人的耳朵能听到声音的频率范围为 20Hz~20kHz。

2) 幅度

幅度是从声音信号的基线到当前波峰的距离。幅度决定了信号音量的强弱程度,幅度越大,声音越强。对于声音信号,它的强度用分贝(dB)表示。分贝的幅度就是音量。

2. 模拟声音的数字化

如果要用计算机对声音信息进行处理,则首先要通过 A/D(模/数)转换将模拟声音信号变成数字信号,实现声音信号的数字化。数字化的声音易于用计算机软件处理,现在几乎所有的专业化声音录制器、编辑器都是数字的。对模拟声音的数字化过程涉及声音的采样、量化和编码,如图 1-19 所示。

1) 采样

为实现 A/D 转换,需要把模拟声音信号波形进行分割,以转换成数字信号,这种方法称为采样(Sampling)。

采样的过程是每隔一个时间间隔在模拟声音的波形上取一个幅度值,把时间上的连

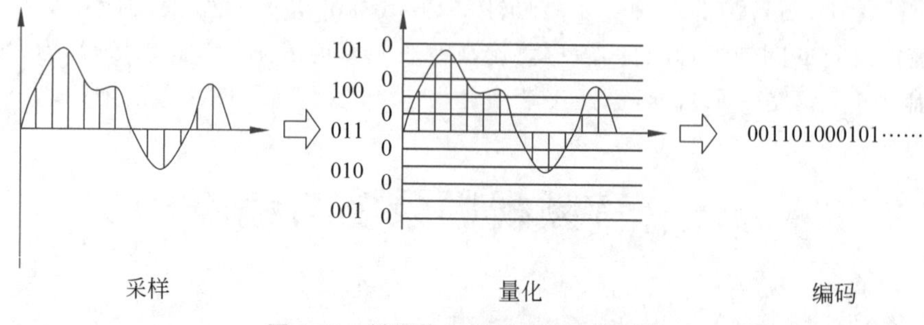

图 1-19　模拟声音信号的数字化过程

续信号变成时间上的离散信号。该时间间隔称为采样周期,其倒数为采样频率。

采样频率是指计算机每秒钟采集多少个声音样本。采样频率越高,即采样的间隔时间越短,则在单位时间内计算机得到的声音样本数据就越多,对声音波形的表示也越精确。

采样频率的选择与声音信号本身的频率有关,根据奈奎斯特(Nyquist)理论,只有采样频率高于声音信号最高频率的两倍时,才能把数字信号表示的声音较好地还原为原来的声音。最常用的采样频率有 11.025kHz、22.05kHz、44.1kHz 等。

2) 量化

采样所得到的声波上的幅度值,即某一瞬间声波幅度的电压值,影响音量的高低,该值的大小需要用某种数字化的方法来表示。通常把对声波波形幅度的数字化表示称为量化(Quantization)。

量化的过程是先将采样后的信号按整个声波的幅度划分成有限个区段的集合,把落入某个区段内的采样值归为一类,并赋予相同的量化值。采样信号的量化值采用二进制表示,表示采样信号的幅度二进制的位数称为量化位数。如果以 8b 为记录模式,则将其纵轴划分为 28 个量化等级,它的量化位数为 8。

在相同的采样频率之下,量化位数越高,声音的质量越好。同样,在相同量化位数的情况下,采样频率越高,声音效果也就越好。这就好比是量一个人的身高,若是以 mm 为单位来测量,会比以 cm 为单位量更加准确。

3) 编码

模拟信号经过采样和量化以后,形成一系列的离散信号——脉冲数字信号。这种脉冲数字信号可以用一定的方式进行编码,形成计算机内部运行的数据。所谓编码,就是按照一定的格式把经过采样和量化得到的离散数据记录下来,并在有效的数据中加入一些用于纠错同步和控制的数据。在数据回放时,可以根据所记录的纠错数据判别读出的声音数据是否有错,如果有错,可加以纠正。

3. MIDI 音乐

MIDI(Musical Instrument Digital Interface,乐器数字接口)是一种技术规范,定义了为把电子乐器连接到计算机所需要的电缆和端口的硬件标准,计算机和具有 MIDI 接口的设备之间进行信息交换的规则,电子乐器之间传送数据的通信协议。凡具有处理

MIDI 信息的处理器和适当的硬件接口都能构成 MIDI 设备，如电子钢琴、电子键盘、电子吹奏乐器、电吉他、电子打击乐器，以及计算机的声卡等都是 MIDI 设备。几乎所有的现代音乐都是 MIDI 音乐加上音色库制作合成的。

MIDI 声音和数字化波形声音完全不同。在记录时，它不像数字化波形声音那样，对声音的波形进行采样、量化和编码，而是记录电子乐器键盘的弹奏过程，例如，记录按了哪一个键、力的大小和时间的长短等，实际是将乐曲进行一种数字化的描述，这种描述称为 MIDI 消息(MIDI Message)。当需要播放这段音乐时，从相应的 MIDI 文件中读出 MIDI 消息，由合成器来解释这些消息中的符号，并生成所需要的乐器的声音波形，经放大后由扬声器输出。由于 MIDI 文件并不记录任何声音的波形，只是一系列指令符号的集合，播放时需要通过音乐合成器的芯片来解释这些符号并产生声音的波形，所以在计算机中播放 MIDI 信息必须使用带有合成器的声卡。

(1) 音序器(Sequencer)：是为了 MIDI 作曲而设计的计算机程序或电子装置，用于记录、编辑、播放 MIDI 文件。

(2) 合成器(Synthesizer)：是利用数字信号处理器或其他芯片产生音乐或声音的电子设备。它可以产生并修改波形，然后通过声音产生器和扬声器发出声音。

(3) 乐器(Instrument)：合成器能产生的特定声音称为乐器。每种乐器都有自己的波形，合成器按音色和音调的要求，由不同的乐器组合成最终的声音组合。不同的合成器，乐器音色号不同时，声音的质量也不同。例如，多数乐器都能合成钢琴的声音，但是不同乐器使用的音色号不同时，输出的声音也会有差异。

(4) 音色(Timbre)：音色指的是声音的音质，它取决于声音频谱。如小提琴、钢琴、长号等都有各自的音色。

4. 常用音频处理软件

音频素材的制作包括音频的录制、编辑及优化等基本操作。利用 Windows 操作系统自带的录音软件，可以做一些简单的录音、编辑、按参数和编码进行存储等操作，但要进行更为复杂的操作，则需要专业的音频处理软件。专业的音频处理软件很多，常用的有 Audition、GoldWave 等。

(1) Audition。Adobe Audition(简称 AU)是 Adobe 公司收购 Cool Edit Pro 后推出的一款强劲的音频处理软件。它具备了常用的编辑、控制、特效处理及批量处理的功能，是一款完善的工具集，其中包含用于创建、混合、编辑和复原音频内容的多轨、波形和光谱显示功能。这一强大的音频工作站旨在加快视频制作工作流程和音频修整的速度，并且还提供带有纯净声音的精美混音效果。它对硬件的要求非常低，板载声卡也可以用它来制作一些简单的东西，搭载上专业音频接口的话将会更加优良。Audition 专门为音频和视频专业人员设计，可提供先进的音频混音、编辑和效果处理功能，它具有灵活的工作流程，使用非常简单，并配有绝佳的工具，非专业人士也可以使用它制作出音质饱满、细致入微的最高品质音效。

(2) GoldWave。GoldWave 是一个功能强大的数字音乐编辑器，是一个集声音编辑、播放、录制和转换的音频工具，可以对音频内容进行转换格式等处理。它体积小巧，功能却无比强大,支持许多格式的音频文件,可高质量完成录音及编辑合成等多种任务。

(3) Audacity。Audacity 是一个免费开源的录音和音频编辑软件,可导入 WAV、AIFF、AU、IRCAM、MP3 及 Ogg Vorbis,并支持大部分常用的工具,如剪裁、贴上、混音、升/降音以及变音特效、插件和无限次反悔操作,内置载波编辑器,支持 Linux、MacOS、Windows 等多平台。

(4) Sound Forge。Sound Forge 是 Sonic Foundry 公司开发的一款功能极其强大的专业化数字音频处理软件。它能够非常方便、直观地实现对音频文件(WAV 文件)以及视频文件(AVI 文件)中的声音部分进行各种处理,满足从最普通用户到最专业的录音师的所有用户的各种要求,所以一直是多媒体开发人员首选的音频处理软件之一。Sound Forge 是比较全面的音频处理软件,是整合性的程序用来处理音频的编辑、录制、效果处理以及完成编码。Sound Forge 只需要 Windows 兼容的声卡设备进行音频格式的建立、录制和编辑文档。简单采用 Windows 界面操作,内置支持视频及 CD 的刻录并且可以保存为一系列的声音及视频的格式,包括 WAV、WMA、RM、AVI 和 MP3 等,更可以在声音中加入特殊效果,是专业级音频编辑软件。与 Audition 等软件相比,Sound Forge 只能对单个音乐文件进行编辑,不能进行多轨音频处理。

(5) WavePad。WavePad Audio Editor(WavePad 音频编辑器)是适用于 Windows 和 Mac 的音频和音乐编辑器(也适用于 iOS 和 Android)。它允许用户录制并编辑音乐、录音和其他声音。作为一个编辑器,用户可以在其中剪切、复制、粘贴、删除、插入、静音和自动修剪录音,然后在 VST 插件和免费音频库的支持下添加增强、归一化、均衡器、包络线、混响、回声、倒放等效果。

(6) Sonar。Cakewalk Sonar 具有 MIDI 制作和音频录音、混音功能,是世界上最著名的音乐制作工作站软件之一。它在 MIDI 制作、处理方面,功能超强,操作简便,具有无法比拟的绝对优势。音乐工作站的发展方向是 MIDI、音频、音源(合成器)一体化制作。最先实现这个方式的是著名的 Cubase 软件。Cakewalk 公司推出了新一代的音乐工作站 Sonar,在 Cakewalk 的基础上,增加了针对软件合成器的全面支持,并且增强了音频功能,使之成为新一代全能型超级音乐工作站。Sonar 有两种型号,完全功能的叫 Sonar XL,简化的叫 Sonar。Sonar 自己推出的 DXi 平台,能够允许第三方制作的软件合成器作为一个插件在 Sonar 里面使用。可以在 Sonar 里面独立制作音乐,而无需传统合成器。Sonar 同时具有强大的 Loop 功能,能够用于专业的舞曲制作。

1.5.2 数字视频

1. 影视的定义

影视(Video)就是其内容随时间变化的一组动态图像,所以又叫运动图像或活动图像。根据视觉暂留原理,连续的图像变化每秒超过 24 帧(frame)画面以上时,人眼无法辨别单幅的静态画面,看上去是平滑连续的视觉效果。

影视与图像是两个既有联系又有区别的概念: 静止的图片称为图像(Image),运动的图像称为影视(Video)。两者的信源方式不同,图像的输入要靠扫描仪、数字照相机等设备;而影视的输入是电视接收机、摄像机、录像机、影碟机以及可以输出连续图像信号的设备。

影视信号具有以下特点。

(1) 内容随时间的变化而变化。

(2) 伴随有与画面同步的声音。

2. 影视的分类

按照处理方式的不同,影视分为模拟影视和数字影视两类。

(1) 模拟影视(Analog Video)。

模拟影视是一种用于传输图像和声音的随时间连续变化的电信号。传统影视(如电视录像节目)的记录、存储和传输都是采用模拟方式,影视图像和声音是以模拟信号的形式记录在磁带上,它依靠模拟调幅的手段在空间传播。

模拟影视信号的缺点是:影视信号随存储时间、复制次数和传输距离的增加衰减较大,产生信号的损失,不适合网络传输,也不便于分类、检索和编辑。

(2) 数字影视(Digital Video,DV)。

要使计算机能够对影视进行处理,必须把来自于电视机、模拟摄像机、录像机、影碟机等影视源的模拟影视信号进行数字化,形成数字影视信号。

影视信号数字化以后,有着模拟信号无可比拟的优点。

① 再现性好。模拟信号由于是连续变化的,所以不管复制时采用的精确度多高,失真总是不可避免的,经过多次复制以后,误差积累较大。而数字影视可以不失真地进行无限次复制,它不会因存储、传输和复制而产生图像质量的退化,从而能够准确地再现图像。

② 便于编辑处理。模拟信号只能简单调整亮度、对比度和颜色等,从而限制了处理手段和应用范围。而数字影视信号可以传送到计算机内进行存储、处理,很容易进行创造性地编辑与合成,并进行动态交互。

③ 适合于网络应用。在网络环境中,数字影视信息可以通过网络线、光纤很方便地实现资源的共享。在传输过程中,数字影视信号不会因传输距离长产生任何不良影响,而模拟信号在传输过程中会有信号损失。

3. 影视的数字化

要让计算机处理影视信息,首先要解决的是影视数字化的问题。对彩色电视信号的数字化有两种方法:一种是将模拟影视信号输入计算机系统中,对彩色影视信号的各个分量进行数字化,经过压缩编码后生成数字化影视信号;另一种是由数字摄像机从视频源采集影视信号,将得到的数字影视信号输入计算机中直接通过软件进行编辑处理,这是真正意义上的数字影视技术。

4. 常用视频编辑软件

信息时代的高速发展,视频已成为沟通和传达信息的利器,视频制作已成为新一代媒体人必备的技能。视频编辑软件是对视频源进行非线性编辑的软件，软件通过对加入的图片、背景音乐、特效、场景等素材与视频进行重混合，对视频源进行切割、合并，通过二次编码，生成具有不同表现力的新视频。多种视频编辑软件的面世，操作更加简单实用，不仅适合专业视频剪辑工作者进行工作，也能够满足不具备视频剪辑专业知识的初学者使用。

(1) Premiere。Adobe Premiere Pro CC(简称 Pr)是 Adobe 目前最好的一种基于非线性编辑设备和视音频编辑软件。经过几十年的设计、反馈和改进，Adobe Premiere Pro CC 具有多功能性和深度，可以创建任何视频项目，无论是完整的电影、音乐视频、视频博客或教学演示都可以轻松实现。可以在各种平台下和硬件配合使用，被广泛应用于电视台、广告制作、电影剪辑等领域，成为 Windows 和 Mac 平台上应用最为广泛的专业视频编辑软件之一。

(2) After Effects。Adobe After Effects(简称 AE)是 Adobe 公司开发的一款视频剪辑及设计软件，用于高端视频特效系统的专业特效合成，可以非常方便地调入 Photoshop、Illustrator 的层文件，使 AE 可以对多层的合成图像进行控制，制作出天衣无缝的合成效果；AE 同样保留有 Adobe 优秀的软件相互兼容性，Premiere 的项目文件可以近乎完美地再现于 AE 中，Premiere 与 AE 经常相互搭配，进行影片的后期制作；关键帧、路径的引入，使我们对控制高级的二维动画游刃有余；高效的视频处理系统，确保了高质量视频的输出；令人眼花缭乱的特技系统，使 AE 能实现使用者的一切创意。AE 可以高效且精确地创建无数种引人注目的动态图形和震撼人心的视觉效果，利用与其他 Adobe 软件无与伦比的紧密集成和高度灵活的 2D 和 3D 合成，以及数百种预设的效果和动画，为视频、动画作品增添令人耳目一新的效果。现在 AE 已经被广泛地应用于数字和电影的后期制作中，而新兴的多媒体和互联网也为 AE 提供了宽广的发展空间，使其成为影视领域的主流软件。

(3) EDIUS。EDIUS 是美国 Grass Valley(草谷)公司针对新闻记者，专为广播和后期制作环境而设计的优秀非线性编辑软件，拥有完善的基于文件工作流程，提供了实时、多轨道、多格式混编、合成、色键、字幕和时间线输出功能。EDIUS 是业界广泛使用的强大的多格式编辑平台，除了标准的 EDIUS 系列格式，还支持多种格式的视频素材，同时支持所有 DV、HDV 摄像机和录像机。EDIUS 因其迅捷、易用和可靠的稳定性为广大专业制作者和电视人所广泛使用，是混合格式编辑的绝佳选择。

(4) Corel VideoStudio。Corel VideoStudio 即会声会影，是加拿大 Corel 公司专为个人及家庭所设计的一款功能强大的视频编辑软件，具有图像抓取和编修功能，可以转换 MV、DV、V8、TV 和实时记录抓取画面文件，并提供 100 多种的编制功能与效果，可导出多种常见的视频格式。其主要特点如下。

① 适合普通大众使用，操作简单易懂，界面简洁明快。

② 影片制作向导模式，只要三个步骤就可快速做出 DV 影片，入门新手也可以在短时间内体验影片剪辑。

③ 编辑模式从捕获、剪接、转场、特效、覆叠、字幕、配乐到刻录，全方位剪辑出顶级的家庭电影。

④ 具有成批转换功能与捕获格式完整的特点，让剪辑影片更快、更有效率。

⑤ 画面特写镜头与对象创意覆叠，可随意做出新奇百变的创意效果。

⑥ 配乐大师与杜比 AC3 支持，让影片配乐更精准、更立体；同时具有酷炫的 128 组影片转场、37 组视频滤镜、76 种标题动画等丰富效果。

会声会影虽然无法与 Adobe Premiere、Adobe After Effects 和 EDIUS 等专业视频处理软件媲美，但以简单易用、功能丰富的风格赢得了良好的口碑，在国内的普及度较高。

(5) 爱剪辑。爱剪辑是国内首款全能的免费视频剪辑软件，完全根据国人的使用习惯、功能需求与审美特点进行全新设计，许多创新功能都颇具独创性。其主要特点如下。

① 操作简单。不需要视频剪辑基础，不需要理解“时间线”“非编”等各种专业词汇，让一切都还原到最直观易懂的剪辑方式。

② 功能强大。支持较全的视频与音频格式，拥有较多的风格效果、转场特效、卡拉 OK 效果，具有炫酷的 MTV 字幕及专业的加相框、加贴图以及去水印功能。

③ 稳定性高。对各种格式与功能具有超级稳定的支持，不会出现崩溃、蓝屏、卡顿、死机等现象，人们可以专注于制作，自由创意。

④ 速度快、画质好。对各种 CPU、显卡、内存以及操作系统进行优化，一台普通的主流配置计算机，可享有流畅的剪辑体验，得到清晰的成片画质。

1.6 计算机动画制作

1.6.1 动画的基本概念

1. 动画

动画是将一系列静止、独立而又存在一定内在联系的画面(Frame)连续拍摄到电影胶片上再以一定的速度(一般不低于 24 帧/秒) 放映来获得画面上人物运动的视觉效果。

2. 计算机动画

计算机动画的原理与传统动画基本相同，只是在传统动画的基础上把计算机技术用于动画的处理和应用。简单地讲，计算机动画是指采用图形与图像的数字处理技术，借助于编程或动画制作软件生成一系列的景物画面。其中，当前帧画面是对前一帧的部分修改。运动是动画的要素，计算机动画是采用连续播放静止图像的方法产生景物运动的效果，这里所讲的运动不仅指景物的运动，还包括虚拟摄像机的运动、纹理、色彩的变化等，输出方式也多种多样。所以，计算机动画中的运动泛指使画面发生改变的动作。计算机动画所生成的是一个虚拟的世界。画面中的物体并不需要真正去建造，物体、虚拟摄像机的运动也不会受到什么限制，动画师几乎可以随心所欲地编织他的虚幻世界。

3. 动画与影视的区别与联系

(1) 动画和影视都是由一系列的静止画面按照一定的顺序排列而成的，这些静止画面称为帧，每一帧与相邻帧略有不同。当帧画面以一定的速度连续播放时，由视觉暂留现象造成了连续的动态效果。

（2）计算机动画和影视的主要差别类似图形与图像的区别，即帧图像画面的产生方式有所不同。计算机动画是用计算机产生表现真实对象和模拟对象随时间变化的行为和动作，是利用计算机图形技术绘制出的连续画面，是计算机图形学的一个重要分支；数字影视主要指经过模拟信号源经过数字化后的图像和同步声音的混合体。

目前，在多媒体应用中有将计算机动画和数字影视混同的趋势。

4. 动画的分类

动画的分类方法很多，主要有以下几种。

（1）从制作技术和手段看，动画可分为以手工绘制为主的传统动画和以计算机为主的计算机动画。

（2）按动作的的表现形式来区分，动画大致分为接近自然动作的“完善动画”（动画电视）和采用简化、夸张处理的“局限动画”（幻灯片动画）。

（3）从空间的视觉效果上，可分为二维和三维动画。

（4）从播放效果上，可分为顺序动画和交互式动画。

（5）从播放速度来讲，可分为全动画（每秒 24 帧）和半动画（少于 24 帧）。

最常用的动画分类方法是从空间的视觉效果上分类，即二维和三维动画。

1.6.2 动画的特点

计算机动画不同于一般意义的动画片，它是一种集合绘画、漫画、电影、数字媒体、摄影、音乐、文学等众多艺术门类于一身的艺术表现形式。动画的特点可以从功能、艺术、技术和语言特征这 4 个方面进行概述。

（1）功能方面。在功能上，动画具有娱乐性、商业性和教育性。动画一开始是以娱乐为目的的，观众在欣赏动画的过程中，在视觉、听觉和精神上获得感官享受；动画的娱乐性在很大程度上来自于商业的驱动，动画的制作绝大部分是以市场为导向的，以消费者的口味和需求为创作目标，在技术上和传播上都是以商业机制运作的；由于动画具有很强的视听交流性、通俗性和广泛的传播性，使得动画能够担负起教育、引导大众的责任。

（2）艺术方面。在艺术上，动画具有多元性、假定性和时代性。动画的艺术具有一种综合美学的美学特征，它不像其他单一美学的艺术形式，而是多样的、多变的。它不仅有美术的美学特征，同时具备电影、戏剧、歌剧等形态的美学特征。动画影像是被艺术家创造出来的视觉符号的集合，体现的是艺术家丰富的想象力。而且，动画作为一门综合艺术，它与不同时代的流行文化及科学技术的进步密切相关。

（3）技术方面。在技术上，动画具有科技性和工艺性。动画的发展是随着科技的革新发展的。计算机技术的发展开创了动画的新纪元，计算机图形、三维技术的出现，使传统动画逐渐向计算机动画转变，网络技术的出现为动画的创作和广泛传播提供了新的平台和手段。不论是传统的动画还是计算机动画，其制作工艺都是由多个环节构成的，单独一个环节不能构成完整的动画作品。

(4) 语言特征方面。在语言特征方面,动画在众多艺术形式中是最具有符号特征的艺术形式之一,动画通过强化外形特征或动作特征来区别不同角色及性格,而且,造型的符号化延伸至声音等构成要素,并纳入视听统一的符号系统中。此外,动画以戏剧化的方式将人们的潜意识表现得更彻底,这是动画语言的突出优势。

1.6.3 计算机动画的主要技术方法

1. 关键帧动画

关键帧技术是计算机动画中最基本并且运用最广泛的方法。关键帧技术来源于传统的动画制作。出现在动画片中的一段连续画面实际上是由一系列静止的画面来表现的,制作过程中并不需要逐帧绘制,只需从这些静止画面中选出少数几帧加以绘制。被选出的画面一般都出现在动作变化的转折点处,对这段连续动作起着关键的控制作用,因此称为关键帧(Key Frame)。

绘制出关键帧之后,再根据关键帧插入中间画面,就完成了动画制作。早期计算机动画模仿传统的动画生成方法,由计算机对关键帧进行插值,因此称作关键帧动画。

在二维、三维计算机动画中,中间帧的生成由计算机来完成,插值代替了设计中间帧的动画师。

关键帧技术通过对运动参数插值实现对动画的运动控制,如物体的位置、方向、颜色等的变化,也可以对多个运动参数进行组合插值。

2. 变形动画

变形技术是计算机动画中重要的运动控制方式,变形可以是二维或三维的。

基于图像的变形(Morph)是一种常用的二维动画技术。图像之间的插值变形称为Morph,图像本身的变形称为 Warp。

对图像作 Warp,首先需要定义图像的特征结构,然后按特征结构变形图像。图像的特征结构是指由点或结构矢量构成的对图像的框架描述结构,如在两个画面之间建立起对应点关系。两幅图像间的 Morph 方法是首先分别按特征结构对两幅原图像 Warp 操作,然后从不同的方向渐隐渐显地得到两个图像系列,最后合成得到 Morph 结果。

三维 Morph 变形是指任意两个三维物体之间的插值转换渐变,主要内容是对三维物体进行处理以建立两者之间的对应关系,并构造三维 Morph 的插值路径。

3. 过程动画

过程动画指的是动画中物体的运动或变形用一个过程来描述。在过程动画中,物体的变形则基于一定的数学模型或物理规律。最简单的过程动画是用一个数学模型去控制物体的几何形状和运动,如水波的运动。较复杂的如包括物体的变形、弹性理论、动力学、碰撞检测在内的物体的运动。

4. 粒子动画

一些计算机场景的随机景物，如火焰、气流、瀑布等，在对其进行描述时，可采用粒子系统的原理，将随机景物想象成由大量的具有一定属性的粒子构成。每个粒子都有自己的粒子参数，包括初速度、加速度、运动轨迹和生命周期等。这些参数决定了随机景物的变化，使用粒子系统可以产生很逼真的随机景物。

5. 群体动画

在生物界，许多动物如鸟、鱼等以某种群体的方式运动。这种运动既有随机性，又有一定的规律性。群体的行为包含两个对立的因素，即既要相互靠近又要避免碰撞。控制群体的行为的三条按优先级递减的原则如下。

(1) 碰撞避免原则，即避免与相邻的群体成员相碰。

(2) 速度匹配原则，即尽量匹配相邻群体成员的速度。

(3) 群体合群原则，即群体成员之间尽量靠近。

6. 人物动画技术

在计算机图形学中，人体的造型与动作模拟一直是最困难、最具挑战性的问题。这是因为，常规的数学与几何模型不适合表现人体形态，人的关节运动特别是引起关节运动的肌肉运动也十分难以模拟。一种经常用于电影及游戏制作的简便方法是利用传感器记录真人的实际运动，从而模拟出真实人体运动。

7. 运动捕捉

运动捕捉技术是一种新的动画制作方法，是通过分析人体运动序列图像来提取人体关节点的三维坐标，从而得到人体的运动参数，因此能够获得完全真实的人体动画。

近年来，计算机在视觉领域和图形学领域进行许多研究，取得了丰硕的成果，计算机人体动画生成技术在电影和游戏中取得了广泛的应用。为了使人体运动更加逼真，很多动画产品用到了运动捕捉设备。运动捕捉设备能够以很高的精度实时记录下人体每一个关节在三维空间中的位置，经过后期处理，能够在计算机上重现这些运动数据，并且可以将人体运动克隆到不同的虚拟人物上。

为了提高数据的精度和稳定性，许多商品化的系统采用在人体关节点贴标示物的办法，或者采用特殊的硬件。

8. 三维扫描技术

三维扫描(3D Scanner)技术又称为三维数字化技术，能对立体的实物进行三维扫描，迅速获得物体表面各采样点的三维空间坐标和色彩信息，从而得到物体的三维彩色数字模型。部分特殊的三维扫描装置甚至能得到物体的内部结构。

与传统的平面扫描和摄像技术不同，三维扫描技术的扫描对象不再是图纸、照片等平面图案，而是立体的实物。获得的不是物体某一个侧面的图像，而是其全方位的三维信息。其输出也不是平面图像，而是对象的三维数字彩色模型。

由于三维扫描技术能快速方便地将真实世界的立体彩色信息转换为计算机能直接处理的数字信号，在影视特技制作、虚拟现实、高级游戏、文物保护等方面得到了广泛应用。

1.6.4 常用动画制作软件

根据创作的对象不同，动画制作分为二维动画制作和三维动画制作两种。

1. 二维动画制作

二维动画是平面动画，常用于影视制作、教学演示、互联网应用等。常用的二维动画有以下几种。

1）传统动画制作

Animator Studio 为 Autodesk 公司推出的 Windows 版二维动画制作软件，集动画制作、图像处理、音乐编辑、音乐合成等多种功能于一体。其前身为 DOS 版的 Animator Pro。该动画制作软件容易简单，可以生成 GIF、MOV、FLC、FLI 等格式的文件。

Animation Stand 是非常流行的二维卡通软件。其功能包括：多方位摄像控制、自动上色、三维阴影、声音编辑、铅笔测试、动态控制、日程安排、笔画检查、运动控制、特技效果、素描工具等。

Fun Morph 是一款用于实时创建变形特效(俗称“变脸”)影片的软件，简单易学。可以使用自己的数码相片轻松完成在影视作品中大量采用的视觉特效的创作，既能用于网页、广告、MTV、影视等专业制作，又能供闲暇时娱乐。

2）GIF 动画

GIF 动画因制作简单、适用广泛，在网页动画中的地位无可替代。目前 GIF 动画制作软件非常多，有 Ulead Gif Animator、Fireworks 等。

Ulead Gif Animator：Ulead 公司自 1992 年发布 Ulead Gif Animator 1.0 以来，Ulead Gif Animator 一直是制作 GIF 动画工具中功能最强大、操作最简单的动画制作软件之一。利用这种专门的动画制作程序，可以轻松方便地制作出自己需要的动画，甚至不需要引入外部图片，也可利用它做一些较为简单的动画，如跑马灯的动画信息显示等；如果只输入一张图片，Gif Animator 可以自动将其分解成数张图片，制作出特殊显示效果的动画。新的版本又添加了不少可以即时套用的特效，以及更多的动画效果滤镜。目前常见的图像格式甚至部分格式影像文件均能够被顺利地导入，也可保存成时下最流行的 Flash 文件。

Fireworks：是 Macromedia 公司推出的一款编辑矢量位图的综合工具，与 Dreamweaver 和 Flash 合称为网页制作三剑客。在 Fireworks 中，可以创建动画广告条、动画标志、动画卡通等多种类型的动画图像。

3）Flash(Animate)动画

在二维动画的软件中，Flash 可以说是后起之秀，它已无可争议地成为最优秀交互动画的制作工具，并迅速流行起来。Flash 使用矢量图形制作动画，具有缩放不失真、文件体积小、适合在网上传输等特点。Flash 可嵌入声音、电影、图形等各种文件，还可与 JavaScript 等相结合进行编程，进行交互性更强的控制。

目前，Flash 在网页制作、多媒体开发中得到广泛应用，已成为交互式矢量动画的标准。

2. 三维动画制作

三维动画属于造型动画，可以模拟真实的三维空间。通过计算机构造三维几何造型，并给表面赋予颜色、纹理，然后设计三维形体的运动、变形，调整灯光的强度、位置及移动，最后生成一系列可供动态实时播放的连续图像。三维动画可以实现某些形体操作，如平移、旋转、模拟摄像机的变焦、平转等。常用的三维动画制作软件有以下三类。

1）小型三维设计软件

三维设计软件数量最多，如 TureSpace，Raydream 3D，Extreame 3D，CorelDream3D，Animation Master，Bayce 3D，FormZ，Cool 3D，Poser 等。这些软件最大的特点是体积小、简便易学，往往侧重某一个方面的功能。如 Animation Master 擅长卡通制作，Bayce 3D 长于山水自然景观的制作，FormZ 支持的文件格式非常多，Cool 3D 在制作三维文字和网页设计中表现出色，Poser 则侧重人物造型和运动。

2）中型三维设计软件

中型设计软件包括 LightScape 和 LightWave。LightWave 的特点是操作界面简明扼要，比较容易掌握、擅长渲染。LightScape 专长于渲染，不能制作，能输入其他三维软件的作品，赋予材质、灯光进行渲染，是一流的渲染器，能产生出真彩色照片般的效果。LightScape 是一款世界领先的、面向可视化设计和数字化创作（DCC）人员的、具有照片级光照真实感模拟效果的应用软件，它的最新版本极大地提高了该软件的易用性，并加强了该软件与 AutoCAD、3D Studio VIZ 和 3ds Max 软件数据的交互共享能力。

3）大型三维设计软件

大型三维设计软件包括 3ds Max、MAYA、Softimage 和 AutoCAD。3ds Max 功能强大，并较好地适应了 PC 用户众多的特点，被广泛运用于三维动画设计、影视广告设计、室内外装饰设计等领域。MAYA 是由 Alias/Wavefront 在工作站软件的基础上开发的新一代产品，造型和渲染俱佳，特别是其造型功能可谓出神入化。Softimage 是由 SGI 工作站移植到个人计算机上的重量级软件，功能十分强大，擅长造型和渲染。AutoCAD 广泛用于建筑设计、机械设计和三维建模等工业设计领域。

1.7 多媒体作品创作

随着社会的发展和多媒体技术的广泛应用，人们对信息的需求越来越迫切，同时对信息的表现形式也投入更多的关注。形式丰富的多媒体作品，以其生动精彩的表现力，使人产生极深的印象。一个典型的多媒体作品可以是文本、图片、计算机图形、动画、声音、视频的任何几种的组合，当然不是简单的组合，多媒体作品的最大特点是交互性。人们通常看的电视节目、电影、录像、VCD光盘也是多种媒体的组合，但无法参与进去，只能根据编剧和导演编制完成的节目去听去看。多媒体作品不同，它可以让用户参与，可以通过操作去控制整个过程。交互性是多媒体作品与影视作品等其他作品的主要区别。多媒体作品是通过硬件和软件及用户的参与这三项来共同实现的。

1.7.1 多媒体作品的应用领域

随着社会的进步，计算机的普及，多媒体已逐渐渗透到各个领域，社会对多媒体的需求越来越大，对多媒体相关技术的要求也越来越高，是社会的进步推动了多媒体的发展。多媒体作品大体上有如下几个方面的应用。

（1）用于公共展示场合。虽然多媒体演示很难替代人们去展览馆或博物馆欣赏好的展品，但它能非常形象、直观地去展示一个展品，人们可以通过多媒体的演示，形象地了解展品，而不需要专人去讲解。

（2）用于教学领域。这是一个大有可为的领域，学校的教师通过多媒体可以非常形象直观地讲述清楚过去很难描述的课程内容，而且学生可以更形象地去理解和掌握相应教学内容。学生还可以通过多媒体进行自学、自考等。除学校外，各大单位、公司培训在职人员或新员工时，也可以通过多媒体进行教学培训、考核等，非常形象直观，同时也可解决师资不足的问题。

（3）用于产品展示。多媒体作品为商家提供了一种全新的广告形式，商家通过多媒体作品可以将产品表现得淋漓尽致，客户则可通过多媒体作品随心所欲地观看广告，直观、经济、便捷，效果非常好。这种方式可用于多种行业，多媒体作品使产品的广告形式更活泼、更有趣、更容易让人接受。

（4）用于各种活动。对于会议等各种活动，如果事前将好的内容制作成多媒体作品，有视频、音频、动画等非常形象的讲解和演示，活动将开展得非常生动，如果将活动的情况、花絮等制成多媒体纪念光盘加以保留，将非常有意义。

（5）用于网上多媒体。随着互联网的发展，多媒体技术在互联网上越来越普及，一个有声音、动态的页面比静态的只有文字和图片页面更能引起人们的注意，更具吸引力。网上多媒体可以充分发挥多媒体的作用。

（6）用于游戏多媒体。游戏本身就是多媒体，寓教于乐，更容易被接受。

1.7.2 多媒体作品的创作流程

1. 作品创意

多媒体产品的创意设计是非常重要的工作，从时间、内容、素材到各个具体制作环节、程序结构等，都要事先周密筹划。作品创意主要有以下各项工作。

（1）确定作品在时间轴上的分配比例、进展速度和总长度。

（2）撰写和编辑信息内容，包括教案、讲课内容、解说词等。

(3) 规划用何种媒体形式表现何种内容，包括界面设计、色彩设计、功能设计等。

(4) 界面功能设计，包括按钮和菜单的设置、互锁关系的确定、视窗尺寸与相互之间的关系等。

(5) 统一规划并确定媒体素材的文件格式、数据类型、显示模式等。

(6) 确定使用何种软件制作媒体素材。

(7) 确定使用何种平台软件。如果采用计算机高级语言编程，则要考虑程序结构、数据结构、函数命名及其调用等问题。

(8) 确定光盘载体的目录结构、安装文件，以及必要的工具软件。

在作品创意阶段，工作的特点是细腻、严谨。任何小的疏忽，都有可能使后续的开发工作陷入困境，有时甚至要从头开始。

2. 编写脚本

经过创意阶段以后，将全部创意、进度安排和实施方案形成文字资料，并根据详细的实施方案制作脚本。

多媒体脚本设计应做到如下几点。

(1) 规划出各项内容显示的顺序和步骤。

(2) 描述期间的分支路径和衔接的流程。

(3) 兼顾系统的完整性和连贯性。

(4) 既要考虑到整体结构，又要善于运用声、文、画、影物多重组合达到最佳效果。

(5) 注意交互性和目标性。

(6) 根据不同的应用系统运用相关的领域知识和指导理论。

3. 素材加工与媒体制作

多媒体素材的加工与制作，是最为艰苦的开发阶段，非常费时。在此阶段，要和各种软 件打交道，要制作图像、动画、声音及文字素材。在素材加工与媒体制作阶段，要严格按照脚本的要求进行工作。其主要工作如下。

(1) 录入文字，并生成纯文本格式的文件，如.txt 格式。

(2) 扫描或绘制图片，并根据需要进行加工和修饰，然后形成脚本要求的图像文件。

(3) 按照脚本要求，制作规定长度的动画或视频文件。在制作动画过程中，要考虑声音与动画的同步、画外音区段内的动画节奏、动画衔接等问题。

(4) 制作解说和背景音乐。按照脚本要求，将解说词进行录音，可直接从光盘上经数据变换得到背景音乐。在进行解说音和背景音混频处理时，要保证恰当的音强比例和准确的时间长度。

(5) 利用工具软件，对所有素材进行检测。对于文字内容，主要检查用词是否准确、有无纰漏、概念描述是否严谨等；对于图片，则侧重于画面分辨率、显示尺寸、彩色数量、文件格式等方面的检查；对于动画和音乐，主要检查二者时间长度是否匹配、数字音频信号是否有爆音、动画的画面调度是否合理等项内容。

(6) 数据优化。这是针对媒体素材进行的，其目的是减少各种媒体素材的数据量，提高多媒体产品的运行效率，降低光盘数据存储的负荷。

(7) 制作素材备份。素材的制作要花费很多心血和时间，应多复制几份保存，否则会因一时疏忽而导致文件损坏或丢失。

4. 编制程序

在多媒体产品制作的后期阶段，要使用高级语言进行编程，以便把各种媒体进行组合、连接与合成。与此同时，通过程序实现全部控制功能，其中包括：

(1) 设置菜单结构。主要确定菜单功能分类、鼠标单击菜单模式等。

(2) 确定按钮操作方式。

(3) 建立数据库。

(4) 界面制作，包括窗体尺寸设置、按钮设置与互锁、媒体显示位置、状态提示等。

(5) 添加附加功能。例如，趣味习题、课间音乐欣赏、简单小工具、文件操作功能等。

(6) 打印输出重要信息。

(7) 帮助信息的显示与联机打印。

程序在编制过程中，通常要反复进行调试，修改不合理的程序结构，改正错误的数据定 义和传递方式，检查并修正逻辑错误等。

5. 成品制作及包装

无论是多媒体程序，还是多媒体模块，最终都要成为成品。成品是指具备实际使用价值、功能完善而可靠、文字资料齐全、具有数据载体的产品。成品的制作大致包括以下内容。

(1) 确认各种媒体文件的格式、名字及其属性。

(2) 进行程序标准化工作，包括确认程序运行的可靠性、系统安装路径自动识别、运行环境自动识别、打印接口识别等内容。

(3) 系统打包。打包是指把全部系统文件进行捆绑，形成若干个集成文件，并生成系统安装文件和卸载文件。

(4) 设计光盘目录的结构，规划光盘的存储空间分配比例。如果采用文件压缩工具压缩系统数据，还要规划释放的路径和考虑密码的设置问题。

(5) 制作光盘。需要低成本制作时，可采用 5in 的 CD-R 激光盘片；CD-RW 可读写激光盘片的成本略高于 CD-R 盘片，但由于 CD-RW 盘片可重新写入数据，因此为修改程序或数据提供了方便。

(6) 设计包装。任何产品都需要包装，它是所谓“眼球效应”的产物。当今社会越来越重视包装的作用，包装对产品的形象有直接影响，甚至对产品的使用价值也起到不可低估的作用。设计优秀的包装并非易事，需要专业知识和技巧。

(7) 编写技术说明书和使用说明书。技术说明书主要说明软件系统的各种技术参数，包括媒体文件的格式与属性、系统对软件环境的要求、对计算机硬件配置的要求、系统的显示模式等；使用说明书主要介绍系统的安装方法、寻求帮助的方法、操作步骤、疑难解答、作者信息，以及联系方法等。

1.7.3 多媒体创作工具

多媒体作品一般利用功能强大且简单易用的多媒体创作工具进行制作。多媒体创作工具又称多媒体著作工具，它提供了组织和编辑多媒体应用中各种媒体元素所需的框架，是集成和统一管理多媒体信息的工具，其实质是程序命令的集合。

多媒体作品是一个综合性系统，要求其使用的工具具备能对各种媒体进行基本的操作控制的编程环境，能从一个静态对象跳转到另一个相关的数据对象进行处理的超媒体流程控制的交互功能，以及动画制作及演播功能等。

根据创作方法的不同，常用的多媒体创作工具主要分为以下 4 类。

(1) 以图标为基础的多媒体创作工具，如 Adobe Authorware、IconAuthor 等。

(2) 以时间为基础的多媒体创作工具，如 Adobe Action、Director 等。

(3) 以页为基础的多媒体创作工具，如 PowerPoint、Tool Book、Dreamweaver 等。

(4) 以程序设计语言为基础的多媒体创作工具，如 C++、Java、Visual Basic、HTML5、Dekphi 等。

1.7.4 多媒体作品的版权

多媒体作品的著作权也称版权，是作品的创作者对其作品所享有的专有权利。版权是公民、法人依法享有的一种民事权利，属于无形财产权。在不触犯版权的情况下合理使用多媒体产品可以促进作品的广泛传播，在著作权法规定的某些情况下使用作品时，可以不经著作权人许可，不向其支付报酬，但应当指明作者姓名、作品名称，并且不得侵犯著作权人依照著作权法享有的其他权利。这是法律规定的对著作权的一种限制情况。

我国著作权法规定的"合理使用"包括以下几种情形。

(1) 为个人学习、研究或者欣赏，使用他人已经发表的作品。

(2) 为介绍、评论某一作品或者说明某一问题，在作品中适当引用他人已经发表的作品。

(3) 为报道时事新闻，在报纸、期刊、广播电台、电视台等媒体中不可避免地再现或者引用已经发表的作品。

(4) 报纸、期刊、广播电台、电视台等媒体刊登或者播放其他报纸、期刊、广播电台、电视台等媒体已经发表的关于政治、经济、宗教问题的时事性文章，但作者声明不许刊登、播放的除外。

(5) 报纸、期刊、广播电台、电视台等媒体刊登或者播放在公众集会上发表的讲话，但作者声明不许刊登、播放的除外。

(6) 为学校课堂教学或者科学研究，翻译或者少量复制已经发表的作品，供教学或者科研人员使用，但不得出版发行。

(7) 国家机关为执行公务在合理范围内使用已经发表的作品。

(8) 图书馆、档案馆、纪念馆、博物馆、美术馆等为陈列或者保存版本的需要，复制本馆收藏的作品。

（9）免费表演已经发表的作品，该表演未向公众收取费用，也未向表演者支付报酬。

（10）对设置或者陈列在室外公共场所的艺术作品进行临摹、绘画、摄影、录像。

（11）将中国公民、法人或者其他组织已经发表的以汉语言文字创作的作品翻译成少数 民族语言文字作品在国内出版发行。

（12）将已经发表的作品改成盲文出版。

上述规定适用于对出版者、表演者、录音录像制作者、广播电台、电视台的权利的限制。

小　结

本章是本书的理论基础，简要介绍了有关多媒体技术的基本概念和基础知识。

多媒体技术是基于计算机科学的综合高新技术，可以利用计算机综合处理文本、图形、图像、声音和影视等信息，具有集成性、实时性和交互性。

多媒体计算机系统是一个能综合处理多种媒体信息的计算机系统，它是对基本计算机系统的软、硬件功能的扩展。MPC是在现有PC基础上加上一些硬件板卡及相应软件，并配有必要的辅助设备，使其具有综合处理声、文、图信息的功能。

多媒体素材通过各种不同的工具处理后，可用多媒体创作工具集成为多媒体作品。

习　题

1. 什么是媒体？分为哪些种类？
2. 什么是多媒体？它具有哪些关键特性？
3. 多媒体的关键技术有哪些？
4. 多媒体技术的应用领域有哪些？
5. 请简述多媒体计算机系统的组成。
6. 请简述MPC的主要功能。
7. 常用的多媒体辅助设备有哪些？
8. 请说明图形与图像的区别与联系。
9. 请说明音频、视频的概念与技术指标。
10. 请说明计算机动画的基本概念和主要技术方法。
11. 请说明多媒体作品创作的基本流程。

第2章

数字图像处理(Photoshop)

本章学习目标

- 理解掌握数字图像的主要概念和基础知识。
- 了解 Photoshop 的应用领域。
- 掌握 Photoshop 的基本操作。
- 掌握图像的修复技术及调整技巧。
- 掌握图层、蒙版、通道、滤镜的原理及应用。
- 掌握路径的应用及形状的绘制。

2.1 数字图像基础

2.1.1 图像的单位

像素是数码影像最基本的单位,是整个图像中不可分割的元素,不可分割的意思是它不能够再切割成更小的单位或是元素。它以一个单一颜色的小方块形式存在,每个小方块都有一个明确的位置和被分配的色彩数值,小方格颜色和位置就决定该图像所呈现出来的样子,即每幅图像是由像素排列而成的点阵图。如图 2-1 所示的数码照片,放大后会呈现如图 2-2 所示的像素方块。

图 2-1 数码照片

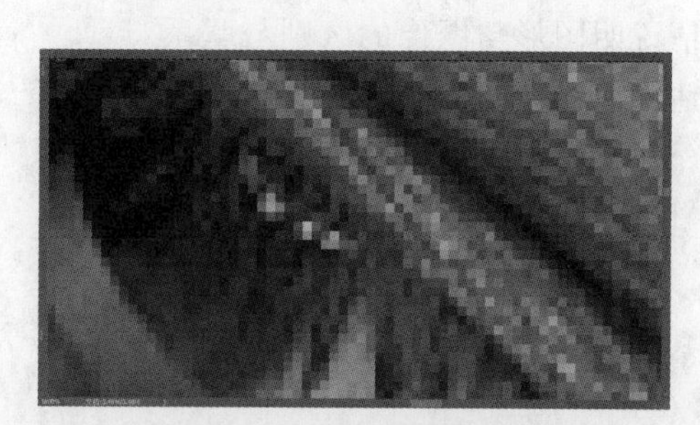

图 2-2 放大后呈现的像素方块

不同颜色的像素聚集起来就变成一幅动人的照片，数码相机经常以像素作为等级分类依据，但不少人认为像素点的多少是CCD光敏单元上的感光点数量，其实这种说法并不完全正确，不少厂商通过特殊技术，可以在相同感光点的CCD光敏单元下产生分辨率更高的数码相片。

图片分辨率越高，所需像素越多。例如，分辨率为640×480的图片，大概需要31万像素；分辨率为2048×1536的图片，则需要高达314万像素。

2.1.2　图像的种类

每个图像的像素通常对应于二维空间中一个特定的位置，并由一个或者多个采样值表示某一像素的颜色。根据这些采样值及特性的不同，数字图像可以分为二值图像、灰度图像、彩色图像、伪彩色图像等。

二值图像(Binary Image)：图像中每个像素的亮度值由位表示，仅可以取0或者1两个值。其中，0表示黑色，1表示白色，所以，二值图像就是由黑和白两种颜色表示的图像。二值图像通常用于文字、线条图的扫描识别(OCR)和掩膜图像的存储。

灰度图像(Gray Scale Image)：也称为灰阶图像，图像中每个像素的取值范围可以由0(黑)～255(白)的亮度值表示。0～255表示不同的灰度级。"0"表示纯黑色，"255"表示纯白色，中间的数字从小到大表示由黑到白的过渡色。二值图像可以看成是灰度图像的一个特例。

彩色图像(Color Image)：每个像素的颜色由红、绿、蓝(R、G、B)三个分量表示，每幅彩色图像是由三幅不同颜色的灰度图像组合而成，一个为红色，一个为绿色，另一个为蓝色。这样得到的色彩可以反映原图像的真实色彩，一般认为是真彩色。

伪彩色(Pseudo-color)图像：伪彩色也称索引颜色，索引图像的文件结构比较复杂，除了存放图像的二维矩阵外，还包括一个称为颜色索引矩阵MAP的二维数组。每个像素值实际上是一个索引值或代码，该代码值作为色彩查找表(Color Look-Up Table，CLUT)中某一项的入口地址，根据该地址可查找出包含实际R、G、B的强度值。这种用查找映射的方法产生的色彩称为伪彩色，生成的图像为伪彩色图像。索引图像一般用于存放色彩要求比较简单的图像，如Windows中色彩构成比较简单的壁纸多采用索引图像存放，如果图像的色彩比较复杂，就要用到RGB真彩色图像。

2.1.3　图像的属性

描述一幅图像需要使用图像的属性。图像的属性包含分辨率、像素深度、真/伪彩色、图像的表示法和种类等。

1. 分辨率

经常遇到的分辨率有两种，即显示分辨率和图像分辨率。

(1) 显示分辨率是指显示屏上能够显示的像素数目。例如，显示分辨率为1024×768

表示显示屏分成 768 行(垂直分辨率),每行(水平分辨率)显示 1024 个像素,整个显示屏就含有 796 432 个显像点。屏幕能够显示的像素越多,说明显示设备的分辨率越高,显示的图像质量越高。

(2) 图像分辨率是指组成一幅图像的像素密度,也是用水平和垂直的像素表示,即用每英寸多少点(dpi)表示数字化图像的大小。例如,用 200dpi 来扫描一幅 4×3 英寸的彩色照片,那么得到一幅 800×600 个像素点的图像。它实质上是数字化的采样间隔,由它确定组成一幅图像的像素数目。对同样大小的一幅图像,如果组成该图像的像素数目越多,则说明图像的分辨率越高,图像看起来就越逼真;相反,图像显得越粗糙。因此,不同的分辨率会造成不同的图像清晰度。

图像分辨率与显示分辨率是两个不同的概念。图像分辨率确定的是组成一幅图像像素数目,而显示分辨率确定的是显示图像的区域大小。它们之间的关系如下。

(1) 图像分辨率大于显示分辨率时,在屏幕上只能显示部分图像。

(2) 图像分辨率小于屏幕分辨率时,图像只占屏幕的一部分。

2. 图像深度

图像深度是指存储每个像素所用的位数,它也是用来度量图像的色彩分辨率的。图像深度确定彩色图像的每个像素可能有的颜色数,或者确定灰度图像的每个像素可能有的灰度级数。它决定了彩色图像中可出现的最多颜色数,或灰度图像中的最大灰度等级。表示一个像素颜色的位数越多,它能表达的颜色数或灰度级就越多。例如,只有 1 个分量的单色图像,若每个像素有 8 位,则最大灰度数目为 $2^8=256$;一幅彩色图像的每个像素用 R、G、B 3 个分量表示,若 3 个分量的像素位数分别为 4、4、2,则最大颜色数目为 $2^{4+4+2}=2^{10}=1024$,也就是说,像素的深度为 10 位,每个像素可以是 1024 种颜色中的一种。表示一个像素的位数越多,它能表达的颜色数目就越多,它的深度就越深。

2.1.4 数字图像素材的获取

使用 Photoshop 进行图像处理会用到各种数字图像素材,素材的获取可以根据不同的来源采取不同的方法。

(1) 利用抓图热键获取图像。在 Windows 操作系统基础上,无论运行的是什么应用软件,都可以采用抓图热键来获取当前屏幕图像。其方法是:按 PrintScreen 键,可以抓下当前屏幕显示的全屏图像;按 Alt+PrintScreen 组合键,可以抓当前工作窗口。抓图之后,图像的内容就存入剪贴板内,可以运行 Windows 自带的“画图”软件或 Photoshop 等图像处理软件,粘贴后保存为一个图像文件,也可以直接把抓取的内容粘贴在一个打开的文件中。

(2) 使用扫描仪扫入图像。对于已有的图片,扫描是获取图像最简单的方法。通过扫描仪可将各种照片、美术品生成单色灰度或彩色的多种格式的图像文件,并可利用多种图像处理软件对图像文件进行修饰和编辑。

(3) 使用摄像机捕捉。通过帧捕捉卡,可以利用摄像机实现单帧捕捉,并保存为数字图像。

（4）使用数字照相机拍摄。数字照相机是一种用数字图像形式存储照片的照相机，它可以将所拍的照片以图像文件的形式存储并输入计算机中处理。

（5）从素材光盘及其他途径获取图像。在市场上可以找到许多商品图像库光盘，可以利用它们中的一部分素材来进行编辑创作。最好有选择性地将其复制到本地硬盘上，然后进行处理。在互联网高速发展的今天，网上有许多优秀的站点提供免费的图片下载，许多资料都可以从那里得到。

（6）利用绘图软件创建图像。这类软件往往具有多种功能，除了绘图以外，还可用来对图形扫描修改等，著名的软件有 Photoshop、CorelDRAW、PhotoStyler 等。

2.2 Photoshop 基础

2.2.1 Photoshop 简介

Adobe Photoshop，简称“PS”，是由 Adobe Systems 开发和发行的图像处理软件。Photoshop 主要处理以像素所构成的数字图像。使用其众多的编修与绘图工具，可以有效地进行图片编辑工作。PS 有很多功能，在图像、图形、文字、视频、出版等各方面都有涉及。

1. Photoshop 软件简介

Photoshop 是 Adobe 公司旗下最为出名的图像处理软件之一，其软件特性表现在支持宽屏显示器的版面、集 20 多个窗口于一身的 dock、占用面积小的工具栏、多张照片自动生成全景、灵活的黑白转换、易调节的选择工具、智能的滤镜、更好的 32 位 HDR 图像支持等。Adobe 支持 Windows 操作系统、Android 与 macOS，但 Linux 操作系统用户可以通过使用 Wine 来运行 Photoshop。

2. Photoshop 的应用领域

多数人对于 Photoshop 的了解仅限于“一个很好的图像编辑软件”，并不知道它的诸多应用方面，实际上，它的应用领域很广泛，在图像、图形、文字、视频、出版各方面都有涉及。

（1）广告摄影。广告摄影作为一种对视觉要求非常严格的工作，其最终成品往往要经过 Photoshop 的修改才能得到满意的效果。

（2）平面设计。平面设计是 Photoshop 应用最为广泛的领域，无论是我们正在阅读的图书封面，还是大街上看到的招贴、海报，这些具有丰富图像的平面印刷品，基本上都需要 Photoshop 软件对图像进行处理。

（3）修复照片。Photoshop 具有强大的图像修饰功能。利用这些功能，可以快速修复破损的老照片，也可以修复人脸上的斑点等缺陷。

（4）影像创意。影像创意是 Photoshop 的特长，通过 Photoshop 的处理可以将原本风马牛不相及的对象组合在一起，也可以使用“移花接木”的手段使图像发生面目全非的巨大变化。

（5）艺术文字。当文字遇到 Photoshop 处理，就已经注定不再普通。利用 Photoshop 可以使文字发生各种各样的变化，并利用这些艺术化处理后的文字为图像增加效果。

（6）网页制作。在制作网页时，Photoshop 是必不可少的网页图像处理软件。

（7）建筑效果图后期修饰。在制作建筑效果图包括许多三维场景时，人物与配景包括场景的颜色常常需要在 Photoshop 中增加并调整。

（8）绘画。由于 Photoshop 具有良好的绘画与调色功能，许多插画设计制作者往往使用铅笔绘制草稿，然后用 Photoshop 填色的方法来绘制插画。

（9）绘制或处理三维贴图。在三维软件中，如果能够制作出精良的模型，而无法为模型应用逼真的贴图，也无法得到较好的渲染效果。实际上在制作材质时，除了要依靠软件本身具有的材质功能外，利用 Photoshop 制作在三维软件中无法得到的合适的材质也非常重要。

（10）图标制作。虽然使用 Photoshop 制作图标在感觉上有些大材小用，但使用此软件制作的图标的确非常精美。

（11）界面设计。界面设计是一个新兴的领域，已经受到越来越多的软件企业及开发者的重视。在当前还没有用于做界面设计的专业软件，因此绝大多数设计者使用的都是 Photoshop。

（12）影视制作。目前的影视后期制作及二维动画制作，Photoshop 也有所应用。

（13）视觉创意。视觉创意与设计是设计艺术的一个分支，此类设计通常没有非常明显的商业目的，但由于视觉创意为广大设计爱好者提供了广阔的设计空间，因此越来越多的设计爱好者开始学习 Photoshop，并进行具有个人特色与风格的视觉创意。

2.2.2 Photoshop 工作界面

在多媒体作品的制作过程中，数字图像的编辑和处理是必不可少的。Photoshop 是由美国 Adobe 公司推出的彩色图像处理软件，其软件设计优美、精练，功能强大，是著名的位图图像处理和图像效果生成工具。Photoshop CC 以其操作性能和网络图片设计功能的完善，使广大用户能充分地发挥自己的想象力，创作出精彩的平面图像和网络图像。

1. Photoshop CC 工作界面

启动 Photoshop CC 后，其工作界面如图 2-3 所示。

完整的 Photoshop CC 界面由菜单栏、工具箱、选项栏、工作区、状态栏和面板组成。

1）菜单栏

在 Photoshop CC 的菜单栏中共有 11 类近百个菜单命令，使用这些命令既可以完成如复制、粘贴等基础操作，也可以完成如调整图像颜色、变换图像、修改选区、对齐分布图层等较为复杂的操作。

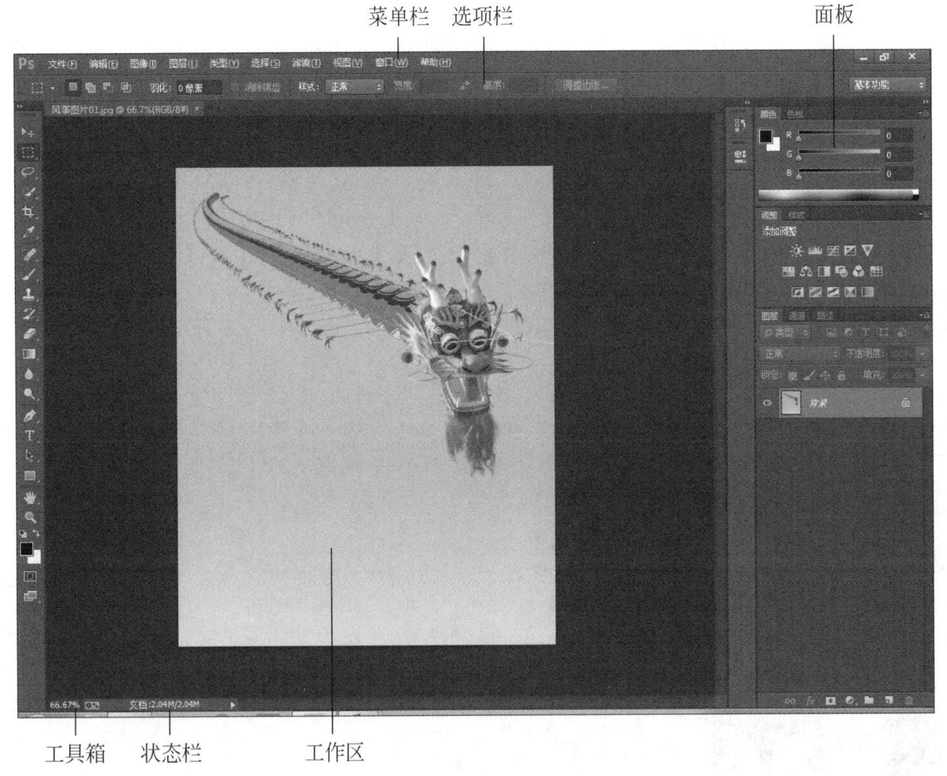

图 2-3　**Photoshop CC** 工作界面

2）工具箱

工具箱与菜单栏、面板是使用 Photoshop 时必不可少的组成部分，是 Photoshop 操作的核心。工具箱中有几十种工具可供选择，使用这些工具可以完成绘制、修饰、编辑、查看和测量等工作。其中某些工具按钮的右下角有一个黑色三角形标记，使用鼠标左键在三角形标记上单击并停留一会儿，会弹出一组具有相关功能的工具按钮。

3）选项栏

选项栏是工具箱中工具功能的延伸，当选择工具箱中的任意一个工具后，都会在选项栏上出现工具的各种选项，通过适当设置选项栏中的选项，不仅可以有效提高工具在使用中的灵活性，还能够提有效高工作效率。

4）工作区

工作区是 Photoshop 工作界面中的灰色区域，工具箱、面板和图像窗口都放置在其中。在工作区中可以打开多个图像窗口，但只有一个图像窗口是被激活的，接受用户的编辑操作。被激活的窗口称为“活动窗口”或“当前窗口”。

5）状态栏

状态栏用于显示当前文件的显示比例、文件大小、内存使用率、操作运行时间和当前工具等提示信息。

6）面板

利用 Photoshop 中的各种面板可以显示信息、控制图层、调整动作和控制历史记录等各类操作。

2. 工具箱及面板的使用方法

在图像处理的实际操作中，工具箱与面板是最主要的部分，使用频率非常高。掌握工具正确、快捷的使用方法，有助于加快操作速度。为了方便操作，还可以根据个人的操作习惯将面板固定在工作区的任何位置。

1）伸缩工具箱

Photoshop CC 的工具箱具有伸缩功能，该功能位于工具箱顶部的伸缩栏控制，伸缩栏就是工具箱顶部带有两个三角形的区域。当工具栏为单栏时，单击伸缩栏可以将其伸展为双栏状态；反之，则可以通过单击将其恢复至单栏状态。单栏工具箱和双栏工具箱如图 2-4 所示。

2）伸缩面板

除工具箱外，Photoshop 的面板也可以进行伸缩。对于已经展开的面板，单击其顶部的伸缩栏可以将其收缩为图标状态；反之，如果单击未展开面板的伸缩栏，则可以将面板展开。收缩与展开面板如图 2-5 所示。

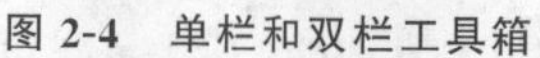

图 2-4 单栏和双栏工具箱

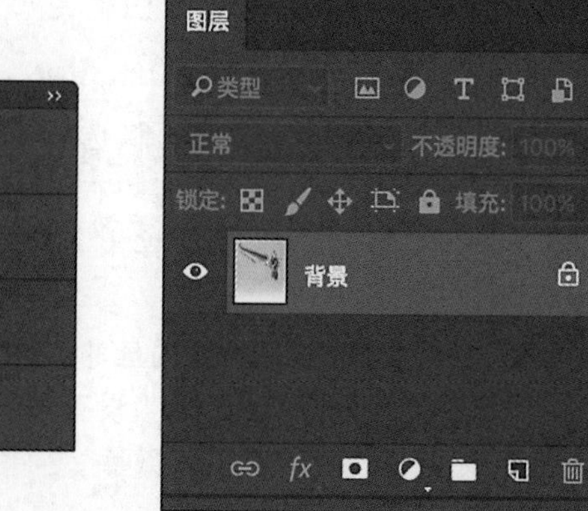

图 2-5 收缩与展开面板

在面板的收缩状态，如果需要切换至某个面板，可以单击其图标；如果需要隐藏某个已经显示的面板，可再次单击该面板的图标或直接单击面板的标签名称。

3）拆分与组合面板

Photoshop 中的面板一般是成组出现，如果需要将组合面板拆分为独立面板时，可以直接按住鼠标左键将面板标签拖至工作区空白位置。拆分出的独立面板如图 2-6 所示。

要组合面板，可按住鼠标左键将面板标签拖至所需的位置，直至出现蓝色线框。通过

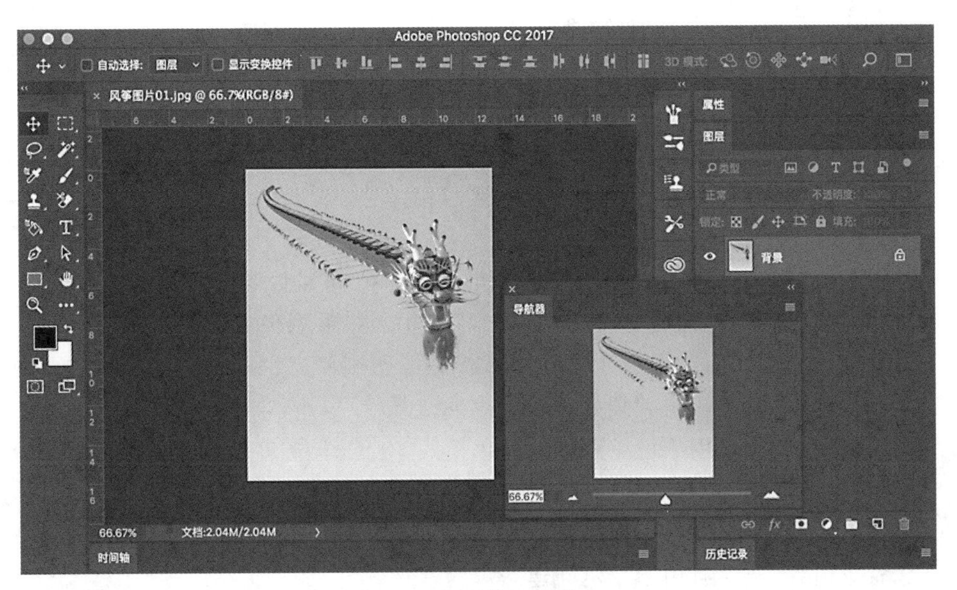

图 2-6　拆分的面板状态

组合面板操作可以将两个或多个面板合并到一个面板中,从而提高操作效率。

2.2.3　Photoshop 基本操作

1. 新建文件

如果要制作一个新的图像,就要在 Photoshop 中新建一个图像文件,可执行“文件”|“新建”命令,打开“新建文档”对话框,如图 2-7 所示。

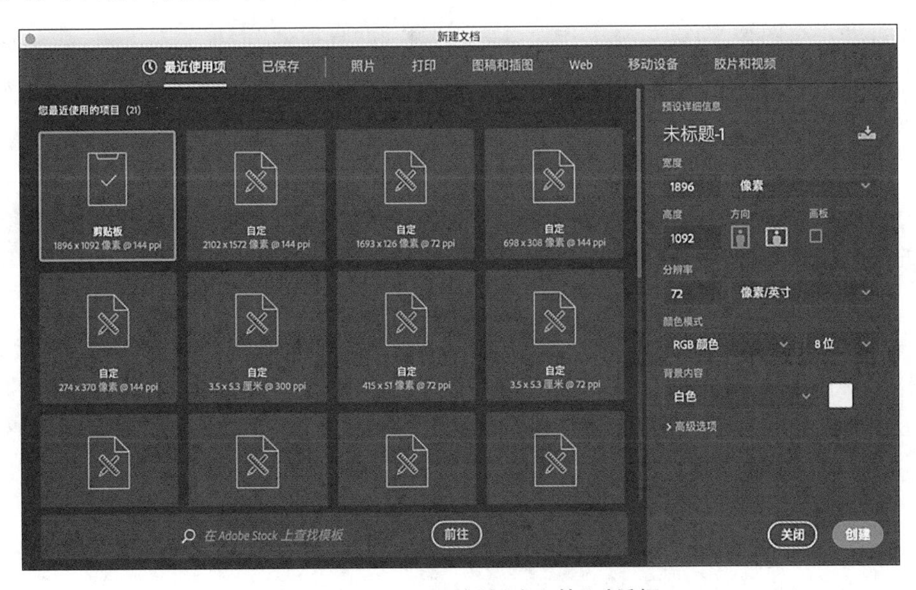

图 2-7　Photoshop 的“新建文档”对话框

可以通过“新建文档”对话框对新文件的详细信息进行预设。

- 第一个新建文件的默认文件名为“未标题-1”,可以在此选项的文本框中输入新建图像的文件名。
- 可以在“您最近使用的项目”中选择固定格式的文件大小,也可以在“宽度”和“高度”数值框内输入需要设置的数值,还可以单击“宽度”和“高度”下拉列表选择计量单位。
- “分辨率”数值框中可以输入需要设置的分辨率,可以设定为每英寸的像素数或每厘米的像素数,默认分辨率为 72 像素/英寸。如果图像在显示器上显示,这个分辨率已经够了,但如果所建立的图像将制成印刷品,最好将分辨率设置在 300 像素/英寸以上,才能得到较好的印刷效果。
- “颜色模式”选项用于设定图像的颜色模式,有位图、灰度、RGB 颜色、CYMK 颜色等多种颜色模式供选择。
- “图像大小”显示当前图像文件的大小。
- “背景内容”选项组用于设定新建图像的背景颜色。

设置各项选项后,单击“创建”按钮,即可完成新建图像的任务。

2. 打开现有文件

要打开现有文件,可使用“文件”|“打开”命令,弹出“打开”对话框,选取正确的路径、文件类型和想要打开的文件,单击“打开”按钮。

在“文件”菜单中,还有一个与“打开”类似的命令“打开为”,它可以指定打开文件所使用的文件格式,在打开文件的同时转换文件的格式。

3. 改变图像的显示比例

当打开一个图像文件时,在工作窗口的标题栏和“导航器”面板的左下角,都会显示出现该图像的显示比例。放大图像,可以对图像的局部进行精确编辑;缩小图像,可以查看图像的整体效果。若要改变图像的显示比例,可选取工具箱中的缩放工具,然后选择选项栏上的放大工具(或缩小工具),这时,每在工作窗口单击一次,图像就会放大(或缩小)一级。也可以单击“导航器”右下角较大的三角图标(或较小的三角图标),逐次放大(或缩小)图像,或拖动小三角形滑块自由缩放图像,如图 2-8 所示。

当图像放大到比工作窗口大时,工作窗口上就会出现滚动条,选择工具箱中的抓手工具,在图像中鼠标指针就变成抓手,用鼠标在图像上拖动,可以观察图像的每一部分。

4. 图像尺寸的调整

在平面设计过程中,经常需要调整图像的尺寸。执行“图像”|“图像大小”命令,打开“图像大小”对话框,如图 2-9 所示,即可对图像的尺寸进行调整。

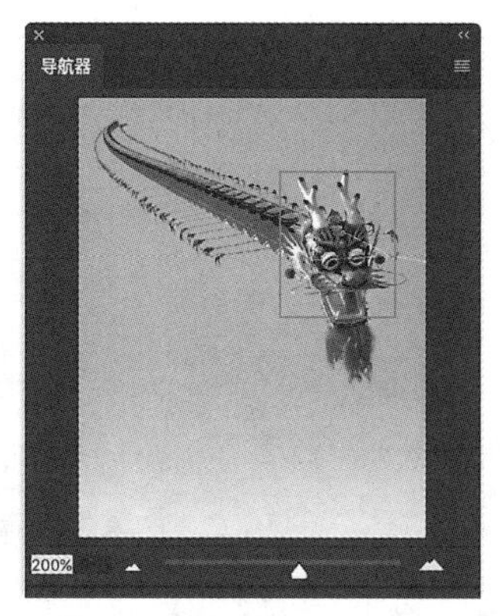

图 2-8　用导航器改变图像的显示比例

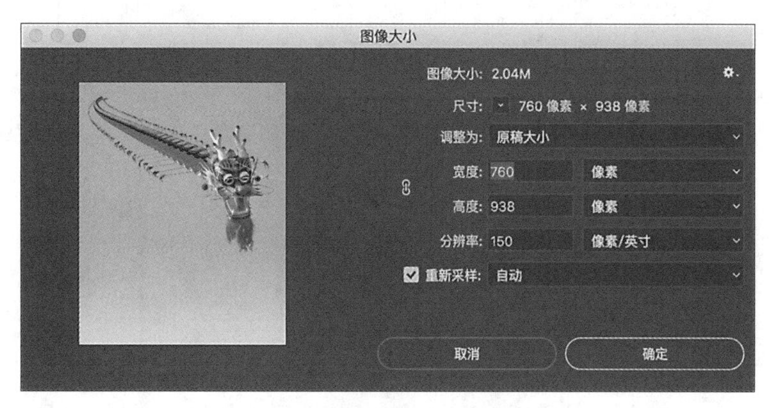

图 2-9　“图像大小”对话框

5. 恢复操作

如果在图像的编辑过程中出现误操作或对所编辑的效果不满意，可执行“编辑”|“后退一步”命令取消误操作，或使用历史记录面板恢复图像编辑过程中的任何状态。

6. 保存图像效果

如果要保存一个新建的图像文件或把已经保存过的图像文件保存为一个新文件，可使用“文件”|“存储”或“文件”|“存储为”命令，弹出“存储为”对话框，如图 2-10 所示。在该对话框中，输入文件名，选择文件格式（如 PSD 格式），单击“保存”按钮，可将图像保存。对于已保存过的文件，使用“存储为”命令在保存为一个新文件的同时原文件不变（保持前一次保存的效果）。

当对已保存过的图像文件进行了各种编辑操作后，选择“存储”命令，将不弹出“存储为”对话框，直接保留最终确认的结果，并覆盖原始文件。

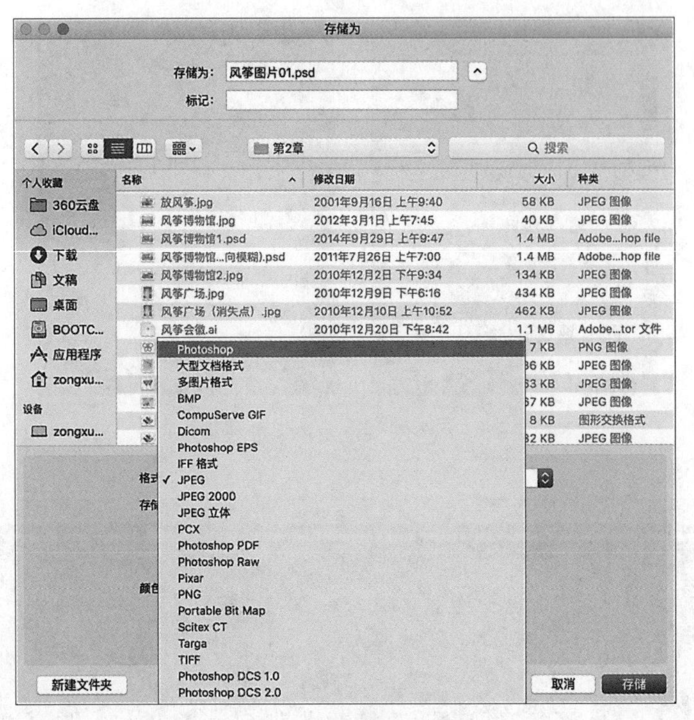

图 2-10 “存储为”对话框

7. 图像文件的常用格式

(1) PSD 和 PDD 格式。是 Photoshop 软件的专用文件格式，能保存图层、通道、路径等信息，便于以后修改。缺点是保存文件较大。

(2) BMP 格式。是微软公司绘图软件的专用格式，是 Photoshop 最常用的位图格式之一，支持 RGB、索引、灰度和位图等颜色模式，但不支持 Alpha 通道。

(3) Photoshop EPS 格式(＊.EPS)。是最广泛地被向量绘图软件和排版软件所接受的格式，可保存路径，并在各软件间进行相互转换。若用户要将图像置入 CorelDRAW、Illustrator、PageMaker 等软件中，可将图像存储成 Photoshop EPS 格式。它不支持 Alpha 通道。

(4) Photoshop DCS 格式(＊.EPS)。标准 EPS 文件格式的一种特殊格式，支持 Alpha 通道。

(5) JPEG 格式(＊.JPG)。一种压缩效率很高的存储格式，是一种有损压缩方式。支持 CMYK、RGB 和灰度等颜色模式，但不支持 Alpha 通道。JPEG 格式也是目前网络可以支持的图像文件格式之一。

(6) TIFF 格式(＊.TIF)。是为 Macintosh 开发的最常用的图像文件格式。它既能用于 MAC，又能用于 PC，是一种灵活的位图图像格式。TIFF 在 Photoshop 中可支持 24 个通道，是除了 Photoshop 自身格式外唯一能存储多个通道的格式。基于桌面出版，采用无损压缩。

(7) AI 格式。是 Illustrator 的源文件格式。在 Photoshop 软件中可以将保存了路径的图像文件输出为 AI 格式,然后在 Illustrator 和 CorelDRAW 软件中直接打开它并进行修改处理。

(8) GIF 格式。是由 CompuServe 公司制定的,只能处理 256 种色彩。常用于网络传输,其传输速度要比传输其他格式的文件快很多,并且可以将多张图像存成一个文件而形成动画效果。

(9) PDF 格式。是 Adobe 公司推出的专为网上出版而制定的,Acrobat 的源文件格式。不支持 Alpha 通道。在存储前,必须将图片的模式转换为位图、灰度、索引等颜色模式,否则无法存储。

(10) PNG 格式。是 NetScape 公司针对网络图像开发的文件格式。这种格式可以使用无损压缩方式压缩图像文件,并利用 Alpha 通道制作透明背景,是功能非常强大的网络文件格式,但较早版本的 Web 浏览器可能不支持。

创建与编辑选区

2.3 选择与变换图像

2.3.1 创建与编辑选区

在 Photoshop 中,选区扮演着非常重要的角色,它决定了图像编辑的区域和范围。灵活而巧妙地应用选区,能制作出许多精美的效果。可以使用工具或命令对选区中的图像进行移动、复制、调整等处理,这些处理只针对选区内的图像,而不影响选区外的图像。

1. 建立选区

在 Photoshop 中建立选区的方法非常灵活和丰富,常用的方法有以下几种。

(1) 使用选框工具。

选框工具是 Photoshop 提供的最简单的创建选框的工具,用于选择规则的选区,包括矩形选框工具、椭圆选框工具、单行选框工具和单列选框工具四种。其中,矩形选框工具和椭圆选框工具可以随意拖放选区的大小,而单行选框工具和单列选框工具只能选定图像中的某一像素行或者像素列。

在使用矩形选框工具和椭圆选框工具时,配合 Shift 键,分别可以选中一个正方形区域和圆形区域。

(2) 使用套索工具。

在实际操作中,大多数图像区域是复杂并且不规则的,套索工具则可以选择边界较为复杂的对象或区域。套索工具有三种:套索工具、多边形工具和磁性套索工具。如图 2-11 所示,是用磁性套索工具选择风筝图像区域的过程和结果。

(3) 使用魔棒工具。

魔棒工具选择的原理与选框工具和套索工具不同,魔棒工具是根据一定的颜色范围来创建选区的,对于选择颜色相近的区域非常方便。

图 2-11　用磁性套索工具选择图像区域

对于前面选择风筝图像区域的例子，可以先勾选“连续”选项，用魔棒工具选择图像的背景区域，然后执行“选择”|“反选”命令，就能方便地选取风筝图像的区域。

(4) 使用快速选择工具。

使用快速选择工具 单击并在图像上拖动即可沿着边缘创建选区，创建选区的形式非常灵活。

2. 编辑选区

在选取了一个选区后，可以通过相应的工具与命令对其位置、大小进行移动和缩放，对已选的选区范围进行增加或删减，还能对选区进行旋转等编辑操作。

(1) 移动选区。

移动选区时，将光标放置在选区内，移动光标即可，如图 2-12 所示。在移动过程中，光标会显示为黑色三角形状。在移动过程中，按住 Ctrl 键，可以移动选区范围内的图像，如图 2-13 所示。若要移动选区范围内的图像，也可用移动工具 。

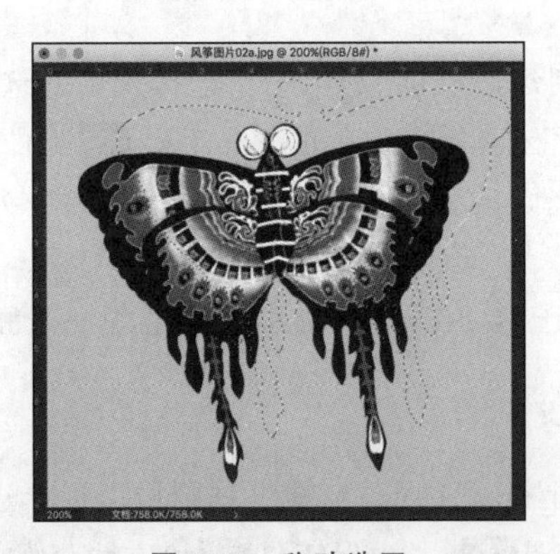

图 2-12　移动选区

图 2-13　移动选区范围内的图像

(2) 增删选区。

可以通过 Shift 键来增加选区，或通过 Alt 键来减少选区。

在 Photoshop 中还有更方便的选区编辑方式。在使用选区工具时，选项栏如图 2-14

所示，可以利用选项栏上的选项按钮确定选区的编辑方式，来增删选区。

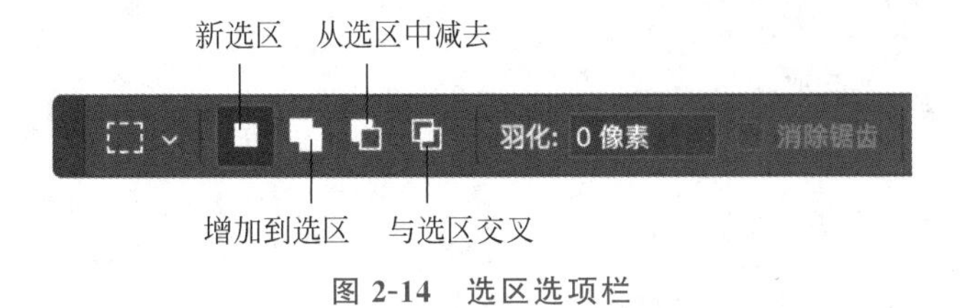

图 2-14　选区选项栏

选项栏上共有以下四种编辑选区的按钮。

① 新选区：去掉旧的选择区域，选择新的区域。

② 增加到选区：在旧的选择区域的基础上，增加新的选择区域，形成最终的选择区域。

③ 从选区中减去：在旧的选择区域中，减去新的选择区域与旧的选择区域相交的部分，形成最终的选择区域。

④ 与选区交叉：新的选择区域与旧的选择区域相交的部分为最终的选择区域。

(3) 修改选区。

在 Photoshop CC 中，可以通过“选择”|“修改”命令对选区进行扩边、平滑、扩展和收缩等操作。执行这些命令后，只要在打开的对话框中设置相应的参数，就可以实现选区的上述四个修改功能。

(4) 变换选区。

建立选区后，执行“选择”|“变换选区”命令，选区四周将出现由八个控制点组成的选区变换框，从而可以进行移动、缩放、旋转等操作。在图像窗口中单击鼠标右键，可以弹出变换选区的快捷菜单。变换选区时对选区内的图像没有任何的影响。

2.3.2　变换图像

Photoshop 图像的基本变换包含缩放、旋转、斜切、扭曲和透视的调整操作技巧。

1. 缩放

执行“编辑”|“变换”|“缩放”命令，可以对选中的图像进行缩放操作。执行此命令将使图像四周出现变换控制框，将光标放于变换控制框中的控制句柄上，待光标显示为↖↘形时按下鼠标左键拖动控制句柄即可对图像进行缩放。得到合适的缩放效果后，按 Enter 键确认变换即可。

如果拖动控制句柄时，按住 Shift 键，则可按比例缩放图像。如果在控制句柄时按住 Alt 键，则可根据当前操作中心对称地缩放图像。

如图 2-15 所示为原图像，如图 2-16 所示为缩小图像后的效果。

2. 旋转

执行“编辑”|“变换”|“旋转”命令，可以对选中的图像进行旋转操作。与缩放操作类

图 2-15 原图像

图 2-16 缩小后的效果

似，执行此命令将使图像四周出现变换控制框，将光标放于变换控制框边缘或控制句柄上，待光标转换为↰形时，按下鼠标拖动即可旋转图像。

使用旋转图像功能制作迸发状图像效果步骤如下。

（1）打开素材文件如图 2-17 所示，其对应的“图层”面板如图 2-18 所示。

（2）选择“图层 1”，执行“编辑”|“变换”|“旋转”命令，将光标置于控制框外围，当其变为一个弯曲箭头时拖动鼠标，即可以中心点为基准旋转图像，如图 2-19 所示。按 Enter 键确认变换操作。

（3）按照同样的方法，分别对“图层 2”和“图层 3”中的图像进行旋转，直到得到如图 2-20 所示的效果。

3. 扭曲

执行“编辑”|“变换”|“扭曲”命令，可以对选中的图像进行扭曲操作。在此情况下，图像四周将出现变换控制框，拖动变换控制框中的控制句柄，即可对图像进行扭曲操作。

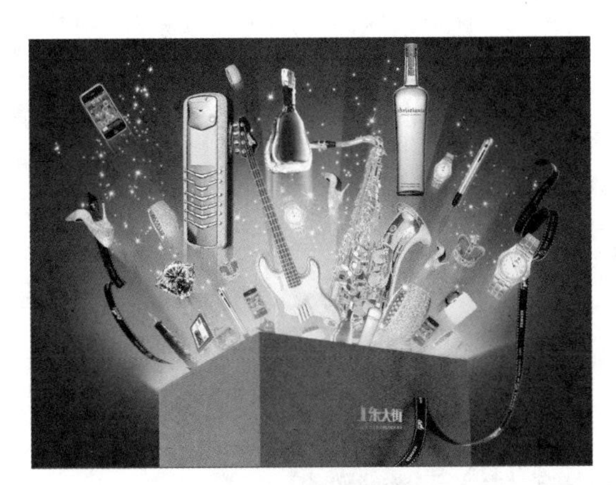

图 2-17　素材文件

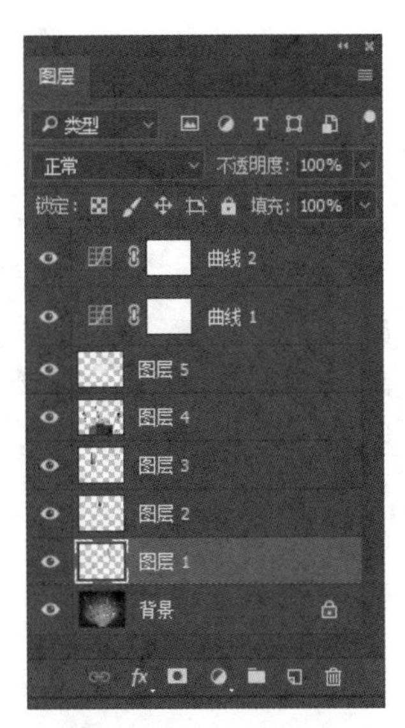

图 2-18　“图层”面板

图 2-19　旋转图像

图 2-20　旋转效果

4. 斜切

执行“编辑”|“变换”|“斜切”命令，可以对选中的图像进行斜切操作。此操作类似于扭曲操作，其不同之处在于：在扭曲变换操作状态下，变换控制框中的控制句柄可以按任意方向移动，在斜切变换操作状态下，变换控件的控制句柄只能在变换控制框边线所定义的方向上移动。

5. 透视

通过对图像执行“透视变换”命令，可以使图像获得透视效果，其操作方法如下。

(1) 打开素材源文件如图 2-21 所示。执行“编辑”|“变换”|“透视变换”命令。

(2) 将光标移至变换控制句柄上，当光标变为一个箭头时拖动鼠标，即可使图像发生透视变形。

（3）得到如图 2-22 所示的效果后释放鼠标，双击变换控制框以确认透视操作。

图 2-21　素材文件

图 2-22　透视效果

2.4　修复与调整图像

修复图像

2.4.1　修复图像

1. 污点修复画笔工具和修复画笔工具

污点修复画笔工具和修复画笔工具可以说是修复图像中的“一指神功”。一个最主要的功能就是用于去除照片中的杂色或者污斑，适用于图像中比较小面积的修改。

选择工具栏“污点修复画笔工具”涂抹图像修补位置。例如，如图 2-23 所示人物脸上的痣，可以用“污点修复画笔工具”轻松去掉，如图 2-24 所示。

图 2-23　人物脸上的痣

图 2-24　污点修复后去掉痣

污点修复画笔工具是不需要定义原点的，只需要确定需要修复的图像位置，然后调整好画笔大小，移动鼠标就会在确定需要修复的位置自动匹配。在实际应用时操作非常简单，也比较实用。

修复画笔工具需要先选取参照点才可以对需要进行修复的地方来修复，而且一般被修复点与周围的融合过渡会比较粗糙。修复画笔工具的功能也是可以快速移去照片中的污点和其他不理想部分。工作方式与污点修复画笔工具类似：它使用图像或图案中的样本像素进行绘画，并将样本像素的纹理、光照、透明度和阴影与所修复的像素相匹配。与修复画笔不同，污点修复画笔不要求指定样本点，它是自动从所修饰区域的周围取样的，而修复画笔工具必须借助快捷键 Alt 来完成取样。

选择工具栏"污点修复画笔工具"，在属性栏设置画笔大小、间距、硬度等，设置模式"正常"、源"取样"，用 Alt 键取样，涂抹图像修补位置。

2. 修补工具和仿制图章工具

掌握了修复图像画笔的使用，再来看修补工具就可以很好理解了。修补工具可以用来快速地去除图片中的某一物体，或者添加某一物体，而且新添加的物体与图片能很好地融合，跟修复画笔工具一样，修补工具也能够将样本像素的纹理、光照和阴影与源像素进行匹配。例如，如图 2-25 所示只有一只羊的图像，可以利用修补工具添加多只羊，如图 2-26 所示。另外，还可以使用修补工具来仿制图像的隔离区域。

图 2-25　原图像

图 2-26　利用修补工具添加物体

仿制图章工具，简单理解，主要就是用来复制取样的图像。仿制图章工具使用方便，它能够按涂抹的范围复制全部或者部分到一个新的图像中。实际运用时，比如当图片素材出现污点、斑点，如果需要对它进行修复，那么就可以使用仿制图章工具，仿制图章工具可以在同一图像中进行取样、复制，同样也可以取样应用到其他图像。所以可以将一个图层的一部分仿制到另一个图层。

既然仿制图章工具可以去除画面中的污点，同理，它也可以起到复制粘贴的效果。在平时运用时，也可以尝试利用取样的部分实现制作重复图案。例如，如图 2-27 所示的图像，可以利用仿制图章复制粘贴，得到如图 2-28 所示的图像。

在使用仿制图章工具时需要注意的是，选择不同的笔刷直径会影响绘制的范围，而不同的笔刷硬度会影响绘制区域的边缘融合效果。

3. 红眼工具

拍照下的红眼是怎样形成的呢？红眼就是指在使用数码相机拍照时，闪光灯等强光穿透眼球而产生的一个红点。现在一般的相机都带红眼减弱功能，会大大降低红眼出现

图 2-27 原图像

图 2-28 利用仿制图章复制粘贴

的可能。而 Photoshop 中的红眼工具就是在数码照片后期处理过程中，对红眼消除的一种直接简单的使用方法。

红眼工具不仅可以移去用闪光灯拍摄的人物照片中的红眼，也可以移去用闪光灯拍摄的动物照片中的白、绿色反光。就像在给自己的宠物精心拍照时，也会出现这样的情况，同样可以利用红眼工具来进行修复。

红眼工具不仅可以消除红眼，恢复神韵，还能变换瞳孔的亮度，就像戴了美瞳一般。选中红眼工具后，在图片上方的属性栏 瞳孔大小: 50% 变暗量: 50% 中有两个选项可供调节，一个是“瞳孔大小”，一个是“变暗量”。“瞳孔大小”用于设置修复瞳孔范围的大小，“变暗量”则用于设置瞳孔的暗度。

4. 内容感知移动工具

在 PS 中有一款功能神奇的工具，这个工具就是“内容感知移动工具”，简称“移动工具”。移动工具是 PS 工具栏中使用频率非常高的工具之一。它的主要功能是负责图层、选区等的移动、复制操作。同时，它还可以实现将图片中的文字与杂物去除，还会根据图像周围的环境与光源自动计算和修复移除部分，从而实现更加完美的图片合成效果。

要应用“内容感知移动工具”，先来熟悉一下它的工具属性栏：“内容感知移动工具”的工具属性栏属性主要有：新选区、添加选区、减去选区、交叉选区、模式与适应。一般在不做选择时，属性栏会自动选择为新选区。

应用“内容感知移动工具”时，“新选区、添加选区、减去选区、交叉选区”选项一般不常用，而“模式”与“适应”是必用的选项。

“模式”的子菜单中有“移动”与“扩展”选项。

- 移动：有两种用法，一是单纯的移动，二是移除。
- 扩展：扩展选项的作用是复制与粘贴。

“适应”的作用是指对移动目标边缘与周围环境融合程度的控制。

“适应”的子菜单中有“非常严格、严格、中、松散、非常松散”选项。

这些选项的作用都是控制移动目标边缘与周围环境融合程度的，可以理解为融合程度的强度。

例如，如图 2-29 所示的图像，通过“移动”选项将人像移动位置，可得到如图 2-30 所示的图像。

图 2-29　原图像

图 2-30　“移动”选项将人像移动位置

模式中的“扩展”选项，单击“扩展”，同理，将人物先大致框选起来，移动人物至目标区域，释放鼠标，这时人物不仅被挪动了位置，原人物也被保留了下来，可以把扩展模式理解为复制模式。例如，同样是如图 2-29 所示的图像，通过“移动”选项将人像移动位置，可得到如图 2-31 所示的图像。

图 2-31　“扩展”选项移动人像的同时保留原人像

需要注意的是，内容感知移动工具适合图片背景较为一致的情况，比如单色、同色调、同纹理等，这样运用起来更加逼真。

5. 内容识别填充

“内容识别填充”工作区可提供交互式编辑体验，以实现终极图像控制。在调整采样区域时使用实时全分辨率预览，内容识别填充会使用和调整相关设置以获得令人惊叹的效果。

(1) 打开图片。在 PS 中打开一张带水印的图片，如图 2-32 所示。

(2) 选中水印。在界面左侧工具栏单击矩形选框工具，选中图片中的水印。

(3) 单击上方工具栏中的“编辑”按钮，在下拉菜单中，找到并单击“填充”。

(4) 在新的窗口中可以看到填充内容为“内容识别”，点击“确定”。

(5) 按 Ctrl+D 组合键撤销选区，水印就被成功地去除掉了，如图 2-33 所示。

图 2-32 原图像

图 2-33 去水印完成

2.4.2 调整图像

1. 色彩基础

1）色彩三要素

彩色是创建图像的基础，在计算机上使用彩色有着特定的技术和处理色彩的技术。为了表示某一彩色光的度量，可以用亮度、色调和饱和度 3 个物理量来描述，称为色彩三要素。人眼看到的色彩都是这三个要素的综合效果。

（1）亮度(Lightness)。亮度是指光作用于人眼时所引起的明亮程度的感觉，是指彩色明暗深浅程度。它与被观察物体的发光强度有关。如果彩色光的强度降低到最低，人的眼睛看不见，在亮度标尺上它就和黑色对应。如果其强度很大，那么，亮度等级和白色对应。对于不发光的物体，人们看到的是反射光的强度。对同一物体，照射的光越强，反射的光就越强。不同的物体在相同的照射情况下，反射能力越强，看起来就越亮。

（2）色调(Hue)。色调是指颜色的类别，如红色、绿色、蓝色等不同颜色就是指色调。色调与物体发射或反射的光波的波长有关。眼睛通过对不同光波波长的感受，可以区分不同的颜色。在可见光谱中，红、橙、黄、绿、青、蓝、紫每一种色调都有自己的波长和频率，人们给这些可以相互区别的色调定出各自的名称，当人们称呼某一种颜色的名称时，就会有一个特定的色彩印象。

（3）饱和度(Staturation)。饱和度指的是颜色的深浅程度(或浓度)。它是按各种颜色中掺入白光的程度来表示的。对于同一单色光，掺入的白色光越少，饱和度越高，颜色就越深、越鲜明，完全没有混入白色光的单色光饱和度最高。相反，掺入的白色光越多，饱和度就越低，颜色越浅。

饱和度还和亮度有关，在饱和的彩色中增加白光的成分，彩色的亮度就会增加，变得更亮，但是它的饱和度降低了。

总之，彩色可以用亮度、色调、饱和度三个特征来表示。通常把色调和饱和度统称为色度。色度表示了光颜色的种类和深浅程度，而亮度则表示了光颜色的明亮程度。

2）三原色原理

三原色原理是指自然界常见的各种可见光，都可由红（Red）、绿（Green）、蓝（Blue）三种颜色光按不同比例相配而成。同样，绝大多数可见光也可以分解成这三种色光。

三原色的选择不是唯一的，也可以选择其他颜色作为三原色，但是，三原色的三种颜色必须是独立的，即任何一种颜色都不能由其他两种颜色合成。由于人的眼睛对红、绿、蓝三种色光最为敏感，由这三种颜色相配得到的颜色范围最广，因此一般都选红（R）、绿（G）、蓝（B）为三原色。三原色（RGB）原理是色度学最基本的原理。

把三种基色光按不同比例相加称为相加混色，由红、绿、蓝三原色进行相加混色的情况如图 2-34 所示。

其中：

红色＋绿色＝黄色

红色＋蓝色＝品红

绿色＋蓝色＝青色

红色＋绿色＋蓝色＝白色

红色＋青色＝绿色＋品红＝蓝色＋黄色＝白色

凡是两种色光混合而成白光，则这两种色光互为补色。

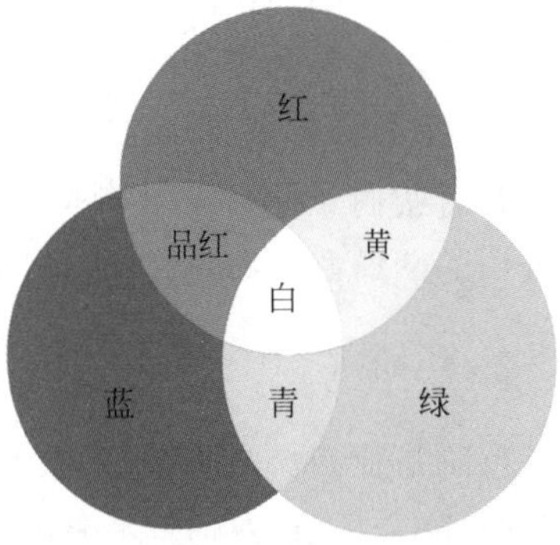

图 2-34　三原色原理图

3）色彩空间

色彩空间指彩色图像所使用的颜色描述方法，也称为彩色模型。在 PC 和多媒体系统中，表示图形和图像的颜色常常涉及不同的色彩空间，如 RGB 色彩空间、CMY 色彩空间等。不同的色彩空间对应不同的应用场合，各有其特点。因此，数字图像的生成、存储、处理及显示对应不同的色彩空间，从理论上讲，任何一种颜色都可以在上述色彩空间中精确地进行描述。

（1）RGB。在 RGB 色彩空间中，图像中的每个像素值都分成 R、G、B 三个基色分量，每个基色分量直接决定其基色的强度，这样产生的色彩称为真彩色。若 R、G、B 各用 8 位来表示各自基色分量的强度，每个基色分量的强度等级为 $2^8=256$ 种，图像可容纳 $2^{24}=16M$ 种色彩。这样得到的色彩可以较好地反映原图的真实色彩，故称真彩色。在多媒体计算机中，通过监视器显示的图像，用的最多的是 RGB 色彩空间表示。因为计算机色彩监视器的输入需要 RGB 三个色彩分量，通过三个分量的不同比例，在显示屏幕上合成所需要的任意颜色，所以不管多媒体系统中采用什么形式的色彩空间表示，最后的输出一定要转换成 RGB 色彩空间表示。RGB 色彩空间产生色彩的方法称为加色法。没有光是全黑，各种光色按不同强度加入后才产生色彩，当各种光色都加到极限时成为白色，即全色光。

（2）CMYK。在利用计算机屏幕显示彩色图像时采用的是 RGB 色彩空间，而在打印时一般需要转换成 CMY 色彩空间。CMY（Cyan、Magenta、Yellow）模型是采用青、品红、黄三种基本颜色按一定的比例合成颜色的方法。RGB 色彩空间色彩的产生直接来自于光线的色彩，是各种基色光线的混合，是加色法；而 CMY 色彩空间色彩的产生是来自于照射在颜料上反射回来的光线，当全色光照射在颜料上时，颜料会吸收一部分光线，未被吸收的光线会反射出来，成为视觉判断颜色的依据，这种色彩产生的方式称为减色法。当所有的颜料加入后，能吸收所有的光产生黑色，当颜料减少时，只能吸收一部分光线，便开始出现色彩，颜料全部除去后，不吸收光线，就成为白色。从理论上讲，只有青、品红、黄色三种颜色混合就可以得到黑色，但在印刷中考虑到混合过程中的误差和油墨的不纯，同样的 CMY 混合后很难产生完全的黑色或灰色，所以在印刷时必须加上一个黑色(Black)，这样就成为 CMYK 色彩空间。

(3) HSL。HSL(Hue、Saturation、Lightnes)色彩空间是用 H、S 和 L 三个参数来生成颜色。其中，H 为颜色的色调，改变它的数值可以生成不同的颜色；S 为颜色的饱和度，改变它可以改变颜色的深浅；L 为颜色的亮度，改变它可以使颜色变亮或变暗。HSL 色彩空间更符合人的视觉特性，更接近人对色彩的认识和解释。对某一颜色，人眼分辨不出其中 R、G、B 的比例，但可以感觉到颜色的种类、深浅和明暗程度。

有时我们对拍摄或用扫描仪扫描的图像的色调或颜色不满意，可以进行图像的调整。最常用的图像调整命令是"色阶"和"曲线"。

2. 色阶

色阶是什么？色阶就是用直方图描述出的整张图片的明暗信息。如图 2-35 所示，是一张图片的"色阶"对话框。从左至右是从暗到亮的像素分布，黑色三角代表最暗的地方(纯黑)，白色三角代表最亮的地方(纯白)，灰色三角代表中间调。从这张图可以看到，图片暗部像素较多，亮部像素较少，中间灰色中间调偏少，就是说这张图片的明度较低。

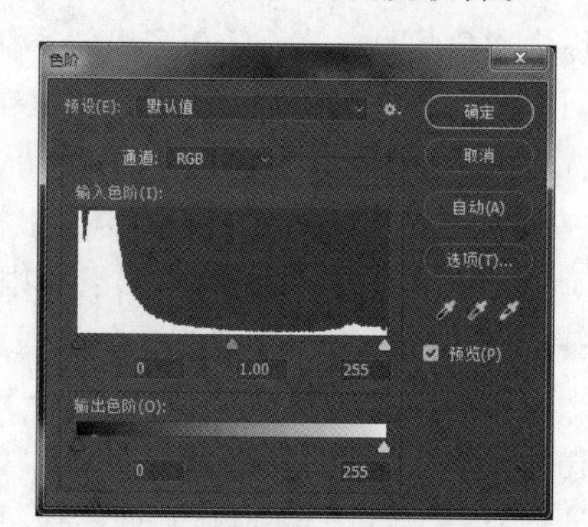

图 2-35 色阶

"色阶"命令用于调整图像的对比度、饱和度和灰度。

打开图像"风筝博物馆.JPG"，如图 2-36 所示。执行"图像"|"调整"|"色阶"命令，打开"色阶"对话框，如图 2-37 所示。

在"色阶"对话框中，中央是一个直方图，其横坐标为 0～255，表示亮度值，纵坐标为图像的像素数。

- "通道"下拉菜单中可以选择不同的通道来调整图像。
- "输入色阶"选项控制图像的选定区域的最暗和最亮色彩，可以通过输入数值或拖动三角滑块来调整图像。左侧的数值框和左侧的黑色三角滑块用于调整黑色，图像中低于该亮度值的所有像素将变为黑色；中间的数值框和中间的灰色滑块用于调整灰度，其数值范围为 0.1～9.99，1.00 为中性灰度，数值大于 1.00 时，将降低图像中间灰度，小于 1.00 时，将提高图像中间灰度；右侧的数值框和右侧的白色三角滑块用于调整白色，图像中高于该亮度值的所有像素将融为白色。
- "输出色阶"选项同样可以通过输入数值或拖动三角滑块来控制图像的亮度范围。

左侧的数值框和左侧的黑色三角滑块用于调整图像的最暗像素的亮度，右侧的数值框和右侧的白色三角滑块用于调整图像的最亮像素的亮度。输出色阶的调整将增加图像的灰度，降低图像的对比度。

图 2-36　风筝博物馆.JPG

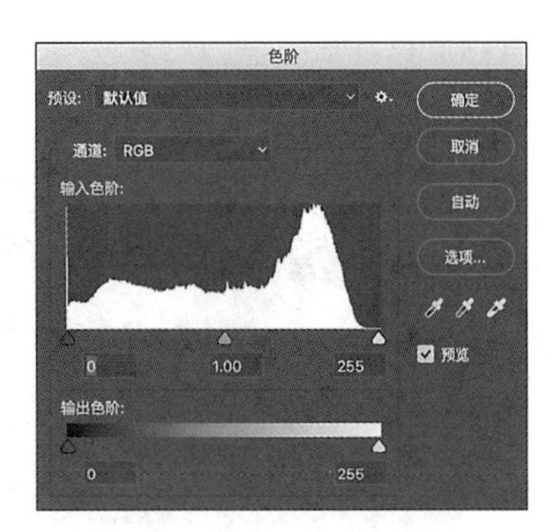

图 2-37　“色阶”对话框

执行“图像”|“调整”|“自动色阶”命令，可以对图像的色阶进行自动调整，系统将以0.5%来对图像进行加亮或变暗。

3. 曲线

在 PS 中，曲线被誉为“调色之王”，如图 2-38 所示，只是一条曲线几乎可以用它来替换所有的调色工具，它的色彩控制能力在 PS 所有调色工具中是最强大的。曲线过渡点平滑，在一次操作中就可以精确地完成图像整体或局部的对比度、色调范围以及色彩的调节，甚至可以让那些很糟的图片重新焕发光彩。

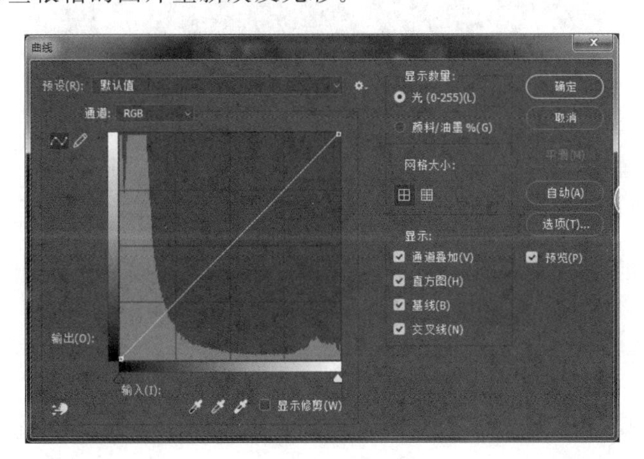

图 2-38　曲线

使用曲线前观察图片是 RGB 模式还是 CMYK 模式，网上找的大部分图片都是 RGB 模式，或者也可以先将图片模式切换为 RGB 模式，以便于调节(CMYK 的参数多一点，而且是和 RGB 调节方式相反，改模式并不太会影响最终效果，输出前可以再改回来)。在 RGB 模式下，向上拖动曲线，图片会整体变亮，向下拖动曲线则图片整体变暗，属于对图片的整体调节，其中比较常用的是 S 曲线，可以增加图片的对比度。

“曲线”面板中还有一个预设按钮，打开下拉菜单后，软件默认有很多预设选项，这些也可以尝试，调节出一点特别的效果。

也可以试试其他通道的调节方法，先切换到红通道，之后尝试将红通道向上拉，可以发现，图片整体变红，如图 2-39 所示；向下拉会变青色，如图 2-40 所示。其他通道同理。

图 2-39　红通道向上拉呈现色彩

图 2-40　红通道向下拉呈现色彩

通过“曲线”命令可以调整图像色彩曲线上的任意一个像素点来改变图像的色彩范围。执行“图像”|“调整”|“曲线”命令，弹出“曲线”对话框，如图 2-41 所示。用鼠标左键在图像中单击，“曲线”对话框的图表中会出现一个小圆圈，它表示用鼠标在图像中单击处的像素数值。在“曲线”对话框中，图表中的 X 轴为色彩的输入值，Y 轴为色彩的输出值。曲线代表了输入和输出的色阶关系。

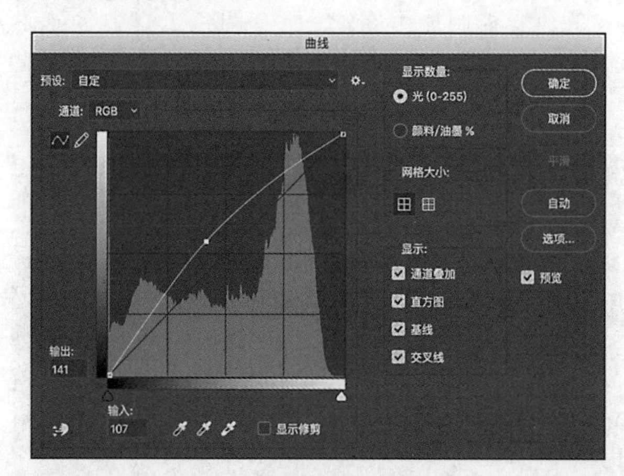

图 2-41　“曲线”对话框

在默认状态下使用的绘制曲线工具是，使用它在图表曲线上单击，可以增加控制点，按住鼠标左键拖动控制点可以改变曲线的形状，拖动控制点到图表外将删除控制点。使用工具可以在图表中画出任意曲线，单击右侧的“平滑”按钮可使曲线变得光滑。

输入和输出数值显示的是图表中光标所在位置的亮度值。“自动”按钮可自动调整图像的亮度。调整曲线后的图像效果如图 2-42 所示。

图 2-42　调整曲线后的图像效果

2.5　图层与蒙版

2.5.1　图层

可以把每个图层理解为一张透明的薄膜，在制作图像时，将同一幅图像的不同部分分别绘制在不同的图层上，所有的图层叠放在一起，就构成了一张完整的图像。这样既便于图像的合成，又便于图像的修改，特别是对于图像的局部进行修改十分方便。

1. 认识图层

（1）启动 Photoshop CC，分别打开两张图片“风筝博物馆.jpg”和“风筝图片 03.gif”，如图 2-43 和图 2-44 所示。在图像文件打开以后，工作窗口的标题栏分别显示图像的文件名、显示比例以及图像的模式等信息。

图 2-43　风筝博物馆.jpg

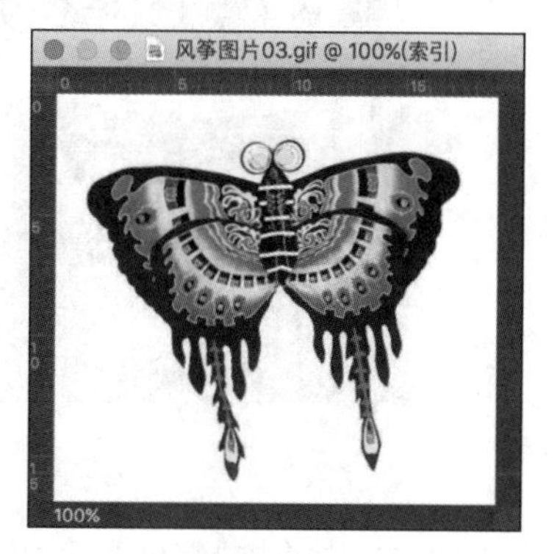

图 2-44　风筝图片 03.gif

（2）激活“风筝图片 03.gif”，执行“图像”|“模式”|“RGB 颜色”命令，将其转换为 RGB 模式。

(3) 建立风筝选区，用移动工具将风筝图片拖动到“风筝博物馆.jpg”图片上，这样图片“风筝博物馆.jpg”就有了两个图层，如图 2-45 所示。其中，“风筝博物馆.jpg”图片是背景图层，而风筝图片则是图层 1。

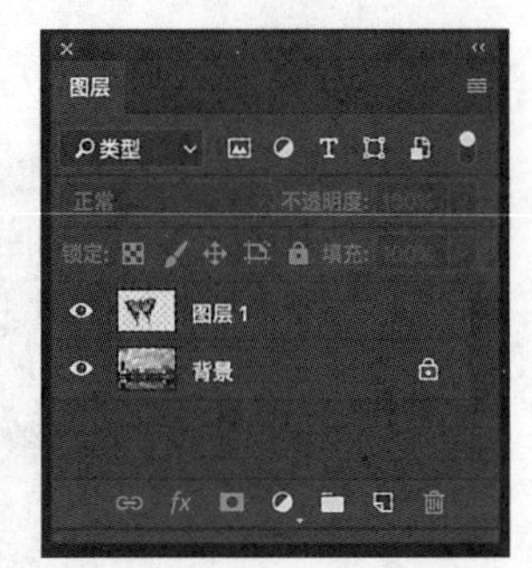

图 2-45　图像中的两个图层

(4) 选定图层 1，执行“编辑”|“自由变换”命令，调整该图层图像的大小和位置。

2. 文字图层

如果需要创建文本，可以选择文字工具输入文本，将自动产生一个文字图层。

(1) 将前景色设置为黄色(R：255，G：255，B：0)，选中竖排文字工具，在选项栏中设置字体为黑体，字体大小为 24 点，如图 2-46 所示。

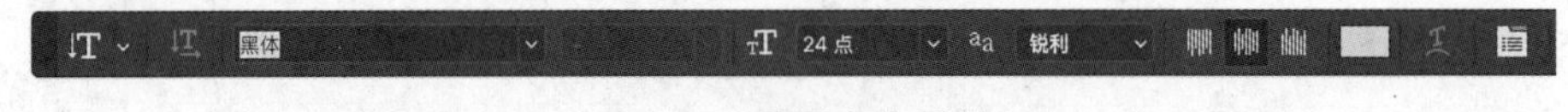

图 2-46　设置文字属性

(2) 在图像中输入“风筝的故乡”，则“图层”面板中自动产生一个名为“风筝的故乡”文字图层，如图 2-47 所示。

图 2-47　在图像中输入文字

(3) 在选项栏中选中“创建文字变形”按钮，打开“变形文字”对话框，如图 2-48 所示，设置样式为“旗帜”，弯曲为 50%，单击“确定”按钮，则图像中的文字变形，如图 2-49 所示。

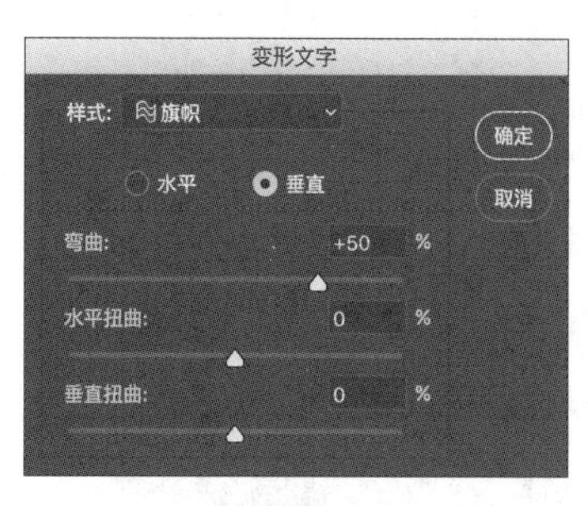

图 2-48 “变形文字”对话框

图 2-49 文字变形的图像

3. 图层样式

Photoshop 可以给图层添加丰富的特殊效果，有投影、发光、斜面与浮雕、颜色填充以及描边等。现在给图像中的文字添加“投影”和“描边”的效果。

（1）在“图层”面板选中文字图层，并单击面板下边的“添加图层样式”按钮 fx，在弹出的菜单中选择“投影”选项，打开“图层样式”对话框，设置各项参数，如图 2-50 所示。

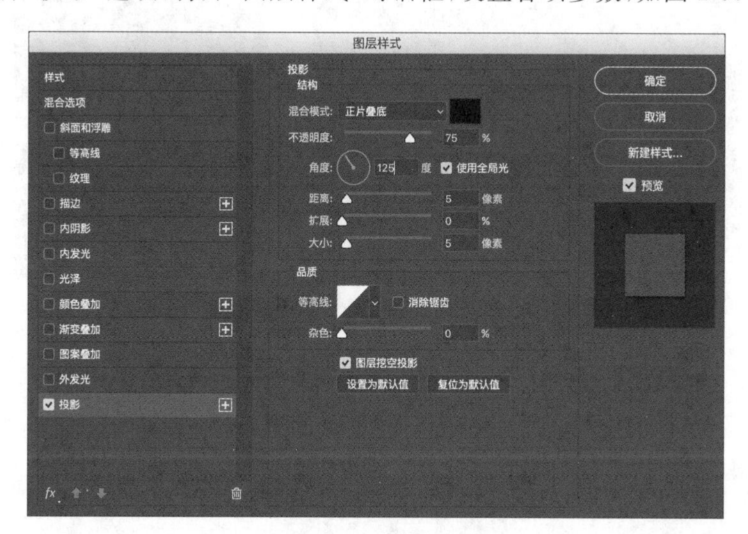

图 2-50 设置“投影”参数

（2）在“图层样式”对话框中选择“描边”项，设置颜色为红色，并对其他参数进行设置，如图 2-51 所示。

（3）单击“确定”按钮，即可得到“投影”和“描边”的图层效果，如图 2-52 所示。

2.5.2 蒙版

蒙版也叫遮罩，它的作用是能够遮住图像的某些区域，使操作命令在这部分失效。

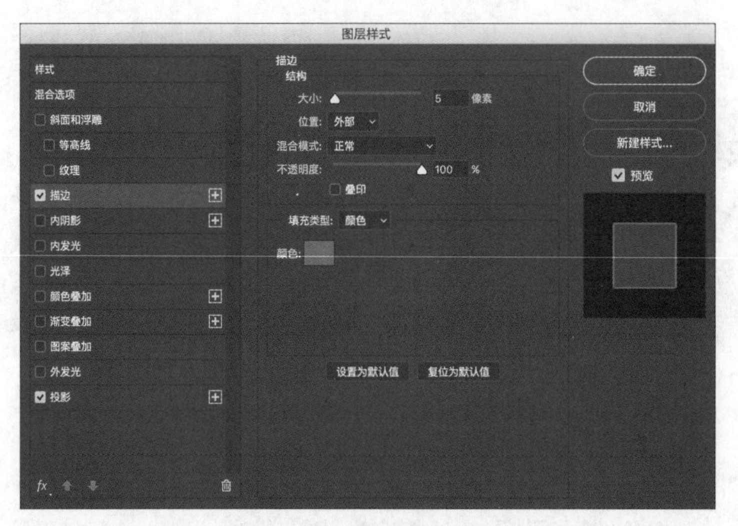

图 2-51　设置“描边”参数

图 2-52　添加“投影”和“描边”图层效果

1. 图层蒙版

图层蒙版的作用效果是附加的，不会对原有图像造成直接的修改。下面将上例的“风筝图片 03.gif”直接拖动到“风筝博物馆.jpg”中，如图 2-53 所示，并为其添加蒙版。

(1) 选定图层 1，用魔棒工具先选择白色的背景区域，再将周围透明部分加到选区中，然后执行“选择”|“反向”命令，即可选中风筝部分，如图 2-54 所示。

(2) 单击图层控制面板中的“添加矢量蒙版”按钮，为图像添加蒙版，如图 2-55 所示。

图层蒙版是以灰度的形式存在的：黑色的部分是被遮住的区域，能够完全显示出下面图层的图；白色部分则完全呈现当前图层的图像；如果蒙版是灰色的，则产生上下图层相叠加的折中效果。如果需要，可以选择黑色或白色，应用画笔工具对蒙版进行修改。

图 2-53　将“风筝图片 03.gif”拖动到“风筝博物馆.jpg”中

图 2-54　选中风筝

图 2-55　添加图层蒙版

2. 矢量蒙版

Photoshop 软件中的图层蒙版分为两种：一种是普通图层蒙版，一种是矢量图层蒙版。通过选区建立的蒙版是图层蒙版，通过路径建立的蒙版是矢量蒙版。矢量蒙版的优点是可以用路径工具对蒙版进行精细调整，就是外形的精确调整，但没灰度(透明度)。矢量蒙版与分辨率无关，无论怎样的缩放都能保持较为平滑的轮廓。

(1) 按 Ctrl+O 组合键打开素材文件。

(2) 选择自定义形状工具，在工具栏属性里面选择“路径”。在形状栏里面选择想要使用的形状。在画面中按住鼠标左键拖动绘制形状，如图 2-56 所示。

(3) 按 Ctrl+T 组合键变换，选择移动工具，把画出的路径拖到合适的位置。然后执行“图层”|“矢量蒙版”|“当前路径”命令，这样矢量蒙版就创建好了，如图 2-57 所示。

(4) 打开蒙版控制面板，在蒙版控制面板中将羽化值设为 9.9，如图 2-58 所示，使蒙版边缘呈羽化效果，使图片合成得更柔和一些。

3. 剪切蒙版

剪切蒙版是一个可以用其形状遮盖其他图稿的对象，因此使用剪切蒙版，只能看到蒙版形状内的区域，从效果上来说，就是将图稿裁剪为蒙版的形状。

(1) 按 Ctrl+O 组合键打开素材文件，如图 2-59 所示。

图 2-56　选择路径，绘制形状

图 2-57　创建矢量蒙版

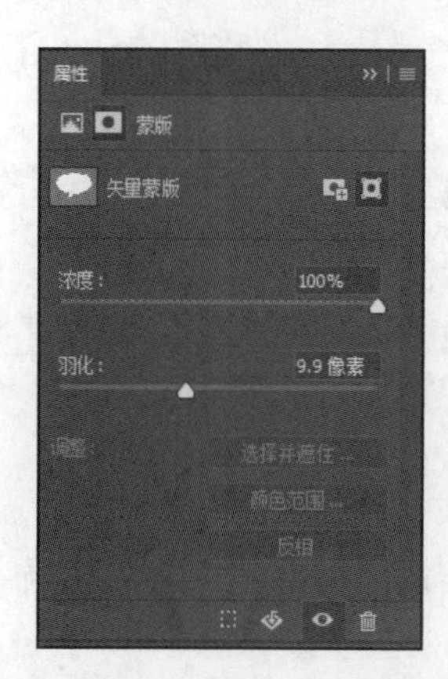

图 2-58　设置羽化值，边缘变柔和

（2）用快速选择工具，选取帽子形状，按 Ctrl+J 组合键，把刚才抠好的图提取出来，生成一个新的图层，如图 2-60 所示。

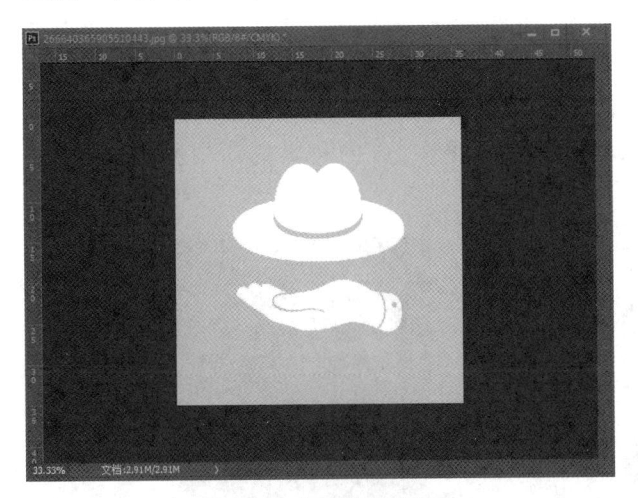

图 2-59　打开素材文件

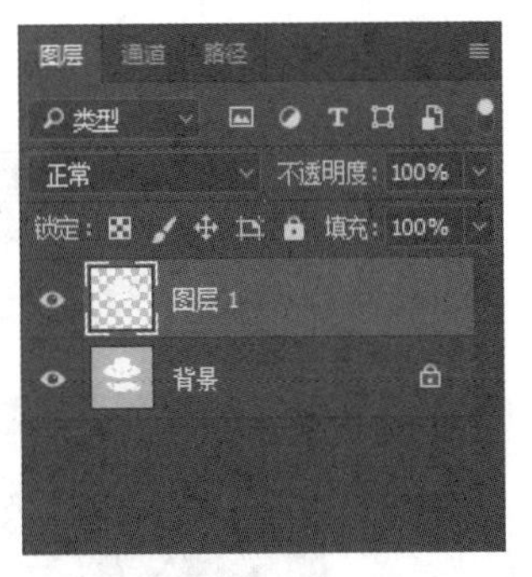

图 2-60　魔棒工具选取之后生成新图层

（3）把城市夜景图放在合适位置，按 Ctrl+T 组便调整大小，如图 2-61 所示。

（4）选中夜景图层，右击，选择创建剪贴蒙版，如图 2-62 所示。

图 2-61　夜景图覆盖在底层帽子图层上

图 2-62　创建剪贴蒙版

至此，剪切蒙版操作完成。

2.6　通道技术

2.6.1　通道的分类

一个图像文件可能包含 3 种通道，即颜色通道、专色通道和 Alpha 通道。Photoshop 使用通道可以存储彩色信息，保存选区。

1. 颜色通道

颜色通道用于保存图像的颜色信息，每一个颜色通道对应图像的一种颜色，颜色通道的数目由图像的颜色模式所决定。RGB 格式的文件包含红、绿、蓝三个颜色通道，如图 2-63 所示，其中，RGB 通道是一个复合通道，不包含任何信息，用来预览各颜色通道的综合色彩。而 CMYK 格式的文件则含有青色、洋红、黄色和黑色四个颜色通道，如图 2-64 所示，其中，CMYK 通道是一个复合通道。

图 2-63 RGB 格式的通道控制面板

图 2-64 CMYK 格式的通道控制面板

2. 专色通道

由于在印刷中存在技术上的限制，使得通过印刷得到的图像效果比显示在屏幕上的图像视觉效果差，为了弥补这种缺陷，印刷业相应地产生了各种各样的技术，专色就是其中之一。专色是一种特殊的预混油墨，用来代替或补充印刷色（CMYK）油墨，以产生更好的印刷效果，专色在印刷时要求使用专用印版。

3. Alpha 通道

在进行图像编辑时，可以创建用于存储选区的通道，这种通道称为 Alpha 通道。Alpha 通道中的黑色区域对应非选区，而白色区域对应选区。在 Alpha 通道中可以使用从黑到白的 256 级灰度色，因此能够创建非常精细的选择区域。

（1）在"风筝博物馆 1.psd"文件中，选择"图层"面板中的"图层 1"（带蒙版的图层），如图 2-65 所示。

（2）执行"选择"|"载入选区"命令，打开"载入选区"对话框，如图 2-66 所示，单击"确定"按钮，即可将图层 1 蒙版作为选区载入当前图像中，建立选区。

（3）执行"选择"|"存储选区"命令，打开"存储选区"对话框，如图 2-67 所示，单击"确定"按钮，即可将选区存储为 Alpha 通道，如图 2-68 所示。

（4）在以后的操作中，也可以执行"选择"|"载入选区"命令，将 Alpha 通道作为选区载入。

在保存 psd 文件时，确保勾选"存储为"对话框中"存储"选项中的"Alpha 通道"复选框，如图 2-69 所示，psd 文件中将带有 Alpha 通道。

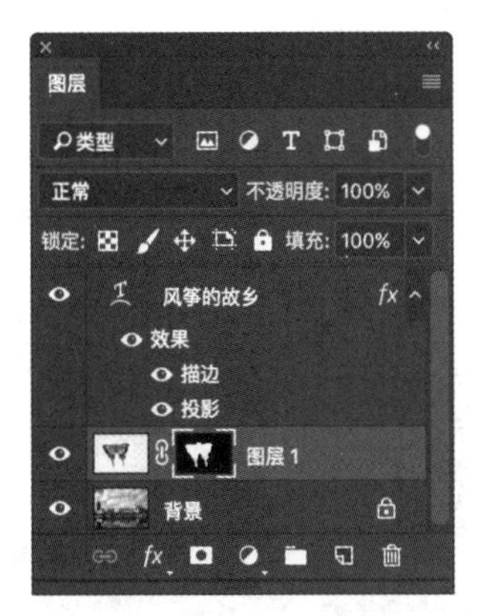

图 2-65　选择图层 1

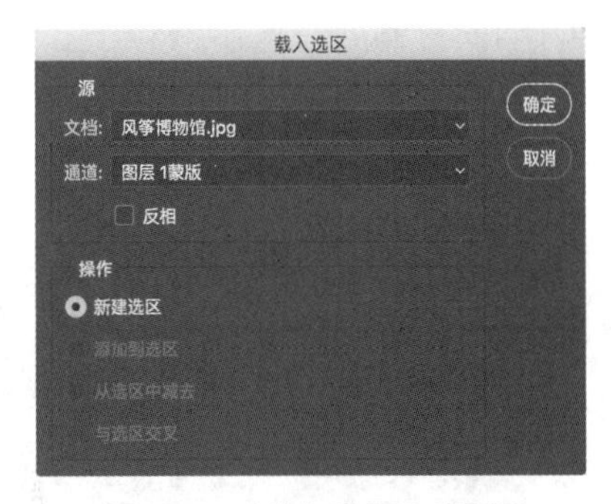

图 2-66　"载入选区"对话框

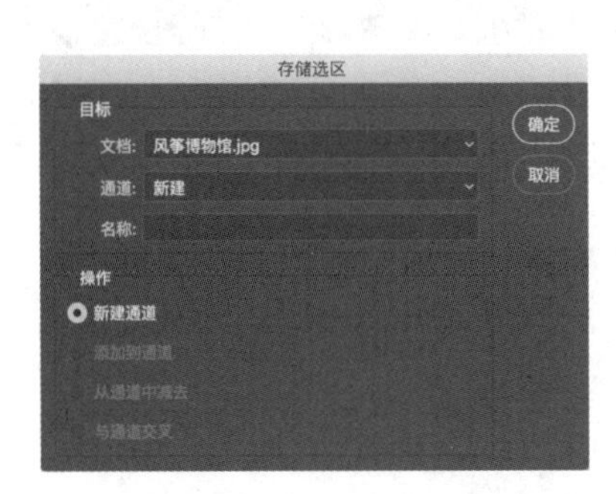

图 2-67　"存储选区"对话框

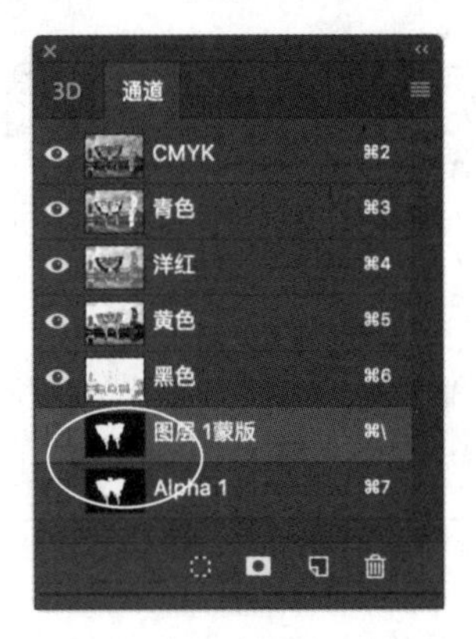

图 2-68　把选区存储为 Alpha 通道

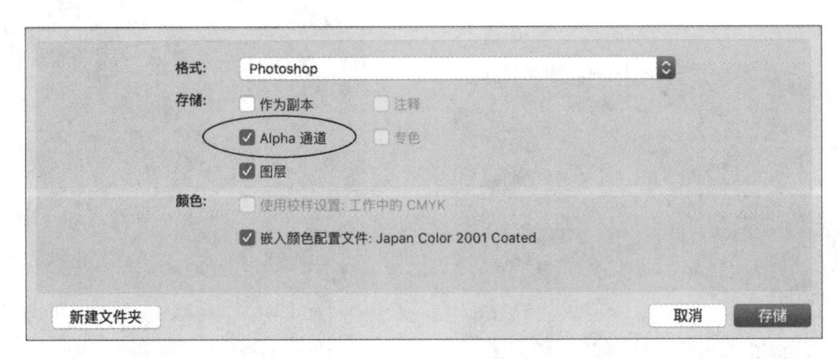

图 2-69　勾选 Alpha 通道

2.6.2　通道抠图

PS 中包含 3 种类型的通道——颜色通道、Alpha 通道、专色通道。其中，Alpha 通道是用来存储选区的。Alpha 通道是用黑到白中间的 8 位灰度将选取保存。相反，可以用 Alpha 通道中的黑白对比来制作所需要的选区（Alpha 通道中白色是选择区域）。色阶可以通过调整图像的暗调、中间调和高光调的强弱级别，校正图像的色调范围和色彩平衡。可以通过色阶来加大图像的黑白对比，以此来确定选取范围。

（1）打开图片，复制背景图层，如图 2-70 所示。

（2）进入通道，选择人物和背景对比度最大的一个，这里选择蓝色通道，如图 2-71 所示。

图 2-70　复制背景图层

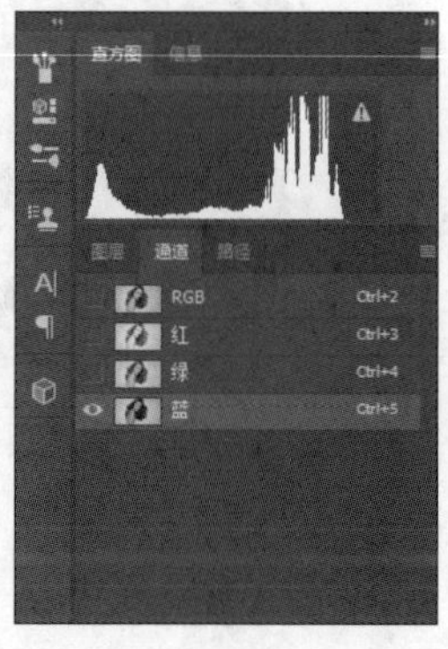

图 2-71　选择人物和背景对比度最大的通道

（3）复制蓝色通道，选择蓝色通道副本（用副本是为了防止通道被破坏）。

（4）按 Ctrl+L 组合键弹出“色阶”对话框，调整色阶，如图 2-72 所示，提高人物和背景对比度。

（5）如果对比度还不够，可以按 Ctrl+M 组合键弹出“曲线”面板，如图 2-73 所示，变化曲线调整图片明暗度，再次提高人物和背景的对比度。

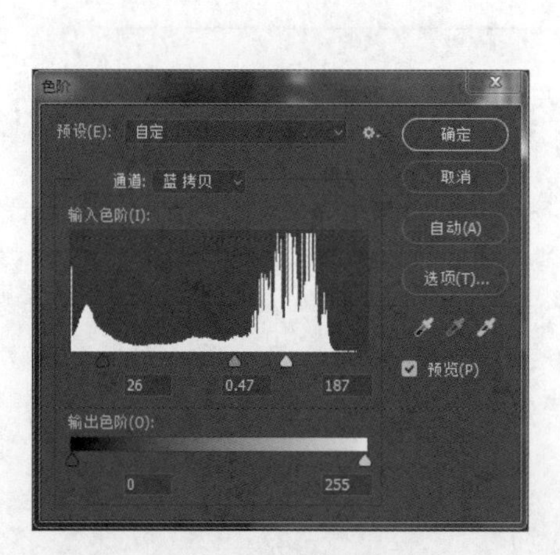

图 2-72　调整色阶

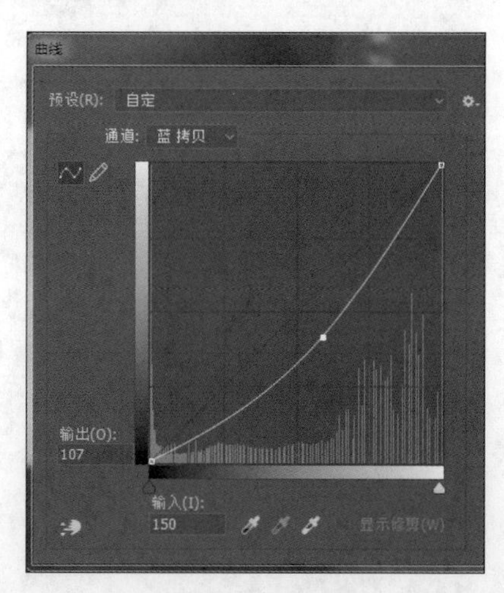

图 2-73　调节曲线

（6）用画笔将背景黑色涂抹为白色，将人物涂抹为黑色，如图 2-74 所示。

（7）按住 Ctrl 键，单击蓝色通道副本，会在白色区域形成一个选区。然后回到图层部分，选区就是背景的选区了。

(8) 执行“选择”|“反向”命令，按 Ctrl+J 组合键复制选区，新建图层，人物就被抠出来了，如图 2-75 所示。

图 2-74 黑白画笔依次涂抹人物和背景

图 2-75 通道抠图完成

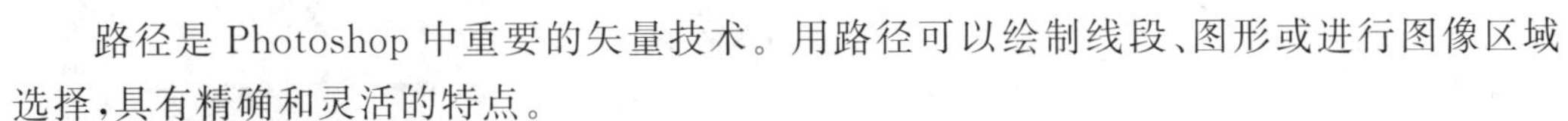

2.7 路径与形状

2.7.1 路径的应用

路径是 Photoshop 中重要的矢量技术。用路径可以绘制线段、图形或进行图像区域选择，具有精确和灵活的特点。

1. 认识路径

路径是由直线或曲线组合而成，这些直线或曲线的端点称为锚点，路径的控制和操作主要依靠工具箱中的一组路径工具。下面用路径绘制一个风筝图形。

(1) 新建一个 100×100 的图像文件，命名为 Kite1.psd，然后单击工具箱中的钢笔工具，此时的选项栏如图 2-76 所示。

图 2-76　路径选项栏

(2) 确认选项栏中的创建模式为“路径”，在图像上单击，创建一条闭合的三角形路径，如图 2-77(a)所示。这时，“路径”面板显示如图 2-78 所示的工作路径。

(3) 选择添加锚点工具，单击路径上的一点，添加锚点，然后拖动锚点进行调整，如图 2-77(b)所示。

(4) 将前景色设定为绿色(R：40，G：160，B：60)，单击“路径”面板下边的“用前景色填充路径”按钮，给路径填充颜色，填充效果如图 2-77(c) 所示。

(5) 先执行“编辑”|“自由变换路径”命令，再执行“编辑”|“变换路径”|“水平翻转”命令，进行旋转、移动等操作，将路径调整到如图 2-77(d)所示的位置。

(6) 将前景色设定为橙色(R：230，G：160，B：50)，再给路径填充颜色，填充效果如图 2-77(e)所示。

(7) 风筝图形的最终效果如图 2-77(f)所示。

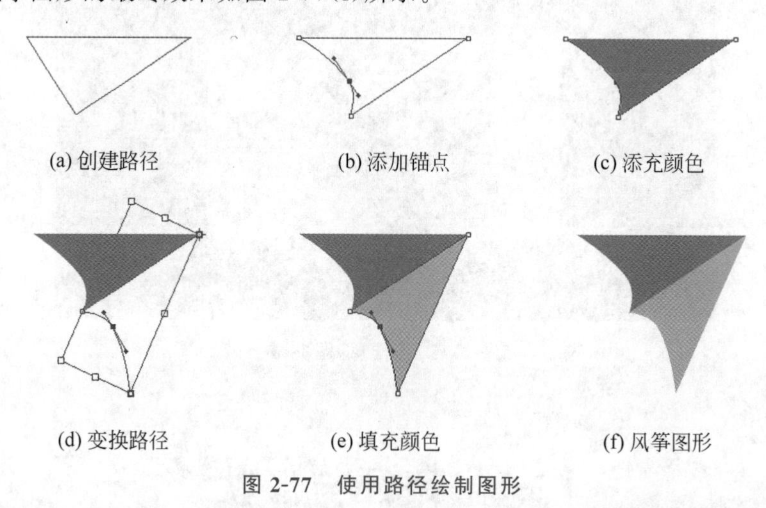

图 2-77　使用路径绘制图形

2. 路径文字

在 Photoshop 中可以制作沿路径排列的文字。

(1) 新建一个图像文件，使用钢笔工具绘制路径，如图 2-79 所示。

(2) 选择横排文字工具，并在其工具选项栏中设置适当的字体和字号，将光标放置在输入文字的路径上，在路径上定位一个输入点，输入文字，则文字沿路径排列，如图 2-80 所示。

图 2-78　“路径”面板

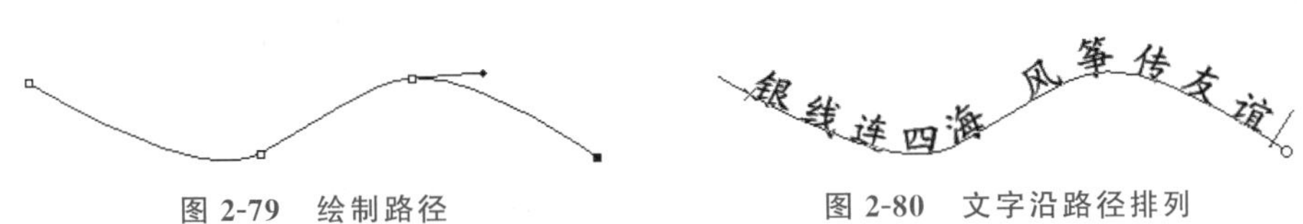

图 2-79 绘制路径　　图 2-80 文字沿路径排列

3. 区域文字

区域文字可以将文字输入至一个封闭的路径中，从而使当前的文字具有路径的外形。

(1) 新建一个图像文件，使用椭圆工具绘制路径，并输入文字，如图 2-81 所示。

(2) 使用直接选择工具对路径进行修改，如图 2-82 所示。

最终效果如图 2-83 所示。

图 2-81 绘制路径输入文字

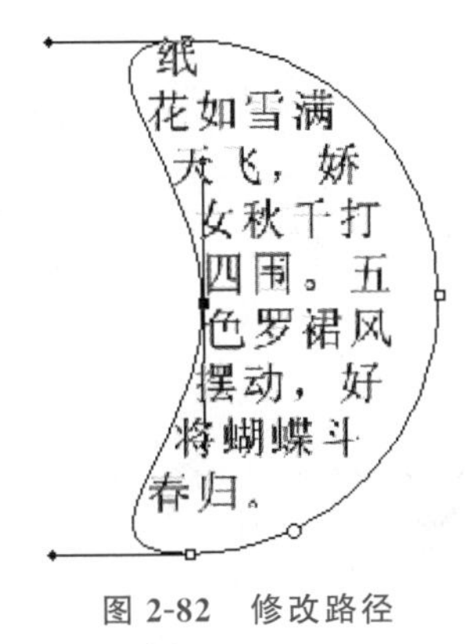

图 2-82 修改路径

纸
花如雪满
天飞，娇
女秋千打
四围。五
色罗裙风
摆动，好
将蝴蝶斗
春归。

图 2-83 区域文字效果

2.7.2 形状

1. 形状图层

形状图层是链接到矢量蒙版的填充图层。通过编辑形状的填充图层，可以很容易地将填充更改为其他颜色、渐变或图案，也可以编辑形状的矢量蒙版以修改形状轮廓。

同样是前面的例子，也可以用形状图层的模式方便地绘制。

(1) 新建一个 100×100 的图像文件，命名为 Kite2.psd，将前景色设定为绿色(RGB 分别为 40,160,60)，然后单击工具箱中的钢笔工具，选择创建模式为形状图层，在图像上单击，创建一个三角形形状，如图 2-84 所示。这时的“图层”面板如图 2-85 所示，可以看出，在绘制形状图层时，将自动生成一个新图层，这实际上为图层建立了一个智能对象。

(2) 选择添加锚点工具，单击形状轮廓上的一点，添加锚点，然后拖动锚点进行调整，如图 2-86 所示。

(3) 执行“图层”|“复制图层”命令，单击选中路径，选取工具，在新的图层中选择形状。

图 2-84　创建三角形形状

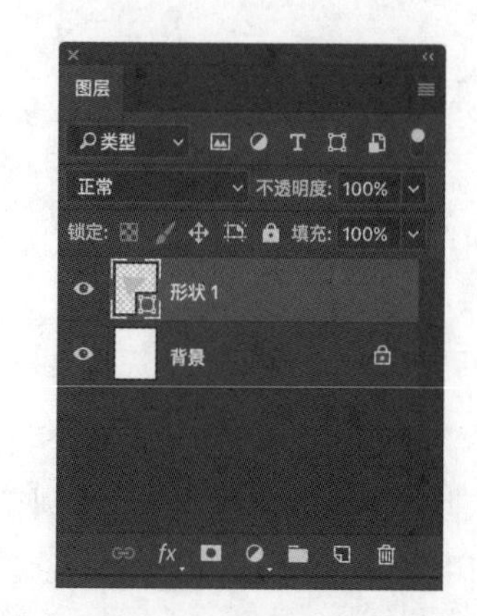

图 2-85　“图层”面板的形状图层

(4) 执行“编辑”|“变换路径”|“水平翻转”命令，然后执行“编辑”|“自由变换路径”命令，对形状进行旋转、移动等操作，将路径调整到适当的位置，并改变颜色为 R：230，G：160，B：50，这样就完成了形状的绘制，如图 2-87 所示。

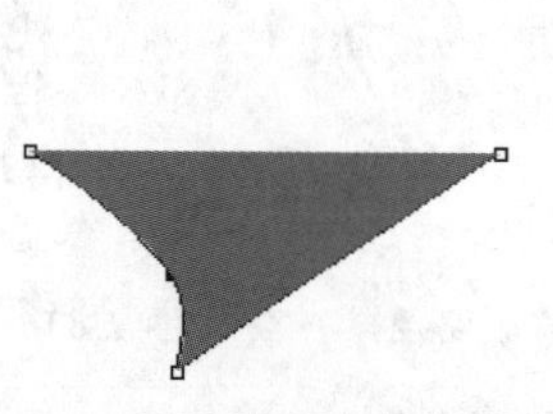

图 2-86　添加并调整锚点

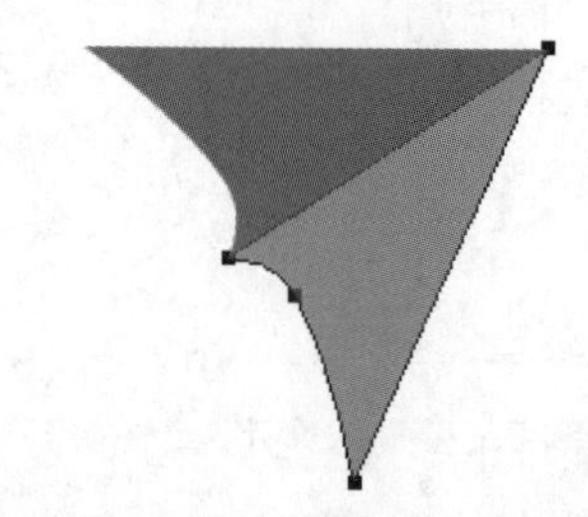

图 2-87　用形状图层绘制的风筝图形

2. 形状工具

如果要绘制一些常见的几何形状，最方便的方法是使用工具箱中的形状工具，这些工具能够绘制矩形、圆角矩形、椭圆、多边形等规则的几何形状以及自定义的不规则图形。

要选择不同的形状工具，可以在工具箱中右击“矩形工具”，即可在弹出的如图 2-88 所示的隐藏工具组中选择所需的形状工具。如果选择了自定义形状工具，还可以在选项栏中单击形状选项，在下拉列表框中选择 Photoshop 预设的形状，如图 2-89 所示。

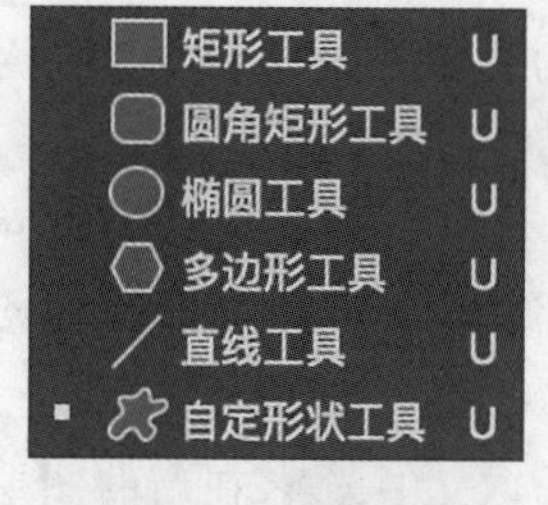

图 2-88　形状工具组

图 2-89　形状拾取器

使用形状工具可以绘制 3 种类型的形状，即形状图层、路径及填充图像。其中，形状图层和路径前面已经介绍过，而绘制填充图像就是在当前图层中创建所选形状样式的图形，并将其填充为前景色。

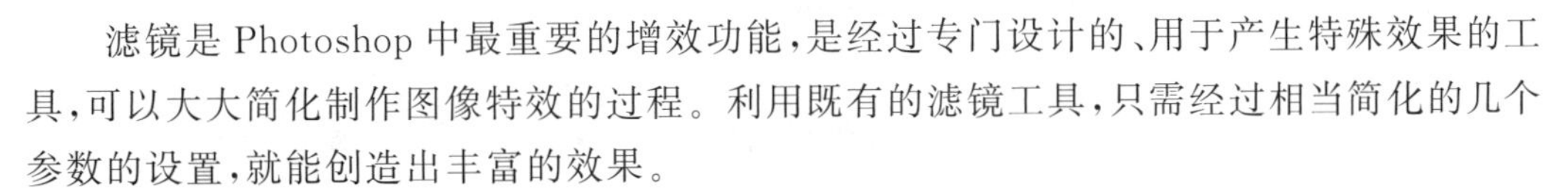

2.8 滤镜的应用

2.8.1 关于滤镜

滤镜是 Photoshop 中最重要的增效功能，是经过专门设计的、用于产生特殊效果的工具，可以大大简化制作图像特效的过程。利用既有的滤镜工具，只需经过相当简化的几个参数的设置，就能创造出丰富的效果。

使用滤镜时应注意以下几点。

(1) 滤镜需要应用在当前的可视图层或选区。

(2) 滤镜不能应用在位图模式或索引颜色的图像上，有些滤镜只对 RGB 图像起作用。

(3) 所有滤镜都可应用于 8 位图像，有些滤镜可应用在 16 位图像中，其中还有部分滤镜可以应用在 32 位图像中。

2.8.2 滤镜库

执行“滤镜”|“滤镜库”命令，打开“滤镜库”对话框，如图 2-90 所示。

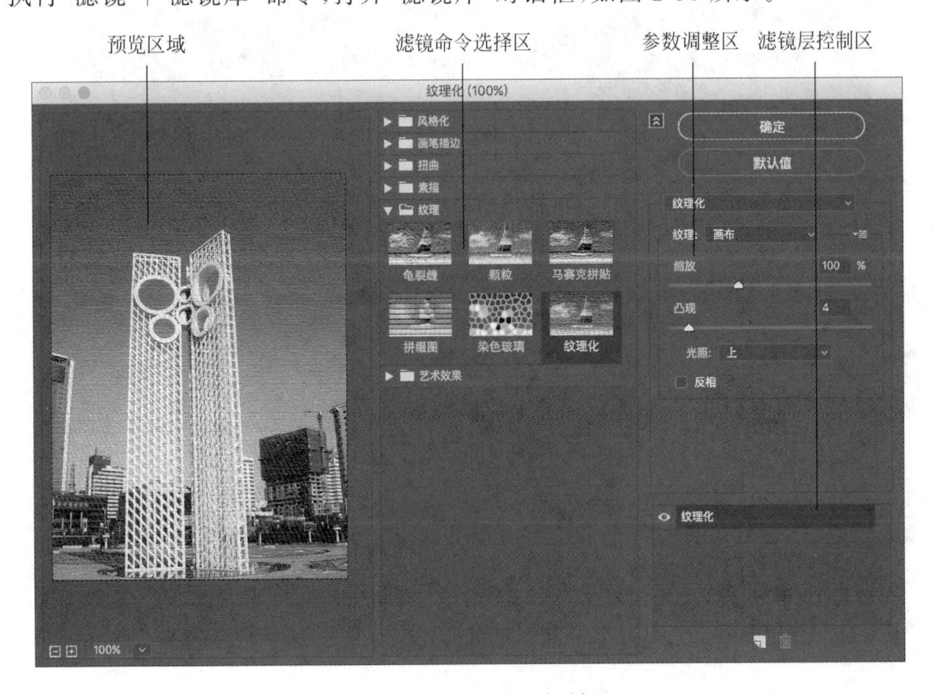

图 2-90 “滤镜库”对话框

"滤镜库"集成了 Photoshop 中大部分的滤镜,提供了许多特殊效果滤镜的预览,如果对预览效果感到满意,则可以将它应用于图像。"滤镜库"还加入了"滤镜层"的功能,允许重叠或重复使用几种或某一种滤镜,从而使滤镜的应用变化更多,所获得的效果也更加丰富。

2.8.3 滤镜的应用

1. "消失点"滤镜

"消失点"可以在保持图像透视角度不变的情况下,对图像进行有透视角度的复制、修复等操作。

(1) 打开图像文件"风筝广场.jpg",执行"滤镜"|"消失点"命令,弹出"消失点"对话框,如图 2-91 所示。

图 2-91 "消失点"对话框

(2) 单击创建平面工具,创建一个带透视角度的平面矩形,如图 2-92 所示。

(3) 单击编辑平面工具,调整透视平面矩形的范围,如图 2-93 所示。

(4) 单击选框工具,在透视平面上选择一个矩形区域,如图 2-94 所示。

(5) 按住 Alt 键,同时将选区向上拖动到适当的位置,如图 2-95 所示。

(6) 单击"确定"按钮,则风筝广场中的标志物被"拔高",效果如图 2-96 所示。

2. "径向模糊"滤镜

(1) 打开图像文件"风筝博物馆 1.psd",选择背景层为当前图层。

图 2-92　创建透视平面矩形

图 2-93　调整透视平面矩形的范围

(2) 执行“滤镜”|“模糊”|“径向模糊”命令，弹出“径向模糊”对话框，设置各参数，并调整模糊的中心，如图 2-97 所示。

图 2-94　在透视平面上选择矩形区域

图 2-95　复制选择的区域

(3) 单击“确定”按钮,径向模糊效果如图 2-98 所示。

图 2-96　最终效果

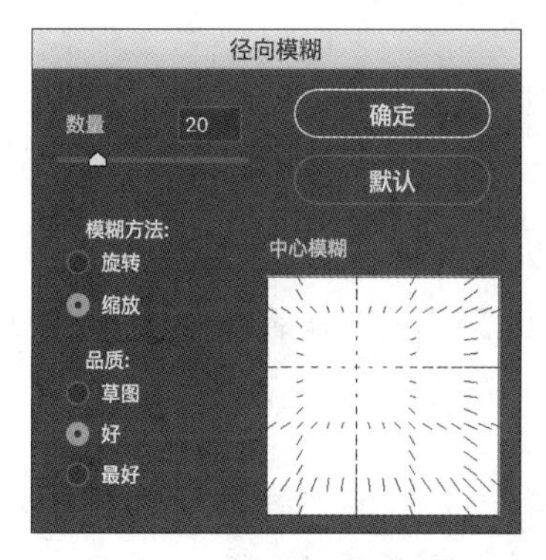

图 2-97　“径向模糊”对话框

图 2-98　径向模糊效果

2.9　综合应用案例

下面通过制作如图 2-99 所示的图像，介绍 Photoshop 的综合应用。

1. 准备素材

(1) 用数码相机拍摄照片。
(2) 制作好“风筝会徽”图形。
(3) 用 Photoshop 制作图形。

图 2-99 “翔天风筝广告”画面

2. 定义填充图案

(1) 新建一个 1×2px 的文件。

(2) 放大后用矩形选框工具选择上面的一个像素,填充为灰色(RGB 的值分别为160)。

(3) 执行“选择”|“全选”命令,选取整个图像区域。

(4) 执行“编辑”|“定义图案”命令,在弹出的“图案名称”对话框中输入“抽线”,如图 2-100 所示,定义一个名为“抽线”的图案:。

图 2-100 “图案名称”对话框

(5) 单击“确定”按钮,则定义了一个名为“抽线”的图案:。

3. 建立图像文件并制作背景

应用图片文件“风筝图片 01.jpg”,制作一个 800×600 的图像文件的背景,其颜色像“风筝图片 01.jpg”一样,从上到下渐变。

(1) 执行“文件”|“新建”命令,新建一个 800×600 的 RGB 图像文件,文件名为“翔天风筝”。

(2) 设置前景色和背景色。打开图像文件“风筝图片 01.jpg”,选择吸管工具,将吸管移动到图像上方的边缘区域,单击后即将该颜色设置为前景色;再将吸管移动到图像下方的边缘区域,按 Alt 键并单击,即将该颜色设置为背景色。

(3) 在“翔天风筝”文件窗口，用渐变工具沿竖直方向由上往下拖动，整个图像就被填充为渐变效果。

(4) 将风筝复制到“翔天风筝”文件中。选择套索工具，设置羽化值为20，然后在“风筝图片01”图像窗口中选择风筝部分，如图2-101(a)所示。选择移动工具，将所选中的区域拖动到“翔天风筝”文件窗口中，如图2-101(b)所示。

(a)

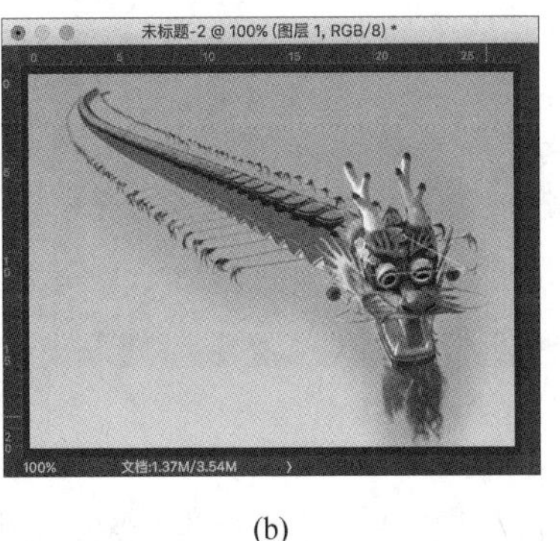

(b)

图 2-101　复制图像

(5) 翻转图像。执行“编辑”|“变换”|“水平翻转”命令，将风筝画面进行水平翻转，如图2-102所示。

(6) 调整大小及位置。执行“编辑”|“自由变换”命令，改变风筝的大小，并拖动到适当的位置，如图2-103所示。

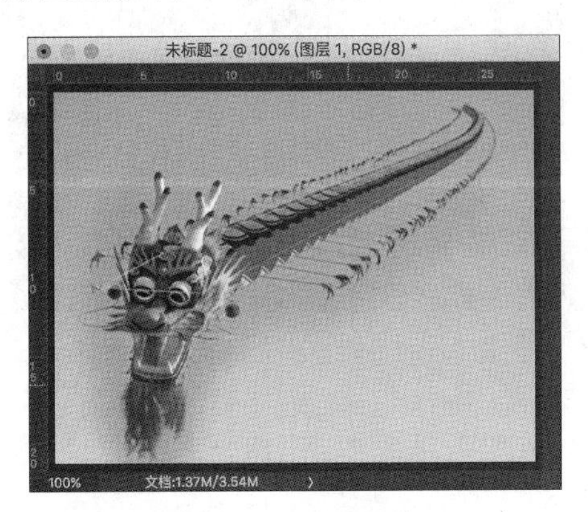

图 2-102　翻转图像

图 2-103　调整图像大小及位置

(7) 执行“图层”|“向下合并”命令，合并图层。

4. 置入图片

(1) 执行"文件"|"置入"命令,在弹出的对话框中选择当前 Photoshop 文件置入的图片文件"风筝博物馆 2.jpg",将创建一个智能对象,如图 2-104 所示。

(2) 按 Enter 键,然后用椭圆形状工具绘制一条圆形路径,如图 2-105 所示。

图 2-104　置入图像

图 2-105　绘制圆形路径

(3) 执行"图层"|"矢量蒙版"|"当前路径"命令,为图层添加蒙版,如图 2-106 所示。

(4) 执行"编辑"|"自由变换"命令,调整图片的大小,并将其移动到适当的位置,如图 2-107 所示。

图 2-106　为图层添加蒙版

图 2-107　调整图片的大小和位置

(5) 用相同的方法置入"放风筝.jpg"图片,添加矢量蒙版,并调整大小和位置,如图 2-108 所示。

(6) 将前景色设置为 R：255,G：255,B：100,新建一个图层,并用椭圆形状工具在新图层中绘制一个圆形(填充像素),然后将"风筝会徽.png"置入,并调整大小和位置,如图 2-109 所示。

图 2-108　置入"放风筝.jpg"图片

图 2-109　绘制一个圆形并置入"风筝会徽.png"

5. 绘制图形及添加文字

(1) 选择圆角矩形工具，绘制圆角矩形路径。执行"编辑"|"变换路径"|"斜切"命令，对圆角矩形的角进行拖动，使其变为如图 2-110 所示形状的路径。

(2) 单击"路径"面板中的"将路径作为选区载入"按钮，将路径转换为选区，如图 2-111 所示。

图 2-110　绘制圆角矩形路径

图 2-111　将路径转换为选区

(3) 增加新图层，执行"编辑"|"填充"命令，将自定义的图案添入选区中，使其产生抽线效果，如图 2-112 所示。

(4) 将前景设置为橙色(RGB 为 150、60、0)，添加"风筝与希望同飞"字样，设置为楷体，36 点，用变换工具调整，使其倾斜，如图 2-113 所示。

图 2-112　填充图案

图 2-113　添加文字

6. 描边

(1) 隐藏背景图层，选择魔棒工具，在其选项栏上设置容差值为 0，勾选“对所有图层取样”选项，单击选择其背景区域，然后反选，选择这组图案所在的区域。

(2) 建立一个新的图层，执行“编辑”|“描边”命令，弹出“描边”对话框，如图 2-114 所示，在其中设置“宽度”为 10px，颜色 RGB 值为 240、135、20，位置为“居外”，单击“确定”按钮，效果如图 2-115 所示。

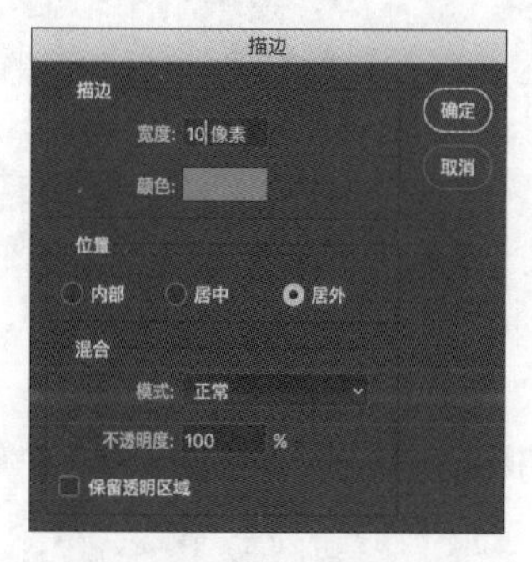

图 2-114 “描边”对话框

图 2-115 描边后的效果

7. 制作 LOGO

(1) 执行“文件”|“置入”命令，将 Kite.gif 置入当前的 Photoshop 文件中，并调整其大小、角度和位置，如图 2-116 所示。

(2) 将前景色设为黑色，选择文字工具，输入“翔天风筝”字样，设置字体、字号，如图 2-117 所示。

(3) 将前景色设为蓝色，建立一个图层，选择矩形工具，在选项栏中选择“像素”选项，然后画一条蓝色的线条，在“图层”面板中，通过拖动图层的顺序，将线条调整到风筝图形的下一层，调整后的效果如图 2-118 所示。

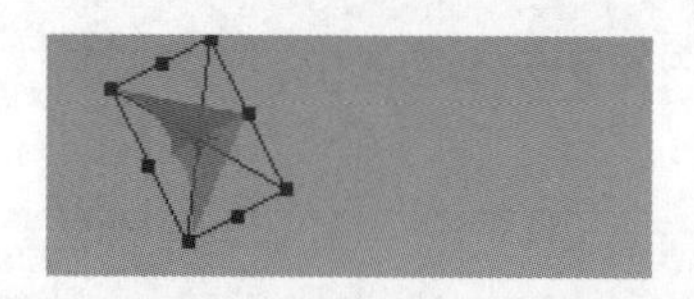

图 2-116 置入 Kite.gif

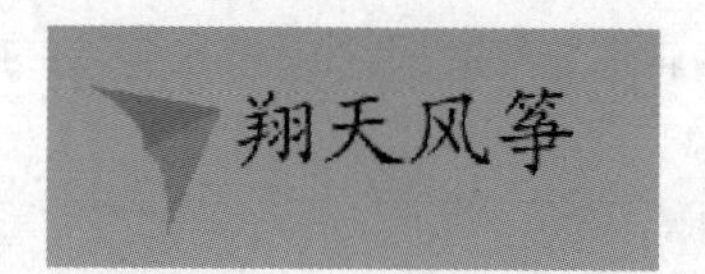

图 2-117 输入“翔天风筝”

图 2-118 绘制线条

8. 保存文件

至此，风筝广告图片制作完成，如图 2-119 所示。

分别将图像保存为“翔天风筝.psd”文件和“翔天风筝.jpg”文件。

图 2-119　风筝广告图片最终效果

小　　结

本章首先介绍了色彩三要素、三原色原理等有关色彩的基础知识，以及图像的基本概念和基本知识。然后通过实例介绍了 Photoshop 中图层、通道、蒙版和路径等重要概念以及用 Photoshop CC 处理图像的方法。Photoshop 是 Adobe 公司推出的彩色图像处理软件，其软件设计优美、精练，功能强大，是著名的位图图像处理和图像效果生成工具。

习　　题

1. 什么是色彩三要素？什么是三原色？它们的原理是什么？
2. 在多媒体计算机中常用的色彩空间有哪些？
3. 什么是图形？什么是图像？二者有什么区别和联系？
4. 图像的属性有哪些？各表示什么含义？
5. 常用的图像压缩编码有哪些？
6. 常用的图形图像文件格式有哪些？
7. 请说明 Photoshop 中图层、通道、蒙版和路径的含义和用途。
8. 将自己以前拍的照片用扫描仪扫描后再用 Photoshop 进行调整对比度、饱和度、亮度等处理。
9. 自己设计制作一幅图片，要求包括选取、填充、复制图像等常用的操作。
10. 应用 Photoshop 的蒙版给一幅人物照片换背景。
11. 通过使用 Photoshop 滤镜，制作一幅具有特殊效果的图像。
12. 用 Photoshop 设计制作一个 PPT 的背景图片。

第3章

数字图形制作(Illustrator)

本章学习目标

- 了解图形和图像的基础知识。
- 掌握 Illustrator CC 的基本操作方法。
- 掌握用 Illustrator CC 实时描摹图像的方法。
- 掌握 Illustrator CC 符号对象的使用方法。
- 熟悉 Illustrator CC 的综合应用。

3.1 数字图形基础知识

3.1.1 数字图形基本概念

计算机中处理的图片分为两种,一种是位图图像,另一种是矢量图形。

作为计算机图形学的一个重要组成部分,矢量图形具有数码技术对图形描述的"硬边"表现风格。从矢量作品的创作思路与画面风格上来看,尽管它具有超强的模拟真实三维物象的绘画功能,但它绝不是一种追求与自然对象基本相似或极为相似的艺术,而是从自然中抽象出的几何概念。矢量图形将繁复的世界转变为点、线、面等数学元素构成的形式,对特定对象加以大胆变形和装饰化处理,或将不同对象的局部特征进行适当组合,从而将对象纳入抽象化的程式中,使之偏离原来的外观。

当今,网络上铺天盖地的卡通动漫、矢量插画、二维动画以及游戏等矢量艺术完全成了这个时代一个耀眼的时尚元素,同时还诞生了一批运用矢量手法来表现商业设计及个人创作的自由艺术家,矢量图形已逐渐成为设计师所普遍接受的一种艺术风格。

在计算机中图像是以数字方式进行记录、处理和保存的,所以图像也称为数字化图像。数字化图像分为矢量式与点阵式两种,一般来说,经过扫描输入和图像软件(Photoshop)处理的图像文件,都属于点阵图。点阵图的工作是基于方形像素点的,而矢量图形是用一组指令集合来描述图形内容的,这些指令用来描述构成该图形的所有直线、圆、圆弧、矩形和曲线等的位置、维数和形状。

在屏幕上显示矢量图形，要有专门的软件将描述图形的指令转换成在屏幕上显示的形状和颜色。这种程序不仅可以产生矢量图形，而且可以操作矢量图形的各个成分，例如，对矢量图形进行移动、缩放、旋转和扭曲等变换操作。也就是说，矢量图形不是基于像素点的，而是依靠指令来描述与修改图形的各种属性的。

矢量图只能靠软件生成，它的特点是放大后图像不会失真，和分辨率无关，适用于图形设计、文字设计和一些标志设计、版式设计等。常用软件有 Illustrator、CorelDraw、Freehand、CAD 等。

3.1.2 矢量图形软件的设计思路

本章用到的矢量图形软件是 Adobe 公司推出的 Illustrator。Illustrator 是利用贝塞尔(Bazier)工具来绘制曲线的。贝赛尔曲线(如图 3-1 所示)是一种应用于二维图形程序的数学曲线，该曲线由起始点、终止点(也称锚点)及两个相互分离的中间点(一共 4 个点)组成。拖动两个中间点，贝塞尔曲线的形状会发生变化。

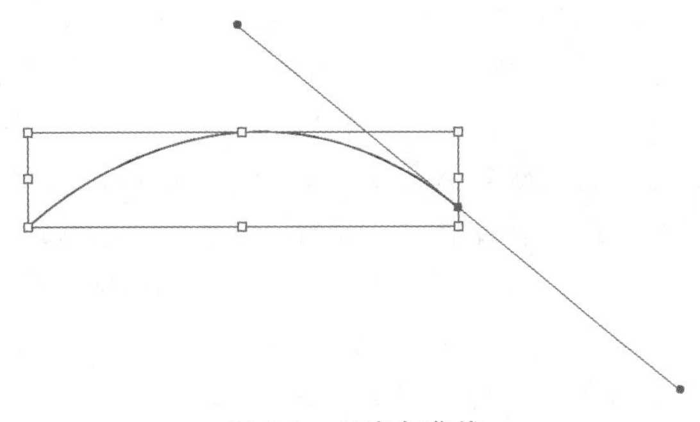

图 3-1 贝塞尔曲线

3.1.3 数字图形常用文件格式

数字图形在计算机中存储时，其文件格式繁多，下面简单介绍几种常用的文件格式。

(1) bw 文件。它是包含各种像素信息的一种黑白图形文件格式。

(2) ai(Illustrator)文件。它是 Illustrator 软件生成的矢量文件格式，用 Illustrator、CorelDraw、Photoshop 均能打开、编辑、修改等。

(3) eps(Encapsulated PostScript)文件。它是用 PostScript 语言描述的一种 ASCII 图形文件格式，在 PostScript 图形打印机上能打印出高品质的图形图像，最高能表示 32 位图形图像。该格式分为 Photoshop EPS 格式(Adobe Illustrator Eps)和标准 EPS 格式，其中，标准 EPS 格式又可分为图形格式和图像格式。值得注意的是，在 Photoshop 中只能打开图像格式的 EPS 文件。

(4) pdf(Portable Document Format)文件。它是由 Adobe Systems 用于与应用程序、操作系统、硬件无关的方式进行文件交换所发展出的文件格式。PDF 文件以

PostScript语言图像模型为基础，无论在哪种打印机上都可保证精确的颜色和准确的打印效果，即PDF会忠实地再现原稿的每一个字符、颜色以及图像。

(5) SVG(Scalable Vector Graphics)文件。可缩放矢量图形(SVG)是基于可扩展标记语言(XML)，用于描述二维矢量图形的一种图形格式。SVG是W3C(World Wide Web ConSortium，国际互联网标准组织)在2000年8月制定的一种新的二维矢量图形格式，也是规范中的网络矢量图形标准。SVG严格遵从XML语法，并用文本格式的描述性语言来描述图像内容，因此是一种和图像分辨率无关的矢量图形格式。

(6) cdr(CorelDraw)文件。它是CorelDraw中的一种图形文件格式，是所有CorelDraw应用程序中均能够使用的一种图形图像文件格式。

(7) col(Color Map File)文件。它是由Autodesk Animator、Autodesk Animator Pro等程序创建的一种调色板文件格式，其中存储的是调色板中各种项目的RGB值。

(8) dwg文件。它是AutoCAD中使用的一种图形文件格式。

(9) dxb(drawing interchange binary)文件。它是AutoCAD创建的一种图形文件格式。

(10) dxf(Autodesk Drawing Exchange Format)文件。它是AutoCAD中的图形文件格式，以ASCII方式存储图形，在表现图形的大小方面十分精确，可被CorelDraw、3ds Max等大型软件调用编辑。

(11) wmf(Windows Metafile Format)文件。它是Microsoft Windows中常见的一种图元文件格式，具有文件短小、图案造型化的特点，整个图形常由各个独立的组成部分拼接而成，但其图形往往较粗糙，并且只能在Microsoft Office中调用编辑。

(12) emf(Enhanced MetaFile)文件。它是由Microsoft公司开发的Windows 32位扩展图元文件格式。其总体设计目标是要弥补在Microsoft Windows 3.1(Win16)中使用的.wmf文件格式的不足，使得图元文件更加易于使用。

(13) ico(Icon file)文件。它是Windows的图标文件格式。

(14) iff(Image File Format)文件。它是Amiga等超级图形处理平台上使用的一种图形文件格式，好莱坞的特技大片多采用该格式进行处理，可逼真再现原景。当然，该格式耗用的内存、外存等计算机资源也十分巨大。

3.2 图形制作软件Illustrator的应用

Adobe Illustrator作为最著名的图形软件，以其强大的功能和体贴的用户界面已经占据全球矢量图形软件的大部分份额，是出版、多媒体和在线图像的工业标准矢量插画软件。它已成为平面设计师、网页设计师、二维动画设计师的必备工具之一，使用它可以快速、方便地制作出各种形态逼真、颜色丰富的图形、商标、海报、艺术字、图表等。

由于同属于Adobe公司旗下的图形图像软件，Illustrator和Photoshop之间可以进行相互交流，但是Illustrator是以处理矢量图形为主的图形绘制软件，而Photoshop则是以处理像素图为主的图像处理软件。Illustrator也可以对图形进行像素化处理，但同样的文件均存储为 EPS 格式后，比 Photoshop 存储的文件要小很多，原因是它们描述信息的方式不同。

Illustrator CC 版是目前的主流版本，下面介绍 Illustrator CC 的使用。

3.2.1 Illustrator CC 界面布局

Illustrator 提供了高效的工作环境和用户界面。用户可以使用各种元素来创建和处理文档和文件。Adobe CC 家族中不同应用程序的工作界面拥有相同的外观，因此用户可以在应用程序之间轻松切换。

用户也可以通过从多个预设工作区中进行选择或创建自己的工作界面来调整各个应用程序，以适合自己的工作方式。虽然不同产品中的默认界面布局不同，但对工作界面中元素的处理方式基本相同。Illustrator CC 的界面布局如图 3-2 所示。

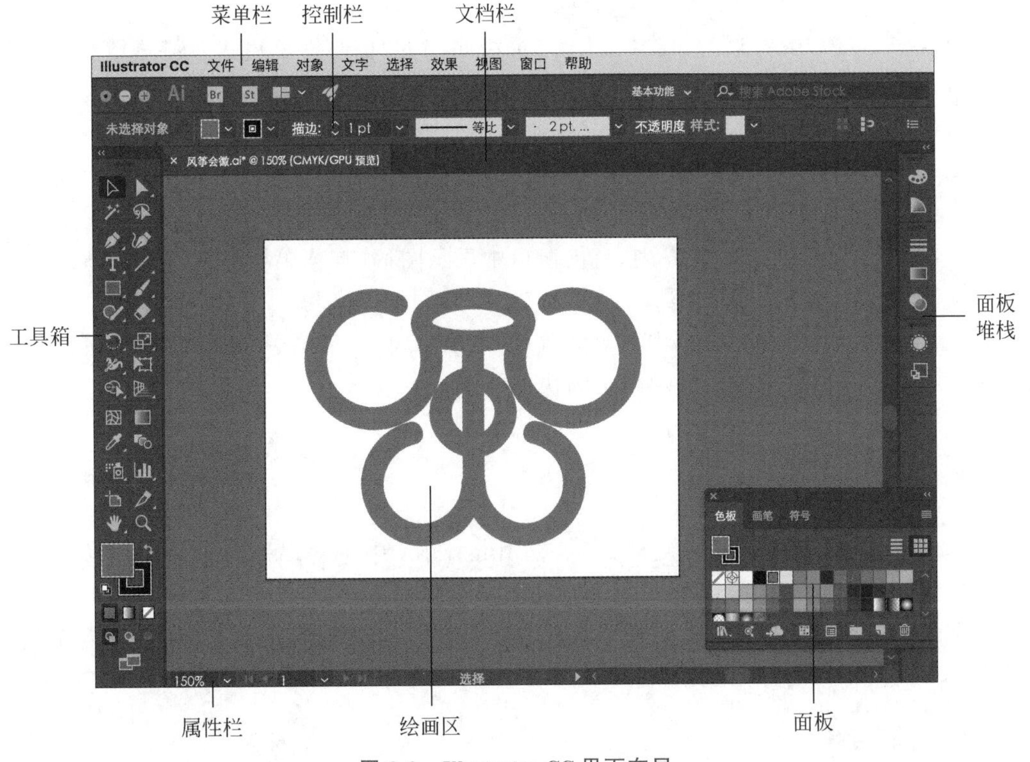

图 3-2　Illustrator CC 界面布局

(1) 菜单栏：菜单栏中包含用于执行任务的各种命令，一共包含 9 组主菜单，分别是“文件”“编辑”“对象”“文字”“选择”“效果”“视图”“窗口”和“帮助”。单击相应的主菜单，即可打开该菜单下的命令。

(2) 文档操作区：文档操作区包括文档栏、绘画区、属性栏几个部分。打开文件后，Illustrator 的文档栏中会自动生成相应文档，显示这个文件的名称、格式、窗口缩放比例以及颜色模式等信息。所有图形的绘制操作都将在绘画区中进行，可以通过缩放操作对绘制区域的尺寸进行调整。在属性栏中提供了当前文档的缩放比例和显示的页面,并且可以通过调整相应的选项,调整当前工具、日期和时间、还原次数和文档颜色配置文件的状态。

(3) 工具箱:工具箱中包含用于创建、绘制和处理图稿的工具。使用工具箱中的工具可以在 Illustrator 中选择、创建和处理对象。使用鼠标左键单击一个工具,即可选择使用该工具。如果工具的右下角带三角形图标,表示这是一个工具组,在工具上单击鼠标右键即可弹出隐藏的工具。

(4) 控制栏:也称选项栏,用于显示当前所选对象的选项,以便对各种选项进行设置。

(5) 面板:Illustrator 中的面板主要用来配合图形的修改、编辑、参数设置以及对操作进行控制等。默认情况下,Illustrator CC 中的面板将以图标的方式停放在右侧的面板堆栈中,通过拖动面板堆栈左侧的边缘将该区域扩大,将各图标相应的画板名称显示出来,以便找到所需的面板。若要将面板全部显示出来,可以单击面板堆栈右上角的 << 按钮;若要将展开的面板收回,可以单击 >> 按钮。

Illustrator CC 允许通过单击"工具箱"面板底部的"更改屏幕模式"按钮来切换不同的屏幕模式,从而改变工作区域中"工具箱"面板与面板组的显示状态。单击该按钮后会弹出一个屏幕模式选择菜单,有以下 3 种模式。

- 正常屏幕模式:文档窗口位于"工具"面板、"控制面板"及其他面板所包围的区域内,以标准窗口显示图稿,菜单栏位于窗口顶部,滚动条位于侧面。
- 带有菜单栏的屏幕模式:在全屏窗口中显示图稿,有菜单栏但是没有标题栏和滚动条。
- 全幕模式:在全屏窗口中显示图稿,不显示标题栏、菜单栏和滚动条。

按 F 键可在以上 3 种屏幕模式之间快速切换。

3.2.2 绘制图形

绘图是 Illustrator 的重要功能之一,在 Illustrator 中包含多种绘图工具,例如,用于绘制线型对象的线型绘图工具、绘制图形的图形绘制工具、绘制任意形状的钢笔工具等。

要在 Illustrator 中绘制矢量图可以通过路径来完成,可以对路径进行控制和编辑,路径是 Illustrator 中最基础也是最重要的部分。

1. 钢笔工具组

钢笔工具组中包括"钢笔工具""添加锚点工具""删除锚点工具"和"锚点工具",如图 3-3 所示。这些工具主要用来创建或编辑路径。

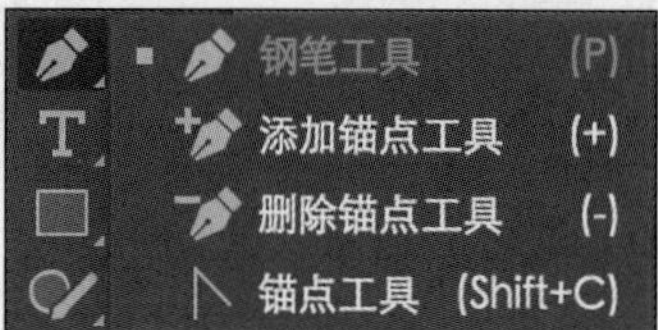

图 3-3 钢笔工具组

1) 钢笔工具

使用"钢笔工具"可以绘制任意形状的直线或曲线路径。

单击工具箱中的"钢笔工具"或使用快捷键 P,将光标放移至画面中,单击可创建一个锚点,松开鼠标,将光标移至下一处位置单击创建第二个锚点，两个锚点会连接成一条由角点定的直线路径，继续在其他区域单击即可依次创建多个锚点，将光标放在路径的起点，单击即可闭合路径。如果要结束一段开放式路径的绘制，可以按住 Ctrl 键并在画面的空白处单击，单击其工具，或者按下 Enter 键也可以结束路径的绘制。

如果想要绘制波浪曲线时，首先在画布中单击鼠标即可出现一个锚点，松开鼠标后将光标移动到另外的位置单击并拖动即可创建一个平滑点。再次将光标放置在下一个位置，然后单击并拖动光标创建第二个平滑点，并控制好曲线的走向。采用同样的方法继续绘制出其他的平滑点。绘制完成后可以使用“直接选择工具”选择锚点，并调节好其方向线，使其生成平滑的曲线。

2）添加与删除锚点

选择需要进行编辑的路径，单击工具箱中的“添加锚点工具”按钮，或使用快捷键“＋”，将指针置于路径段上，然后单击即可添加锚点。

如果要删除路径上的锚点，单击工具箱中的“删除锚点工具”按钮或使用快捷键“－”，将指针置于将要删除的锚点上，然后单击即可删除锚点。通过删除不必要的锚点可以降低路径的复杂性。

3）锚点工具

“锚点工具”也称转换锚点工具，可以使角点变得平滑或使平滑的点变得尖锐，从而改变路径的形态。

2. 线型绘图工具

在 Illustrator 中包括 5 种线型绘图工具：“直线段工具”“弧线工具”“螺旋线工具”“矩形网格工具”和“极坐标网格工具”。单击工具箱中直线工具组按钮右下角的三角号，可以看到这 5 种线型工具按钮，如图 3-4 所示。

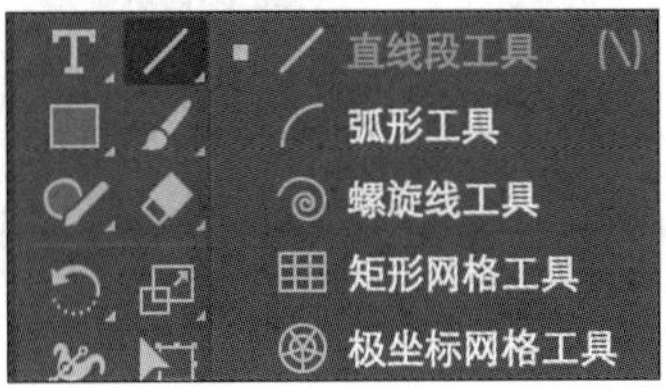

图 3-4　线型绘图工具

1）直线段工具

“直线段工具”可以绘制随意或精准的直线。单击工具箱中的“直线段工具”按钮或使用快捷键“\”，将鼠标指针定位到线段端点开始的地方，然后拖动到另一个端点位置上释放鼠标，就可以看到绘制了一条直线。

拖动鼠标绘制的同时按住 Shift 键，可以锁定直线对象的角度为 45°的倍数。

还可以在要绘制直线的一个端点位置上单击，弹出“直线段工具选项”对话框，如图 3-5 所示。在该对话框中进行长度和角度的设置，单击“确定”按钮可创建精确的直线对象，如图 3-6 所示。

- 长度：在文本框中输入相应的数值来设定直线的长度。
- 角度：在文本框中输入相应的数值来设定直线和水平轴的夹角，也可以在控制栏中调整软件的句柄调整。
- 线段填色：勾选该复选框时，将以当前的填充色对线段填色。

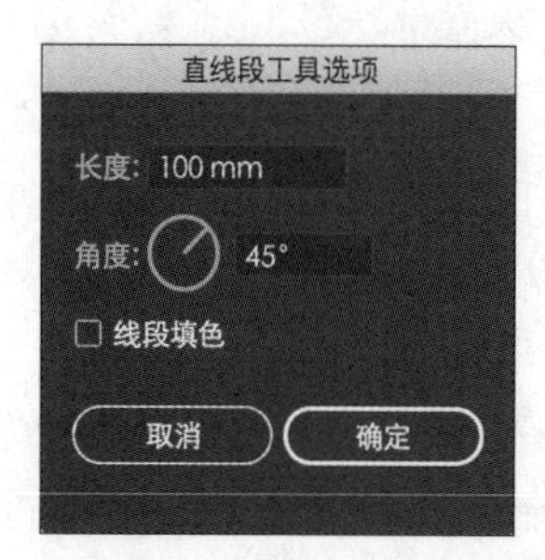

图 3-5 “直线段工具选项”对话框

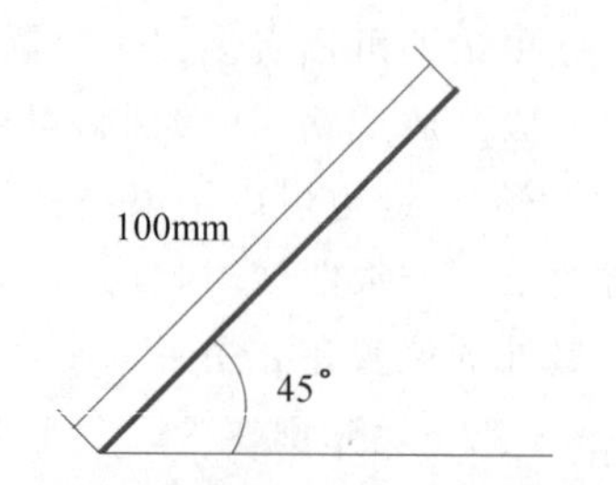

图 3-6 直线段工具绘制直线效果

2）弧形工具

使用“弧形工具”可以绘制出任意弧度的弧线或精确的弧线。单击工具箱中的“弧形工具”按钮，将鼠标指针定位到端点的位置，然后拖动到另一个端点位置上后，即可完成绘制。

拖动鼠标绘制的同时按住 Shift 键，可得到 x 轴和 y 轴长度相等的弧线。拖动鼠标绘制的同时按 C 键可改变弧线类型，即开放路径和闭合路径间的切换；按 F 键可以改变弧线的方向；按 X 键可以使弧线在“凹”和“凸”曲线之间切换；按“向上”或“向下”箭头键可增加或减少弧线的曲率半径。拖动鼠标绘制的同时，按住空格键，可以随着鼠标移动弧线的位置。

另外，也可以在弧线的一个端点位置上单击，并在弹出的“弧线段工具选项”对话框中进行相应的设置，单击“确定”按钮可创建精确的弧线对象，如图 3-7 和图 3-8 所示。

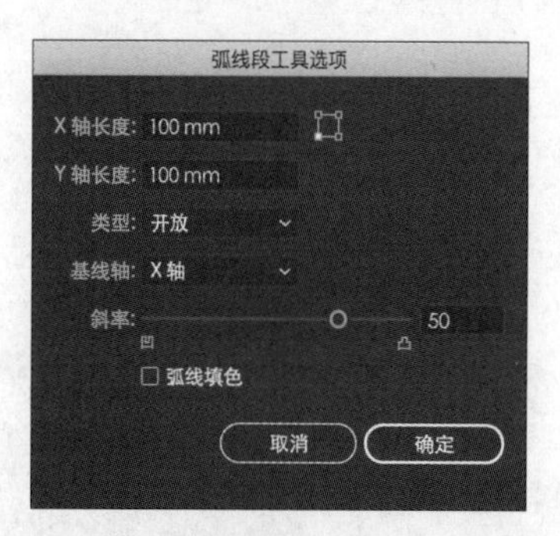

图 3-7 “弧线段工具选项”对话框

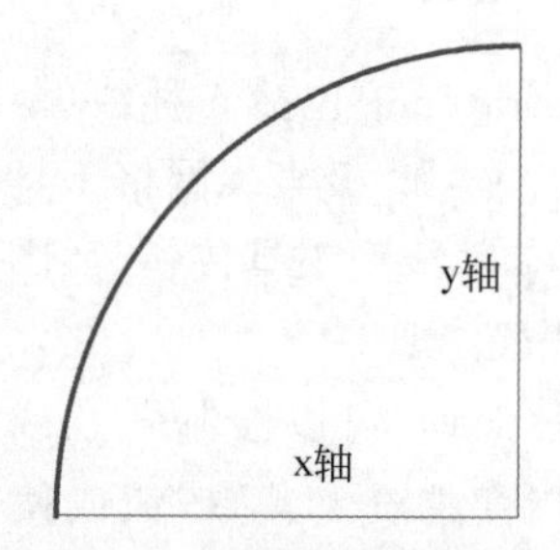

图 3-8 弧线段绘制效果

- x 轴长度：在文本框中输入数值，可以定义另一个端点在 x 轴方向的距离。
- y 轴长度：在文本框中输入数值，可以定义另一个端点在 y 轴方向的距离。
- 定位：在“X 轴长度”选项右侧的定位器中单击不同的按钮，可以定义在弧线中首先设置的位置。
- 类型：表示弧线的类型，可以定义绘制的弧线对象是“开放”还是“闭合”，默认情况下开放路径。
- 基线轴：可以定义绘制的弧线对象基线轴为 x 轴还是为 y 轴。
- 斜率：通过调整选项中的参数，可以定义绘制的弧线对象的弧度，绝对值越大则弧度越大，正值凸起，负值凹陷。
- 弧线填色：当勾选该复选框时，将使用当前的填充颜色填充绘制的弧形。

3）螺旋线工具

使用“螺旋线工具”可以绘制出不同半径、不同段数的顺时针或逆时针的螺旋线。使用“螺旋线工具”在螺旋线的中心位置单击，将鼠标直接拖动到外沿的位置，拖动出所需要的螺旋线后松开鼠标，螺旋线就绘制完成了。

拖动鼠标的同时，按住空格键，直线可随鼠标的拖动移动位置。拖动鼠标的同时，按住 Shift 键锁定螺旋线角度为 45°的倍值。按住 Ctrl 键可保持涡形的比例。拖动鼠标的同时，按“向上”或“向下”箭头键可增加或减少涡形路径片段的数量。

还可以在要绘制螺旋线的中心点位置单击，在弹出的“螺旋线”对话框中进行相应设置，单击“确定”按钮即可创建精确的螺旋线对象，如图 3-9 和图 3-10 所示。

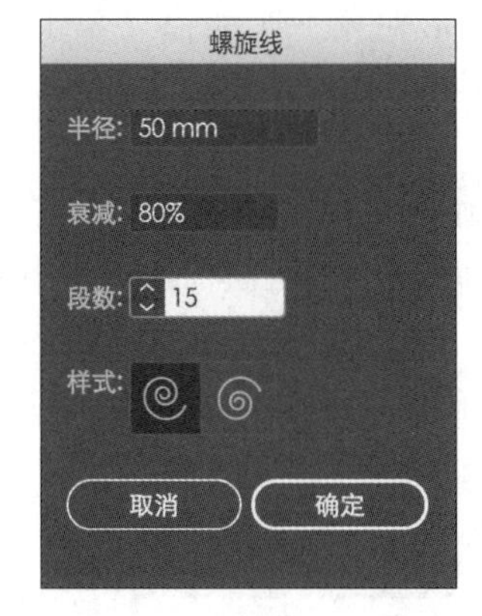

图 3-9 “螺旋线”对话框

图 3-10 螺旋线绘制效果

- 半径：在文本框中输入相应的数值，可以定义螺旋线的半径尺寸。
- 衰减：用来控制螺旋线之间相差的比例，百分比越小，螺旋线之间的差距就越小。
- 段数：通过调整该选项的参数，可以定义螺旋线对象的段数，数值越大则螺旋线越长，反之数值越小则螺旋线越短。
- 样式：可以选择顺时针或逆时针定义螺旋线的方向。

4）矩形网格工具和极坐标网状工具

使用“矩形网格工具”可以绘制出均匀或者不均匀的网格对象，如图 3-11 所示；而使用“极坐标网状工具”可以快速绘制多个同心圆和直线组成的极坐标网格，如图 3-12 所示。

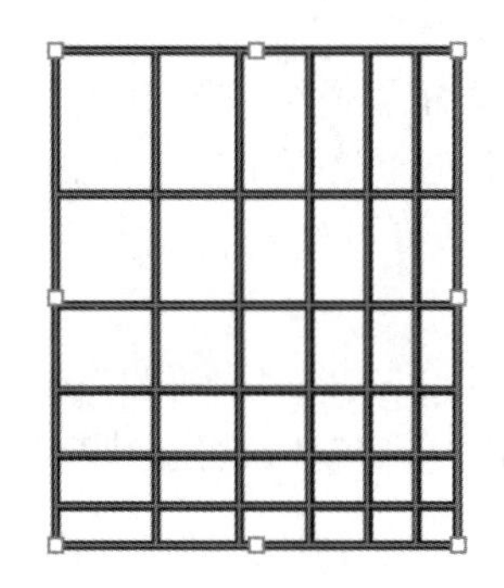

图 3-11 矩形网格绘制效果

图 3-12 极坐标网格绘制效果

3. 图形绘图工具

使用 Illustrator 中的形状工具可以轻松地绘制出矩形、圆角矩形、椭圆、多边形、星形和光晕。既可以进行随机绘制，也可以使用精确的参数进行控制。单击工具箱中矩形工具组按钮右下角的三角，可以看到图形绘图工具按钮，如图 3-13 所示。

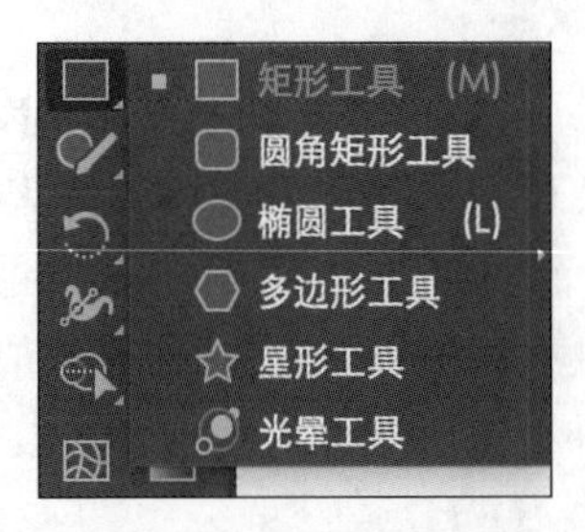

图 3-13　图形绘图工具

1）矩形工具

使用“矩形工具”可以绘制出标准的矩形对象和正方形对象。单击工具箱中的“矩形工具”按钮或按快捷键 M，在绘制的矩形对象一个角点处单击，将鼠标直接拖动到对角角点位置，释放鼠标后即可完成一个矩形对象绘制。

按住 Shift 键拖动鼠标，可以绘制正方形。按住 Alt 键拖动鼠标，可以绘制由鼠标四周延伸的矩形。按住 Shift＋Alt 组合键拖动鼠标，可以绘制由鼠标落点为中心的正方形。

还可以在要绘制矩形对象的一个角点位置单击，此时会弹出“矩形”对话框，如图 3-14 所示。在该对话框中进行相应设置，单击“确定”按钮可创建精确的矩形对象，如图 3-15 所示。

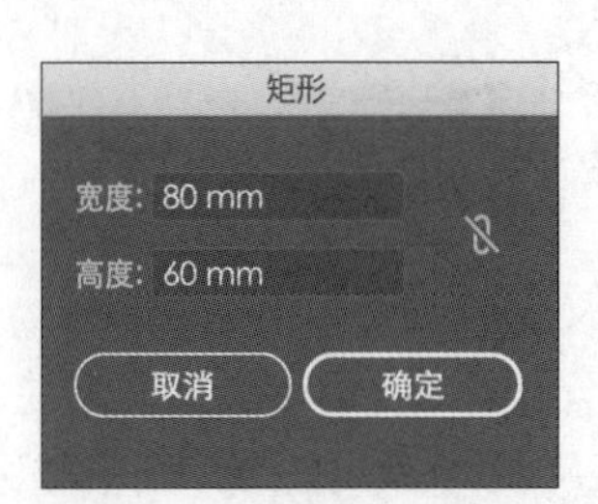

图 3-14　“矩形”对话框

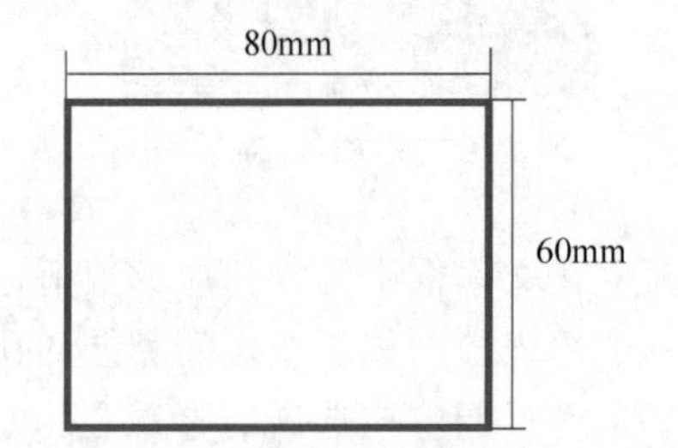

图 3-15　矩形绘制效果

2）圆角矩形工具

“圆角矩形工具”可以绘制出标准的圆角矩形对象和圆角正方形对象。单击工具箱中的“圆角矩形工具”按钮，在绘制圆角矩形对象一个角点处单击，鼠标左键以对角线方向向外拖动，拖动到理想大小后释放鼠标，就绘制完成了。

拖动鼠标的同时按“向左”和“向右”键，可以设置是否绘制圆角矩形。按住 Shift 键拖动鼠标，可以绘制正方形。按住 Alt 键拖动鼠标，可以绘制由鼠标落点为中心点向四周延伸的圆角矩形。按住 Shift＋Alt 组合键拖动鼠标，可以绘制由鼠标落点为中心的圆角正方形。

还可以在要绘制圆角矩形对象的一个角点位置单击，此时会弹出“圆角矩形”对话框，如图 3-16 所示。在该对话框中进行相应设置，单击“确定”按钮可创建精确的圆角矩形对象，如图 3-17 所示。

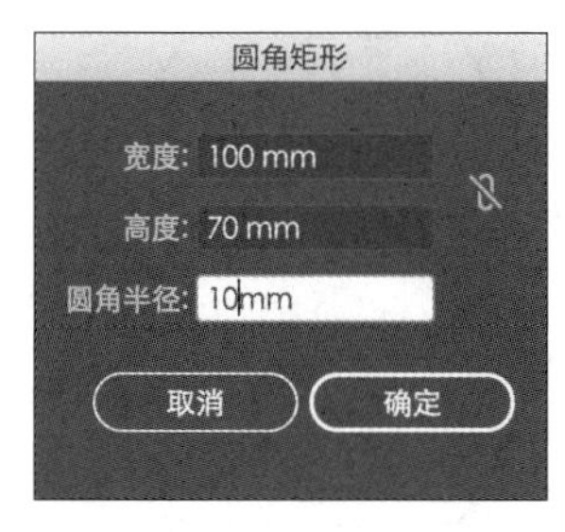

图 3-16 “圆角矩形”对话框

图 3-17 圆角矩形绘制效果

3）椭圆工具

“椭圆工具”用来绘制椭圆形和圆形。单击工具箱中的“椭圆工具”按钮或使用快捷键L，在椭圆形对象一个虚拟角点上单击，将鼠标直接拖动到另一个虚拟角点上释放鼠标即可。

在使用“椭圆工具”的同时，按住 Shift 键拖动鼠标，可以绘制正圆形。按住 Alt 键拖动鼠标，可以绘制由鼠标落点为中心点向四周延伸的椭圆。按 Shift+Alt 组合键拖动鼠标，可以绘制以鼠标落点为中心向四周延伸的正圆形。

还可以在要绘制椭圆对象的一个角点位置单击，此时会弹出“椭圆”对话框，在该对话框中进行相应设置，单击“确定”按钮可创建精确的椭圆形对象，如图 3-18 和图 3-19 所示。

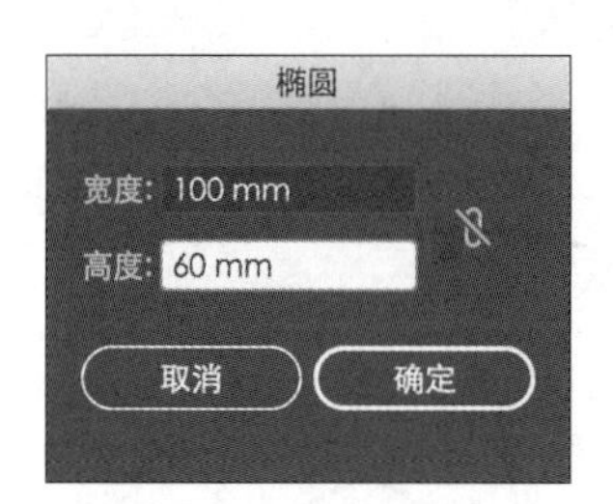

图 3-18 “椭圆”对话框

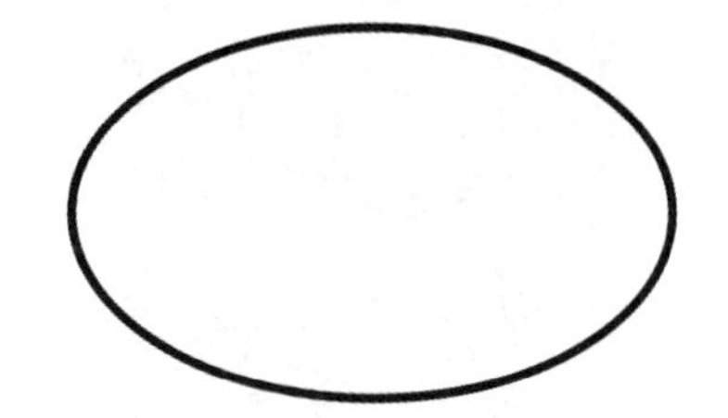

图 3-19 椭圆绘制效果

4）多边形工具

使用“多边形工具”可以绘制三角形、矩形以及多边形。绘制多边形是按照半径的方式进行绘制，并且可以随时调整相应的边数绘制出任意边数的多边形。单击工具箱中的“多边形工具”按钮，在绘制的多边形中心位置单击，将鼠标直接拖动到外侧定义尺寸后释放鼠标即可。

绘制一个多边形时，鼠标拖动的同时按住“～”键进行绘制，会看到迅速出现一系列依次增大的多边形。

或者在要绘制多边形对象的中心位置单击，此时会弹出“多边形”对话框，在该对话框中进行相应设置，如图 3-20 所示。如设置边数为 6 时，绘制出的即为六边形，单击“确定”按钮即可创建精确的多边形对象，如图 3-21 所示。

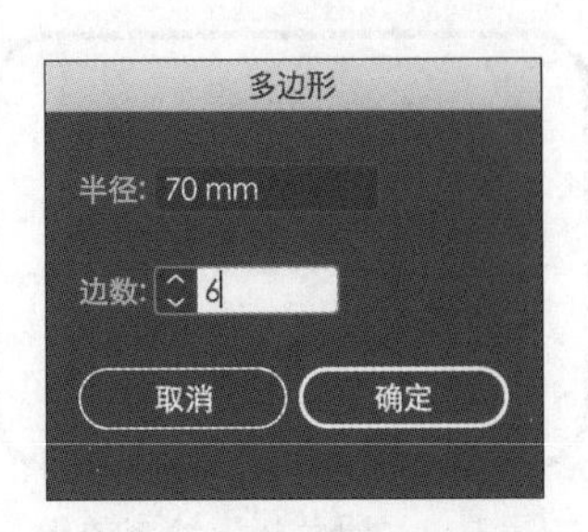

图 3-20 “多边形”对话框

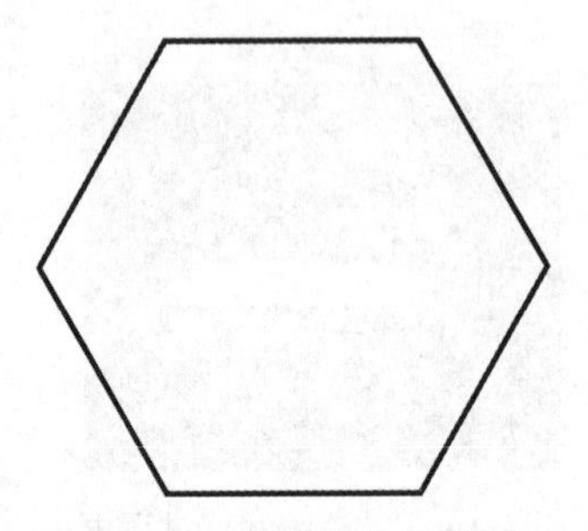
图 3-21 六边形绘制效果

5）星形工具

使用“星形工具”绘制星形是按照半径的方式进行绘制，并且可以随时调整相应的角数。单击工具箱中的“星形工具”按钮，在绘制的星形中心位置单击，将鼠标直接拖动到外侧定义尺寸后释放鼠标即可。

在绘制过程中拖动鼠标调整星形大小时，按“向上”箭头键或“向下”箭头键向星形添加和从中删除点；按住 Shift 键可控制旋转角度为 45°的倍数；按住 Ctrl 键可保持星形的内部半径；按空格键可随鼠标移动直线位置。

另外，在要绘制星形对象的一个中心位置单击，此时会弹出“星形”对话框，如图 3-22 所示。在该对话框中进行相应设置，单击“确定”按钮可创建精确的星形对象，如图 3-23 所示。

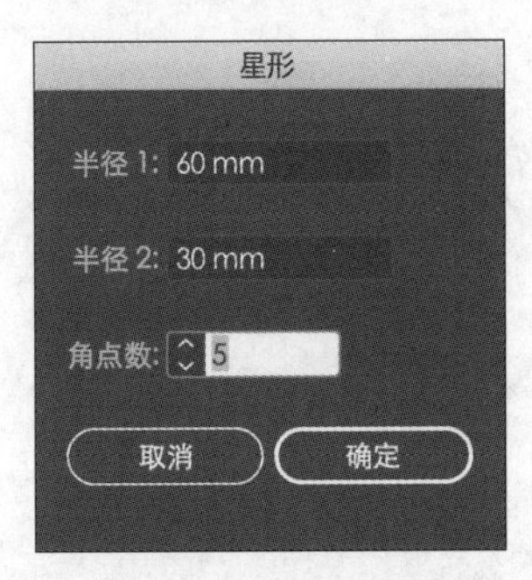

图 3-22 “星形”对话框

图 3-23 星形绘制效果

- 半径 1：指定从星形中心到星形最外侧点（顶端）的距离。
- 半径 2：指定从星形中心到星形最内侧点（凹处）的距离。
- 角点数：可以定义所绘制星形图形的角点数。

4. 橡皮擦工具组

橡皮擦工具组中包含三种工具，即“橡皮擦工具”“剪刀工具”“刻刀”，如图 3-24 所示。这些工具主要用于擦除、切断路径。

图 3-24 橡皮擦工具组

1）橡皮擦工具

“橡皮擦工具”可以快速地擦除已经绘制单个路径或是成组的图形。在使用“橡皮擦工具”时，单击工具箱中的“橡皮擦工具”按钮或使用快捷键 Shift+E,在要擦除的位置上按住鼠标左键进行拖动,即可擦除光标移动范围以内的所有路径,如图 3-25 所示。

使用“橡皮擦工具”时按住 Shift 键可以沿水平、垂直或者斜 45°角进行擦除。按住 Alt 键可以以矩形的方式进行擦除。按住 Shift+Alt 组合键可以以正方形的方式进行擦除。

双击工具箱中的“橡皮擦工具”按钮,弹出“橡皮擦工具选项”对话框,可在该对话框中进行相应的设置,然后单击“确定”按钮,如图 3-26 所示。

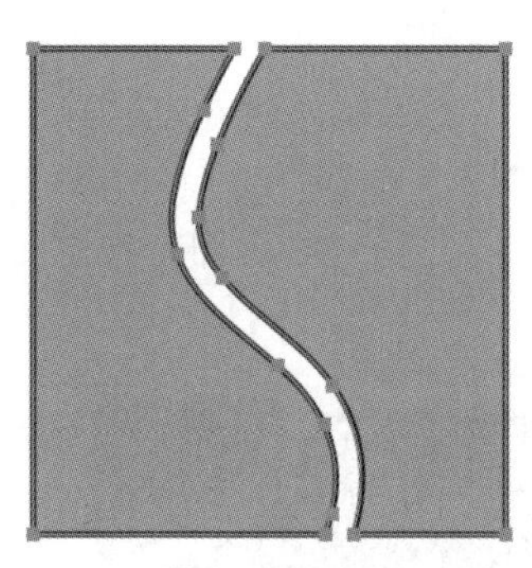
图 3-25　橡皮擦工具擦除效果

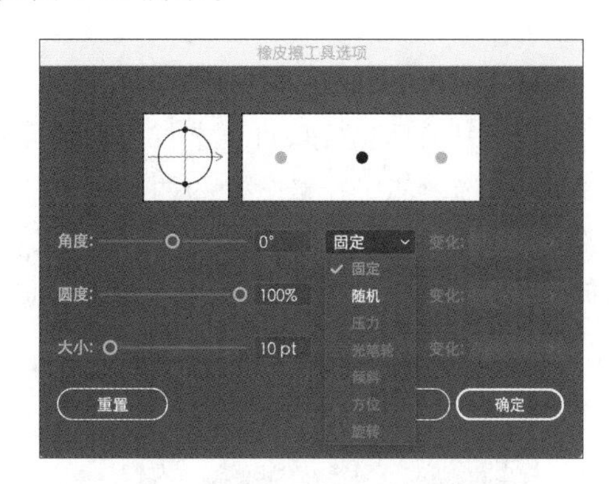

图 3-26　“橡皮擦工具选项”对话框

- 角度:调整该选项中的参数,确定此工具旋转的角度。拖移预览区中的箭头,或在“角度”文本框中输入一个值。
- 圆度:调整该选项中的参数,确定此工具的圆度。将预览中的黑点或向背离中心的方向拖移,或者在“圆度”文本框中输入一个值,该值越大,圆度就越大。
- 大小:调整该选项中的参数,确定此工具的直径。可以使用“大小”滑块,或在“大小”文本框中输入一个值进行调整。

每个下拉列表中的选项可以控制此工具的形状变化,可选择以下选项之一。

- 固定:选中该选项,可以使用固定的角度、圆度或直径。
- 随机:选中该选项,可以使用角度、圆度或直线随机变化。在“变量”文本框中输入一个值,来指定画笔特征的变化范围。
- 压力:选中该选项,可以根据绘画光笔的压力使角度、圆度或直径发生变化。
- 光笔轮:选中该选项,可以根据光笔轮的操作使直径发生变化。
- 倾斜:选中该选项,可以根据绘画光笔的倾斜使角度、圆度和直径发生变化。
- 方位:选中该选项,可以根据绘画光笔的方位使角度、圆度和直径发生变化。
- 旋转:选中该选项,可以根据绘画光笔的压力使角度、圆度和直径发生变化。此选项对于控制书法画笔的角度非常有用,仅当具有可以检测这种旋转类型的图形输入板时,才能使用此选项。

2) 剪刀工具

“剪刀工具”将一条路径分割为两条或多条路径,并且每个部分都具有独立的填充和描边属性。使用“剪刀工具”可以对路径、图形框架或空文本框架进行操作。

单击工具箱中的“剪刀工具”按钮，然后将要进行剪切的位路径选中，在要进行剪切时置上单击，当前锚点分割为两个重叠但是断开的锚点。

在闭合路径上进行操作可以将形状快速切分为多个部分，而且分割处为直线。单击工具箱中的“剪刀工具”按钮，使用“剪刀工具”在形状的路径上单击，即可将路径上单击处分割为两个重叠但是断开的锚点，此时形状变为开放路径。继续在路径的另一处单击，该点被分割为两个重叠但是断开的锚点。而两部分变为两个独立开放的路径，可以进行移动调整编辑操作，如图 3-27 所示。

3）刻刀工具

使用“刻刀工具”可以将一个对象以任意的分割线划分为各个构成部分的表面。单击工具箱中的“刻刀工具”按钮，将要进行剪切的路径选中。使用鼠标沿着要进行裁切的路径进行拖动，被选中的路径被分割为两个闭合的路径，如图 3-28 所示。

在没有选择任何对象时，直接使用“刻刀工具”在对象上进行拖动，即可将光标移动范围以内的所有对象进行分割。

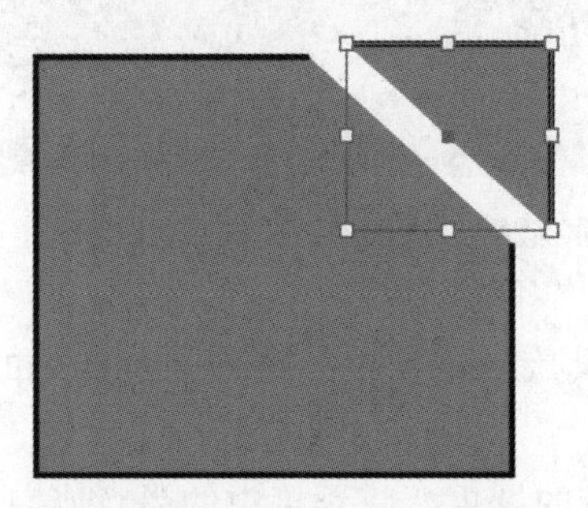

图 3-27　用“剪刀工具”剪切路径

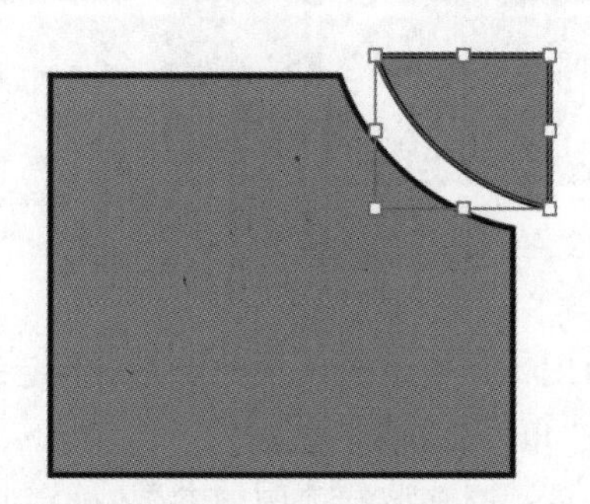

图 3-28　用“刻刀工具”分割路径

3.2.3　实时描摹

实时描摹是控制图像细节级别和填色模式，对图像进行自动描摹，当对描摹结果满意时，可以通过扩展将描摹转换为矢量路径，并可对其路径、锚点进行调整。也就是可以通过实时描摹，将位图图像转换为矢量图形。

1. 置入文件

要描摹图像，首先将位图文件置入 Illustrator。Illustrator CC 支持置入几乎所有常用的图像文件格式，同时，Illustrator CC 也支持将图稿输出为常见的格式，从而能最大限度地与其他软件沟通与合作。

置入文件步骤如下。

（1）执行“文件”|“置入”命令，打开“置入”对话框，如图 3-29 所示。

（2）在“置入”对话框中，单击“选项”中“启用”右侧的下拉箭头，打开如图 3-30 所示的下拉列表，选择要置入的文件格式。可见 Illustrator CC 支持置入的文件格式非常丰富。

图 3-29 Illustrator CC"置入"对话框

如果要链接所选的文件，则选中"链接"复选框，这时选中的文件就会链接而不是嵌入文件中。如果选中"模板"复选框，则置入的文件会出现在一个新的图层中，并被锁定，可用于描摹图形。如果文档中已经存在与所选文件同样的嵌入图像，则可以选中"替换"复选框，使用所选文档替换文档中的嵌入图像。

(3) 单击"确定"按钮，就可置入所选的文件，如图 3-31 所示。

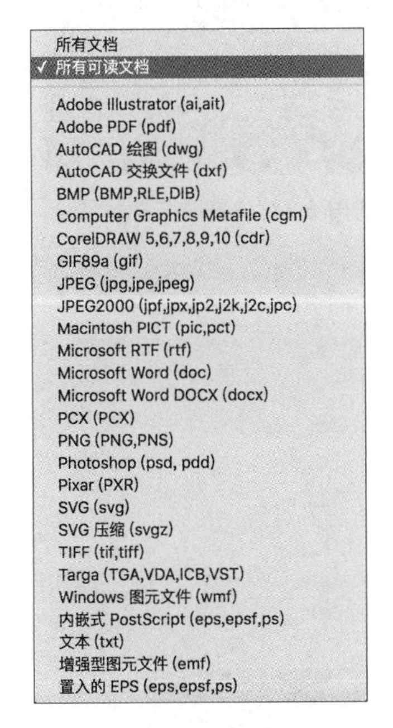

图 3-30 Illustrator CC 支持置入的文件格式

图 3-31 将位图文件置入 Illustrator

2. 快速描摹图稿

首先将位图文件置入 Illustrator，然后单击控制栏中的“图像描摹”按钮，或执行“对象”|“图像描摹”|“建立”命令描摹图稿，如图 3-32 所示，描摹结果如图 3-33 所示。

图 3-32 “图像描摹”命令

图 3-33 描摹结果

描摹完成后可以控制细节级别和填色描摹方式。执行“窗口”|“图像描摹”命令，打开“图像描摹”面板，如图 3-34 所示，可设置描摹选项。

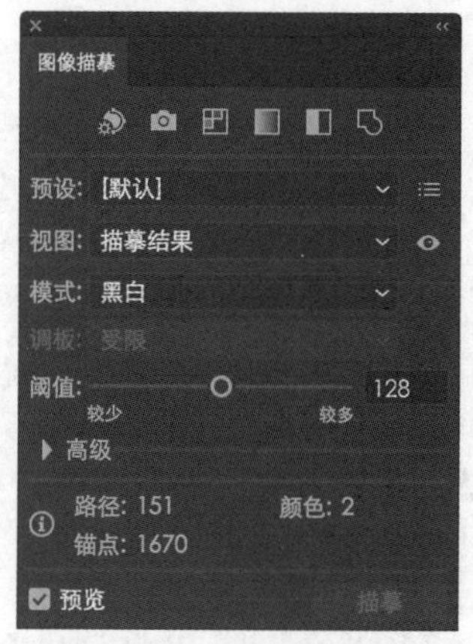

图 3-34 “图像描摹”面板

预设：指定描摹的预设，如图 3-35 所示。包括高保真度照片、低保真度照片、3 色、6 色、16 色、灰阶、黑白徽标、扫描图稿、剪影、线稿图、技术绘图等选项。

视图：指定文档的视图方式，如图 3-36 所示。包括描摹结果、描摹结果（带轮廓）、轮廓、轮廓（带源图像）、源图像等。

模式：指定描摹结果的颜色模式，如图 3-37 所示。包括彩色、灰度、黑白。

调板：指定用于从原始图像生成颜色或灰度描摹的调板。该选项仅在“模式”设置为“颜色”或“灰度”时可用。

阈值：指定用于从原始图像生成黑白描摹结果的值。该选项仅在“模式”设置为“黑白”时可用。所有比阈值亮的像素转换为白色，而所有比阈值暗的像素转换为黑色。

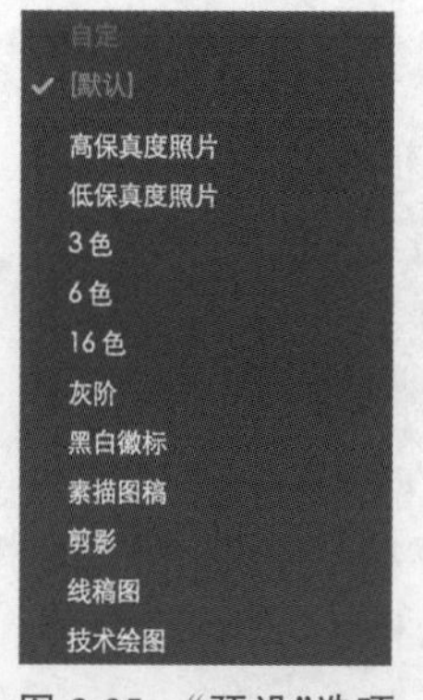

图 3-35 “预设”选项

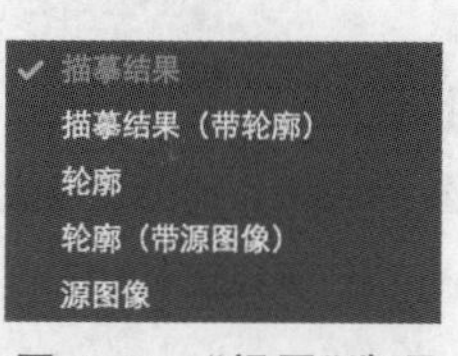

图 3-36 “视图”选项

图 3-37 “模式”选项

3. 将描摹对象转换为路径

选中描摹对象，单击选项栏中的"扩展"按钮或执行"对象"|"实时描摹"|"扩展"命令，可以将描摹对象转换成路径，生成的路径将组合在一起，如图 3-38 所示。

图 3-38　将描摹对象转换成路径

4. 释放描摹对象

执行"对象"|"图像描摹"|"释放"命令可以释放描摹效果，并保留原始置入的图像。

3.2.4　使用符号对象

在 Illustrator 中引入了"符号"这一概念，符号在 Illustrator 中是指在文档中可以重复使用的对象。每个"符号"实例都链接到"符号"面板中的符号或符号库。而将"符号"应用到画面中就需要使用"符号喷枪工具"，可快捷方便地将大量相同的对象添加到画板上。

1. 使用"符号"面板

执行"窗口"|"符号"命令或使用快捷键 Ctrl＋ Shift＋F11，可打开"符号"面板，如图 3-39 所示。在该面板中可以选择不同的符号，还可用于载入符号、创建符号、应用符号以及编辑符号。

符号库菜单：单击即可打开符号库菜单。

置入符号实例：单击即可将选中符号置入到文档中。

断开符号链接：单击即可断开符号与符号库之间的链接。

符号选项：单击即可打开符号选项窗口并进行设置。

新建符号：单击即可将当前所选对象新建为符号。

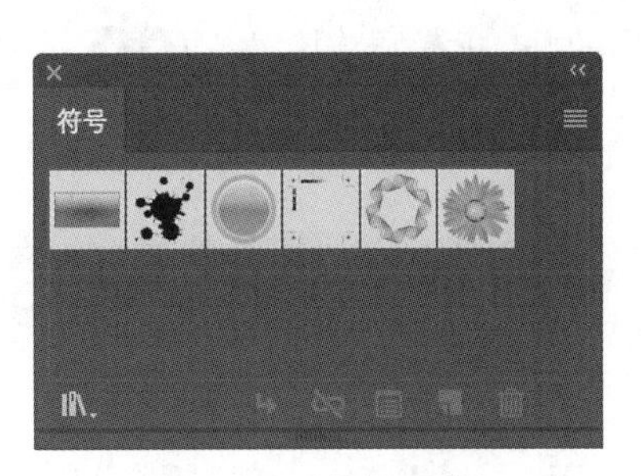

图 3-39　"符号"面板

删除符号 ：单击即可删除所选符号。

1）使用“符号”面板置入符号

在“符号”面板或符号库中可以直接将符号置入到文件中。选中某一符号，单击“置入符号实例”按钮 ，即可将所选择的符号置入到画板中，或者直接将符号拖动到画板的相应位置，如图 3-40 所示。

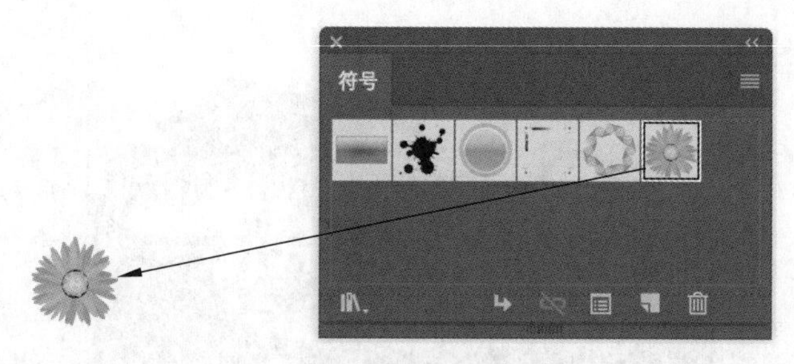

图 3-40　置入符号

2）创建新符号

选中要用作符号的对象，然后单击“符号”面板中的“新建符号”按钮 ，可将图稿直接拖动到“符号”面板中，在弹出的“符号选项”对话框中对新建符号的名称类型等参数进行相应的设置，接着在“符号”面板中会出现一个新符号，如图 3-41 所示。

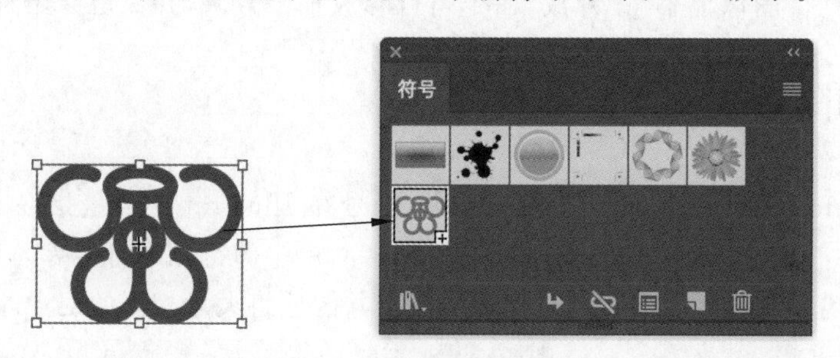

图 3-41　新建符号

3）断开符号链接

在 Illustrator 中符号对象是不能够直接进行路径编辑的，若要编辑符号，需要断开符号链接，将符号转换为可以编辑操作的路径。选择一个或多个符号实例，单击“符号”面板中的“断开符号链接”按钮 ，或从面板菜单中选择“断开符号链接”命令。

2. 使用符号库

符号库是预设符号的集合。在“符号”面板中单击“符号库菜单”按钮 ，可以在弹出的菜单中进行选择，如图 3-42 所示。打开相应的符号库，如图 3-43 所示。单击“加载上/下一个符号库”按钮 ，可以在相邻的符号库之间进行切换。

图 3-42　符号库菜单

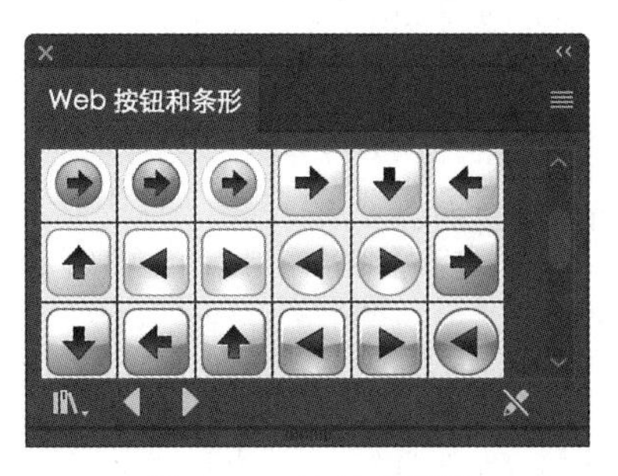

图 3-43　符号库面板

3. 使用符号工具

Illustrator 中的“符号工具组”中包含 8 种工具，如图 3-44 所示。不仅用于将符号置入到画面上，还包括多种用于调整符号间距、大小、颜色、样式的工具等。

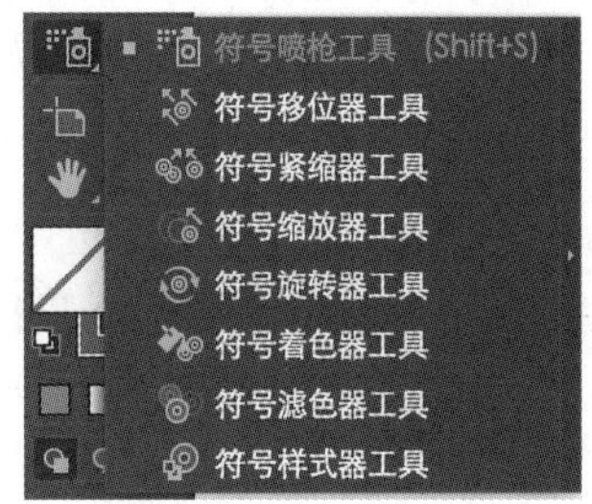

图 3-44　符号工具组

1）符号喷枪工具

使用“符号喷枪工具”可以方便、快捷地将相同或不同的符号实例放置到画板中。

若要创建符号实例，首先在“符号”面板或符号库面板中选择一个符号，如图 3-45 所示，是在“自然”符号库中选择一个符号；单击工具箱中的“符号喷枪工具”按钮，然后在相应位置上单击或拖动鼠标，按住鼠标左键的时间越长，符号的数量就会越多，如图 3-46 所示。

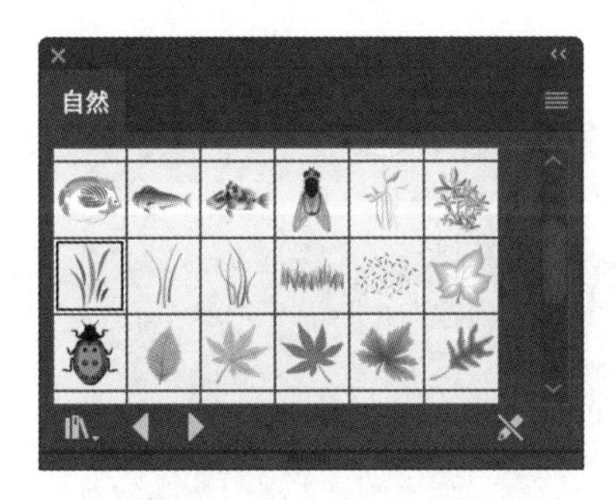

图 3-45　选择一个符号

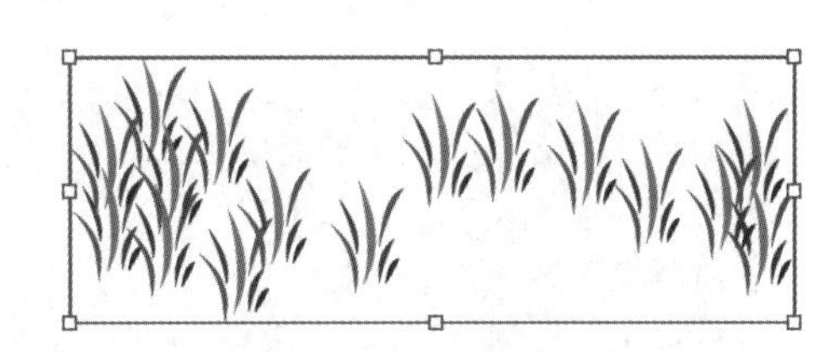

图 3-46　创建符号实例

若要在现有组中添加或删除符号实例，首先在“符号”面板中选择一个符号，然后单击工具箱中的“符号喷枪工具”按钮。在要添加的区域单击或拖动即可添加新符号实例；若删除实例，可按住 Alt 键单击或拖动要删除的实例，即可删除符号实例。

2）符号位移工具

使用“符号移位器工具”可以更改符号组中符号实例的位置和堆叠顺序。

使用“符号移位器工具”移动符号组的符号实例位置，首先需要选中要调整的实例组，单击工具箱中的“符号移位器工具”按钮，单击，并向相应的位置拖动鼠标即可。

若想更改符号的堆叠顺序，要向前移动符号实例，需要按住 Shift 键单击符号实例；要将符号实例排列顺序后置，需要按住 Alt+Shift 组合键并单击符号实例。

3）符号紧缩器工具

“符号紧缩器工具”可以使符号实例更集中或更分散。

4）符号缩放工具

“符号缩放工具”可以调整符号实例的大小。

5）符号旋转工具

“符号旋转工具”可以旋转符号实例。

6）符号着色工具

“符号着色工具”可以将文档中所选的符号进行着色。

7）符号滤色器工具

“符号滤色器工具”可以改变文档中所选符号的不透明度。

8）符号样式工具

“符号样式工具”可以配合“图形样式”面板在符号实例上添加或删除图形样式。

3.2.5 图形绘制案例

下面结合一个 LOGO 绘制，讲解 Illustrator CC 制作图形的具体流程和方法。

1. 绘制图形

(1) 打开 Adobe Illustrator CC，执行“文件”|“新建”命令，弹出“新建文档”对话框，如图 3-47 所示。

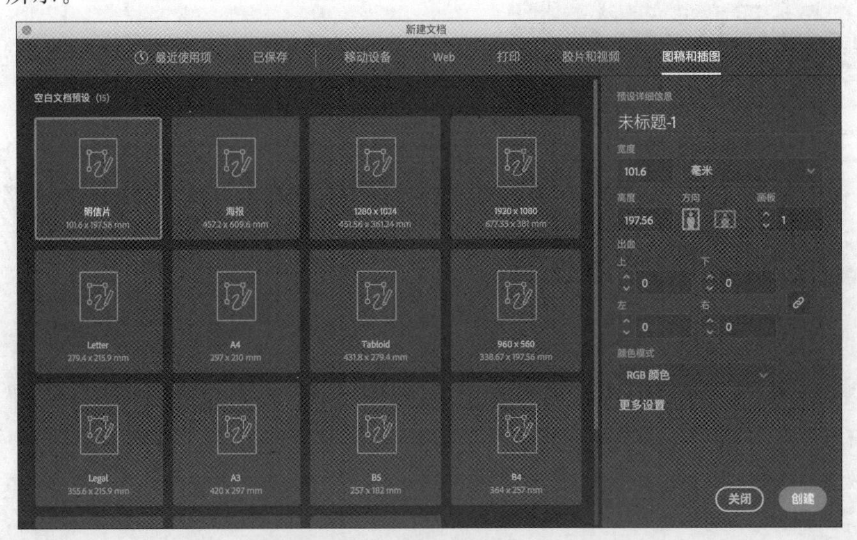

图 3-47 “新建文档”对话框

在该对话框中，可以设置新文档的各个选项，其中：

- 可选择移动设备、Web、打印、视频和胶片、图稿和插图等配置文件。
- “名称”文本框中可输入文档的名称，如“logo”。
- 宽度和高度：用以指定文档的尺寸。
- 方向：指定画板的方向，有纵向和横向两种选择。
- 画板数量：指定文档的画板数，以及它们在屏幕上的排列顺序。
- 出血：指定画板每一侧到纸张边的空白距离，如果要对不同的侧面使用不同的值，则需要单击“锁定”按钮。
- 颜色模式：分为 RGB 颜色和 CMYK 颜色两种模式。如果图形用于屏幕显示，可选择 RGB 颜色模式，用于印刷则可选择 CMYK 颜色模式。

此时各选项的设置如图 3-48 所示，如果要设置更多选项，可单击“更多设置”按钮，弹出“更多设置”对话框，进行设置，如图 3-49 所示。然后单击“创建”按钮（或“创建文档”按钮），即可新建一个文档。

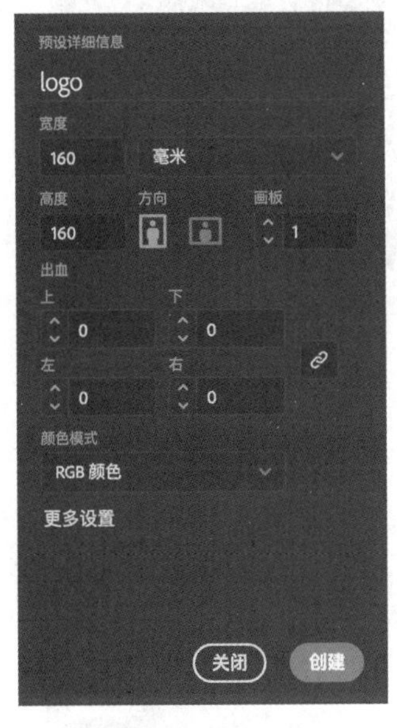

图 3-48　选项设置

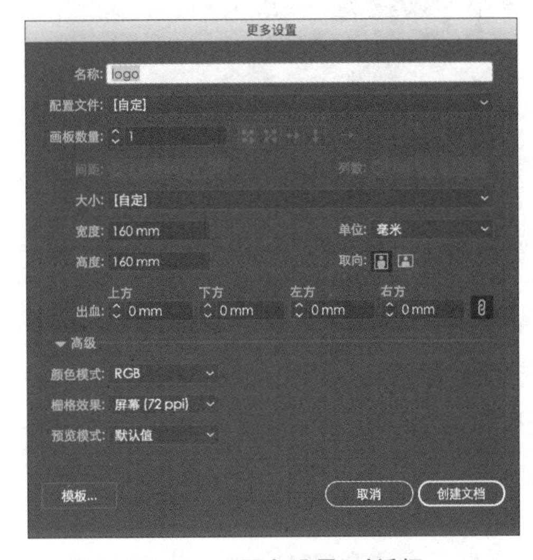

图 3-49　“更多设置”对话框

(2) 单击工具栏中的椭圆工具按钮，如果显示的是矩形工具，则按下鼠标光标等一会儿，弹出如图 3-50 所示的一组绘制图形工具，选择即可。

(3) 在画板中拖动鼠标，创建一个椭圆，如图 3-51 所示。

(4) 单击面板堆栈的“色板”按钮，或执行“窗口”|“色板”命令，弹出“色板”面板，如图 3-52 所示，设置填充为“无”，描边为红色。

(5) 单击面板堆栈的“描边”按钮，或执行“窗口”|“描边”命令，弹出“描边”面板，如图 3-53 所示，设置粗细为“10pt”。此时椭圆变为如图 3-54 所示的效果。

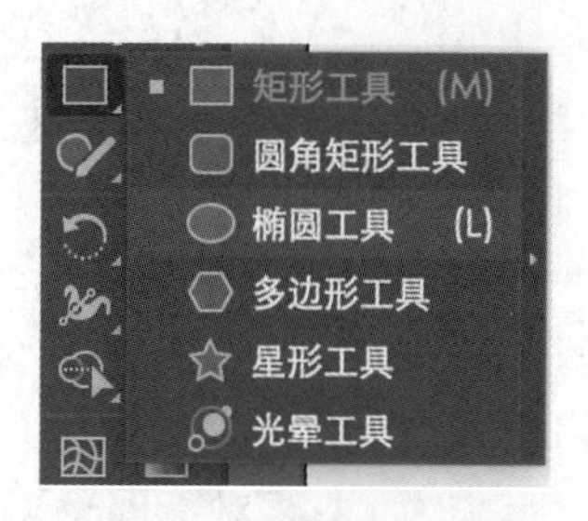

图 3-50　绘制图形工具

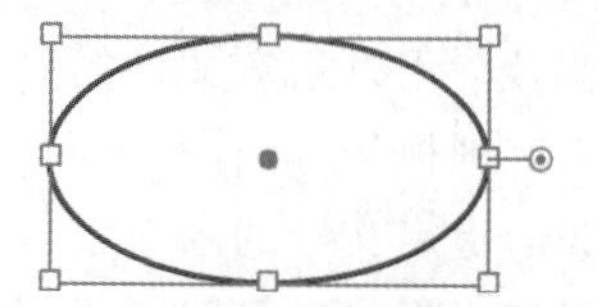

图 3-51　绘制椭圆

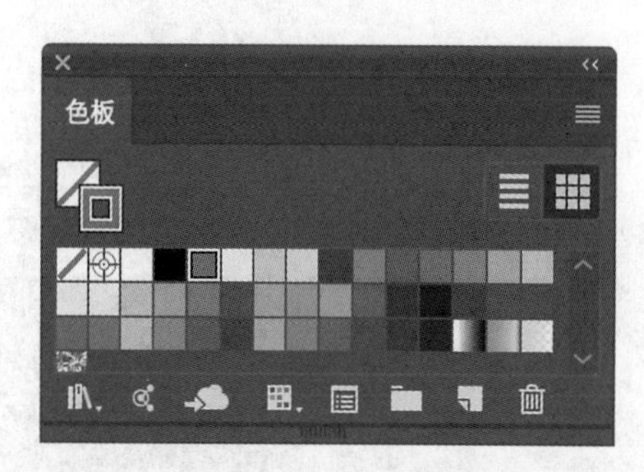

图 3-52　“色板”面板

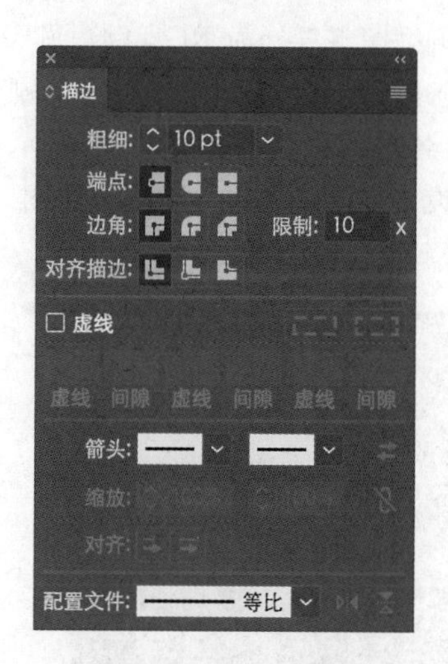

图 3-53　“描边”面板

（6）单击工具箱中的“直接选择工具”按钮，选择椭圆最下边的一个锚点，并向上拖动对椭圆的形状进行调整，如图 3-55 所示。

（7）单击工具箱中的“直线段工具”按钮，按 Shift 键，在椭圆下方向下拖动鼠标，画出一条垂直线段，然后同椭圆一样设置描边属性，此时效果如图 3-56 所示。

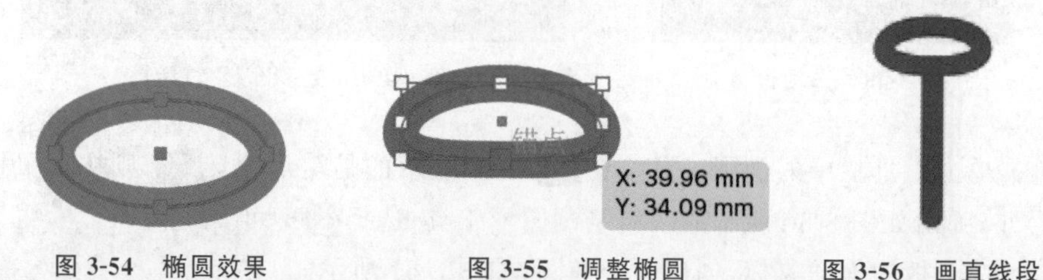

图 3-54　椭圆效果　　图 3-55　调整椭圆　　图 3-56　画直线段

（8）单击工具箱中的“椭圆工具”按钮，按 Shift 键，拖动鼠标，创建一个圆。按住 Shift 键，然后单击创建的这三个图形，会同时选中三个图形。这时控制栏中会出现“对齐”按钮对齐，单击该按钮，弹出“对齐”面板，如图 3-57 所示，选择“水平居中对齐”方式，此时效果如图 3-58 所示。

（9）单击工具箱中的“椭圆工具”按钮，将鼠标移到画板中单击鼠标，会弹出“椭

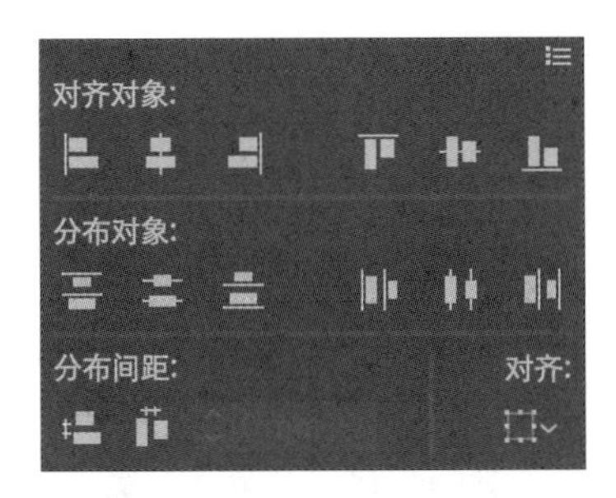

图 3-57 “对齐”面板

图 3-58 对齐效果

圆”对话框，如图 3-59 所示，“宽度”和“高度”都设置为 20mm，单击“确定”按钮在画板中创建一个圆。

（10）单击工具箱中的“添加锚点工具”按钮，在新建圆路径的右上角添加两个锚点，如图 3-60 所示。

（11）单击工具箱中的“直接选择工具”按钮，选中刚添加的第一个锚点，按 Delete 键将其删除，这样圆就断开了，如图 3-61 所示。

（12）在“描边”面板中单击“圆头”按钮，将“端点”设置为圆头，如图 3-62 所示。

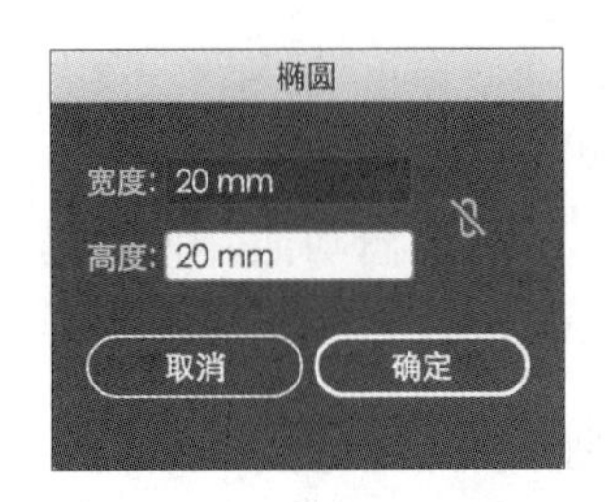

图 3-59 “椭圆”对话框

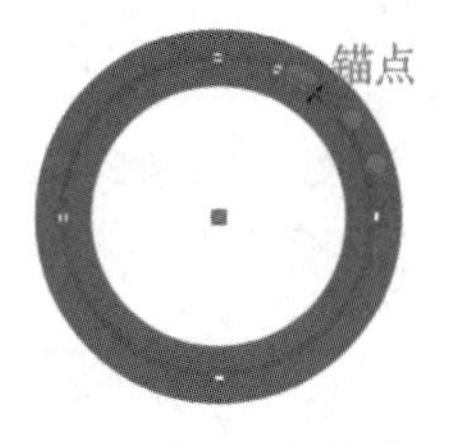

图 3-60 添加锚点

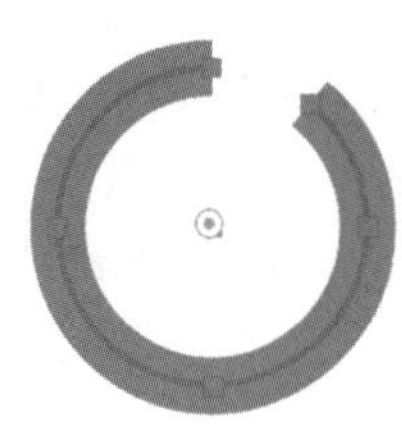

图 3-61 断开圆

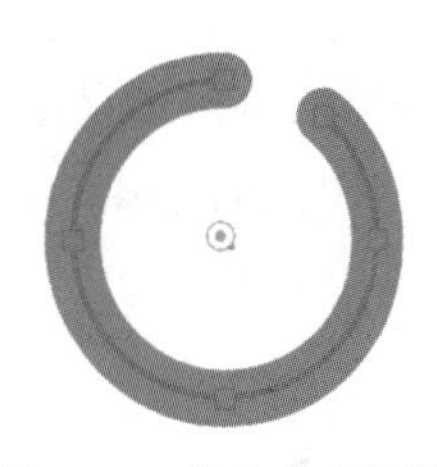

图 3-62 端点设为圆头

（13）再按上下左右 4 个方向键，将其移动到如图 3-63 所示位置。

（14）用类似的方法再创建并编辑一个小一些的圆，“宽度”和“高度”都设置为 16mm，如图 3-64 所示。调整小圆的位置，完成后的效果如图 3-65 所示。

图 3-63 调整圆的位置

图 3-64 绘制小圆

图 3-65 调整小圆的位置

（15）按 Shift 键，同时选择后面创建的这两个圆，执行“对象”|“变换”|“对称”命令，弹出“镜像”对话框，如图 3-66 所示，单击“复制”按钮，会复制出两个镜像的圆，调整其位置，最终的效果如图 3-67 所示。

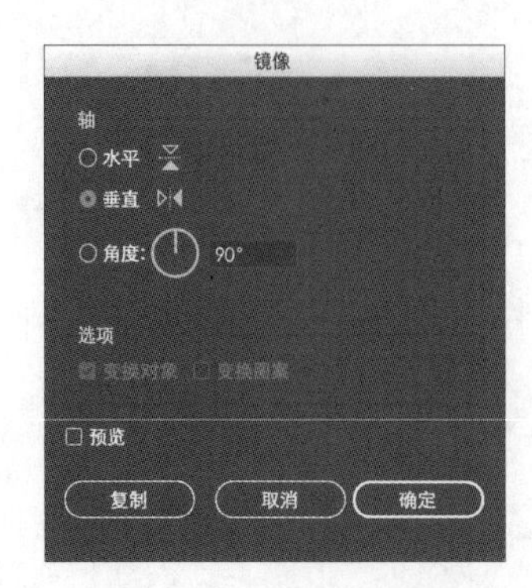

图 3-66 “镜像”对话框

图 3-67 最终的 Logo 效果图

2. 存储作品

Illustrator CC 可以将图稿存储为“本机格式”和“非本机格式”。

本机格式指的是 4 种基本文件格式：AI、PDF、EPS 和 SVG，这些格式可以保留所有 Illustrator 数据。执行“文件”|“存储”或“文件”|“存储为”命令，可以将图稿存储为本机格式，其文件格式选项如图 3-68 所示。

非本机格式是转换过的格式，是一个单向的过程。执行“文件”|“导出”|“导出为”命令，可以将图稿存储为非本机格式，其文件格式选项如图 3-69 所示。以“非本机格式”存储的图稿，在 Illustrator 中重新打开时，将无法使用原来的 Illustrator 编辑功能，因此，建议在创建图稿时以 AI 格式存储，直到创建完成再输出为其他所需格式。

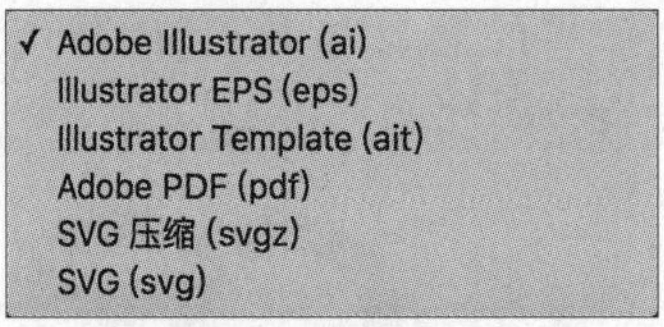

✓ Adobe Illustrator (ai)
Illustrator EPS (eps)
Illustrator Template (ait)
Adobe PDF (pdf)
SVG 压缩 (svgz)
SVG (svg)

图 3-68 本机格式

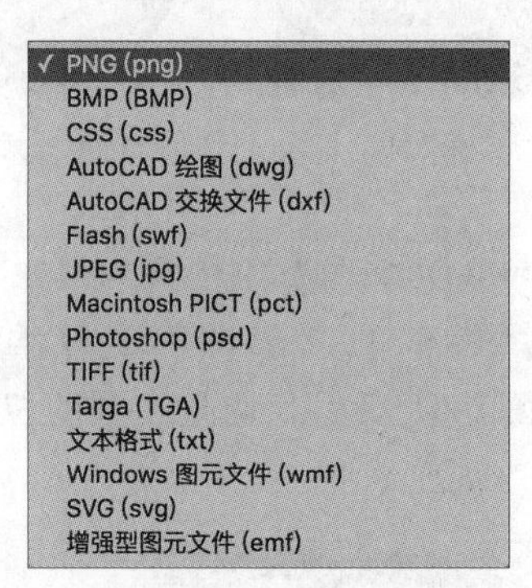

图 3-69 非本机格式

以 Illustrator 本机格式存储文件的具体步骤如下。

(1) 执行“文件”|“存储为”命令，打开“存储为”对话框，如图 3-70 所示。

(2) 在对话框中选择要保存文件的文件夹，输入文件名“Logo”，选择保存的文件类型为 Adobe Illustrator AI(AI)。

(3) 设置完毕单击“存储”按钮，弹出“Illustrator 选项”对话框，如图 3-71 所示。

下面简要介绍几个重要选项。

• “版本”：在列表中指定文件存储的兼容 Illustrator 版本。注意旧版本可能不支持

图 3-70 “存储为”对话框

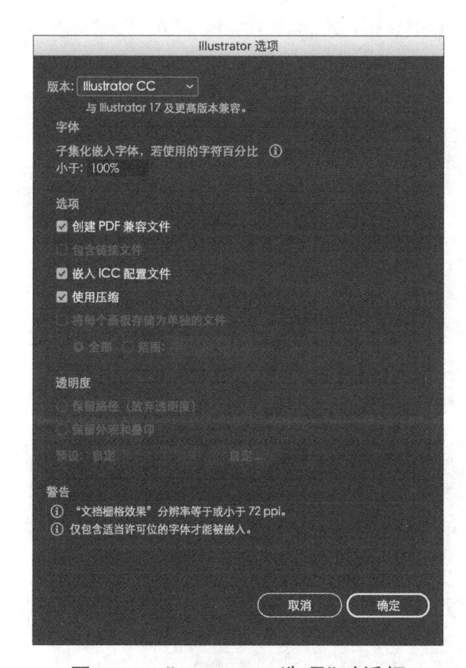

图 3-71 “Illustrator 选项”对话框

当前版本的某些功能，因此如果选择当前版本以外的版本时，某些存储选项将不可用，并且一些数据会被更改，所以务必阅读对话框底部的警告。

- “创建 PDF 兼容文件”：选中此选项会在 Illustrator 文件中存储文档的 PDF 演示，如果希望 Illustrator 文件与其他 Adobe 应用程序兼容，则选择此选项。

- “使用压缩”：选中该复选项，会在 Illustrator 文件中压缩 PDF 数据，但这会增加存储文档的时间。
- “透明度”：确定当选择早于 9.0 版本的 Illustrator 格式时处理透明对象的方式。选择“保留路径”可放弃透明度效果，并将透明度图稿重置为 100%不透明度和“正常”混合模式。选择“保留外观和叠印”可保留与透明对象不相互影响的叠印，与透明对象相互影响的叠印将拼合。

(4) 单击“确定”按钮，完成存储文件。

3. 存储为 EPS 格式

EPS(Encapsulated PostScript，封装 PostScript)格式是一种通用格式，几乎所有页面版式、文字处理和图形应用程序都接受导入或置入封装的 EPS 文件。EPS 文件能够保留许多使用 Illustrator 创建的图形元素，这样就可以重新打开 EPS 并作为 Illustrator 文件对其进行编辑。将图稿存储为 EPS 格式步骤如下。

(1) 如果图稿包含透明度(包括叠印)，并要求以高分辨率输出，则执行“窗口”|“拼合器预览”命令，以预览拼合效果。

(2) 执行“文件”|“存储为”或“文件”|“存储副本”命令，打开“存储为”对话框。输入文件名，并选择要存储文件的位置。

(3) 选择 Illustrator EPS(eps)文件格式，然后单击“存储”按钮，打开“EPS 选项”对话框，如图 3-72 所示。

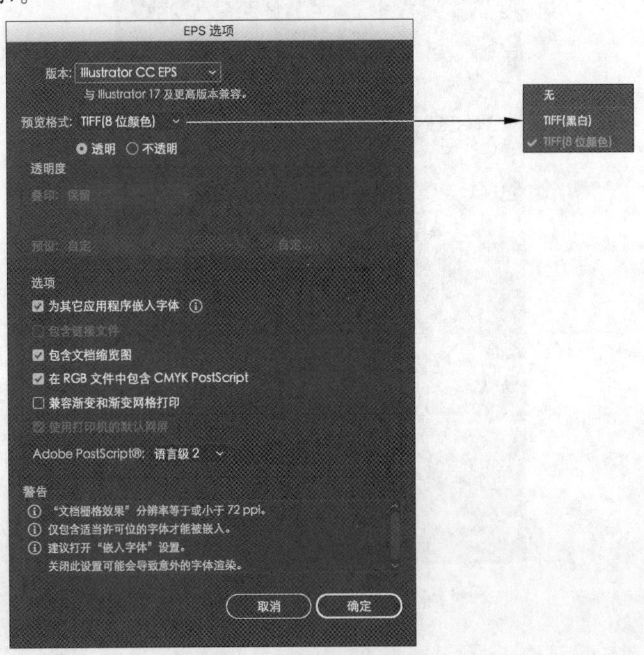

图 3-72 “EPS 选项”对话框

下面简要介绍其中的几个重要选项。

- “预览格式”：确定存储在文件中的预览图像的特征。预览图像在不能直接显示

EPS 图稿的应用程序中显示。如果不希望创建预览图像，则从“格式”菜单中选择“无”；否则，请选择黑白或颜色格式。如果选择 TIFF（8 位颜色）格式，则需要为预览图像选择背景选项：选择“透明”则生成透明背景，选择“不透明”则生成背景。如果 EPS 文档要用于 Microsoft Office 应用程序中使用，则选择“不透明”。

- “为其他应用程序嵌入字体”：嵌入所有从字体供应商获得相应许可的字体。嵌入字体可以确保如果文件置入到另一个应用程序，则将显示和打开原始字体，但如果在没有安装相应字体的计算机上的 Illustrator 中打开该文件，将仿造或替换该字体，这样做的目的是为了防止非法使用嵌入字体。
- “在 RGB 文件中包含 CMYK PostScript”：允许从不支持 RGB 输出的应用程序打印 RGB 颜色文档，在 Illustrator 中重新打开 EPS 文件时，将保留 RGB 颜色。
- 单击“确定”按钮，完成存储文件。

4. 导出作品

Illustrator CC 可以将作品导出为多种格式，供在 Illustrator 以外使用。这些文件格式包括 AutoCAD 绘图和 AutoCAD 交换文件、BMP、GIF、JPEG、PICT、SWF、PSD、PNG、WMF 等。默认格式为 PNG 格式，它是一种无损压缩的位图格式，压缩比高，生成文件体积小，被广泛应用于 Java 程序及网页中。

导出作品的具体步骤如下。

（1）执行“文件”|“导出”|“导出为”命令，弹出“导出”对话框，如图 3-73 所示。

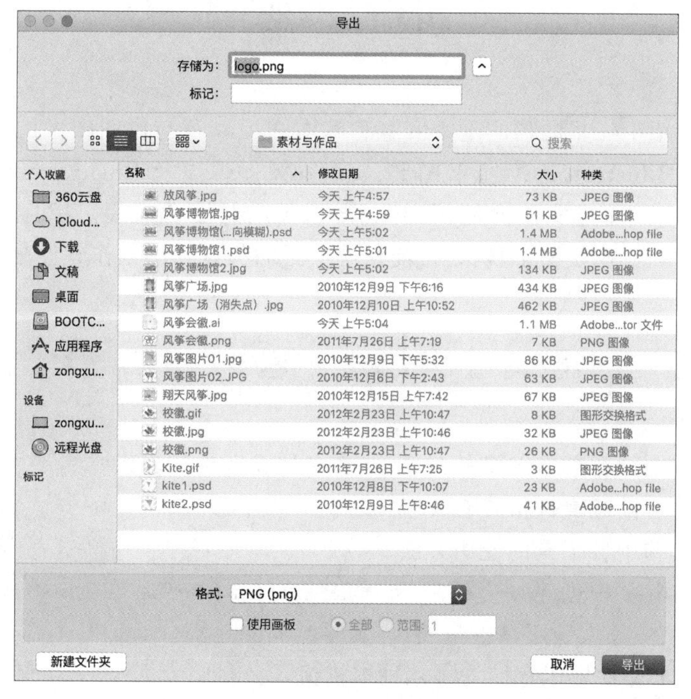

图 3-73 “导出”对话框

（2）在“导出”对话框中选择要导出的位置、输入文件名、选择保存类型。

（3）单击“导出”按钮，弹出“PNG 选项”对话框，如图 3-74 所示。

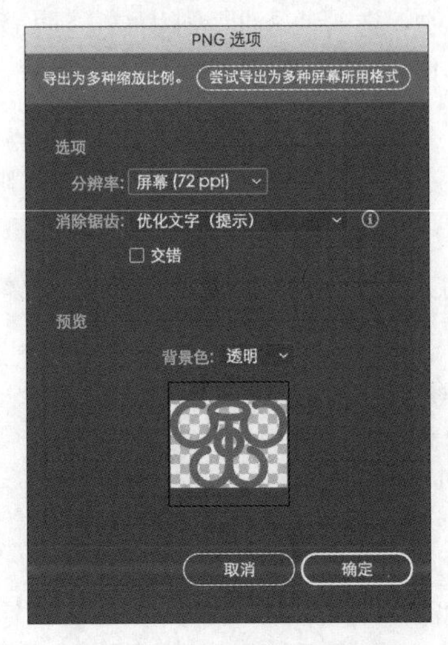

图 3-74 “PNG 选项”对话框

（4）在所选格式对话框中设置各选项，然后单击“确定”按钮。

至此，完成了用 Illustrator CC 对一个 Logo 的设计和制作。

小　　结

本章首先介绍了矢量图形的基本概念和基本知识以及与位图图像的区别和联系，然后分别介绍了用 Illustrator CC 绘制图形、实时描摹图像以及 Illustrator CC 符号对象的使用的基本方法，并通过实例介绍了 Illustrator CC 的综合应用。Illustrator 是由美国 Adobe 公司推出的专业绘图工具，是目前使用广泛的矢量图形制作软件之一。

习　　题

1. 简述数字图形和数字图像的概念，二者有什么区别和联系？
2. 常用的图形图像文件格式有哪些？
3. 简述工具箱中各工具的使用方法。
4. 在 Photoshop 中创建一个圆，并导入 Illustrator 中，然后在 Illustrator 中绘制一个同样大小的圆，使用放大镜工具尽量放大，观察圆周的差别。
5. Illustrator 文件可以存储为哪几种本机格式？存储为 EPS 文件有什么优点？
6. Illustrator 可以导出的文件格式有哪些？
7. 选择自己的一幅图像进行描摹，转换为矢量图。

第4章

数字声音与制作(Audition)

本章学习目标

- 了解数字音频的基础知识。
- 掌握用 Audition CC 进行声音处理的基本方法。
- 掌握 Audition CC 进行声音编辑的操作方法与技巧。
- 掌握 Audition CC 中常用效果器的使用。
- 掌握利用 Audition CC 制作混音文件的操作方法与技巧。
- 能够根据需要,利用音频制作软件 Audition CC 制作所需的声音文件。

4.1 数字声音基础知识

4.1.1 声音的三要素

声音是由物体振动产生的,是通过介质传播并能被人或动物的听觉器官所感知的波动现象。声音可由三个要素来描述,即音调、响度和音色。

1. 音调

人耳对声音高低的感觉称为音调。音调主要与声波的频率有关。频率低的音调给人以低沉、厚实、粗犷的感觉,而频率高的音调给人以亮丽、明快、尖刻的感觉。比如当我们分别敲击一个小鼓和一个大鼓时,会感觉它们所发出的声音不同。小鼓被敲击后振动频率快,发出的声音比较清脆,即音调较高;而大鼓被敲击后振动频率较慢,发出的声音比较低沉,即音调较低。

音调的频率单位为赫兹(Hz),人耳可听声范围为 20~20kHz。20Hz 以下称为次声波,20kHz 以上称为超声波,这两种声波不能被人耳感知。

在日常生活中对音调的最直观感受是"唱不上去了""跑调了"。

2. 响度

响度又称音量,是人耳对声音强弱的主观感觉,以分贝(dB)为单位。响度和声波振动的幅度有关。声波的振幅是指振动物体离开平衡位置的最大距离。一般说来，声波振动幅度越大则响度也越大。当我们用较大的力量敲鼓时，鼓膜振动的幅度大，发出的声音响；轻轻敲鼓时，鼓膜振动的幅度小，发出的声音弱。

在人耳可听声的频率范围(20～20kHz)里，人耳可感知的声音幅度大约为0～120dB。

3. 音色

音色是人耳在主观感觉上区别相同响度和音高的两类不同声音的主观听觉特征，或者说是人耳对各种频率、各种强度的声波的综合反应。

音色与声音的频谱结构有关。在组合声音信号的一系列分量信号音波中，最低频的音波称为基音，其余音波称为泛音。如果各个泛音的频率是基音频率的整数倍，则泛音可称为谐音。若声音是由基音和各谐音组成的，波形是有规律的随时间呈周期性的变化，即频谱结构呈现有规律的变化，则这种声音听起来和谐悦耳，反之，噪声会使人烦躁。

声音的音色是由混入基音的泛音所决定的，如果中高泛音丰富音色就明亮，反之音色就暗淡。不同的乐器、不同人的语音音色不同。

4.1.2 声音的质量标准

声音的质量，是指经传输、处理后音频信号的保真度。目前，业界公认的声音质量标准分为以下4级。

- 数字激光唱盘CD-DA质量，其信号带宽为10Hz～20kHz。
- 调频广播FM质量，其信号带宽为20Hz～15kHz。
- 调幅广播AM质量，其信号带宽为50Hz～7kHz。
- 电话的话音质量，其信号带宽为200～3400Hz。

其中，数字激光唱盘的声音质量最高，电话的话音质量最低。声音的类别特点不同，音质要求也不一样。例如，语音音质保真度主要体现在清晰、不失真；乐音的保真度要求较高，营造空间声像，主要体现在用多声道模拟立体环绕声，或用虚拟双声道创建3D环绕声等方法，再现原来声源的一切声像。

除了频率范围外，人们往往还用其他方法和指标来进一步描述不同用途的音质标准。对模拟音频来说，再现声音的频率成分越多，失真与干扰越小，声音保真度越高，音质也越好。如在通信科学中，声音质量的等级除了用音频信号的频率范围，还用失真度、信噪比等指标来衡量。对数字音频来说，再现声音频率的成分越多，误码率越小，音质越好。通常用声音信息的数据量来衡量，声音信息的数据量越大，声音保真度就越高，音质就越好。

4.1.3 声音信息的数据量

数字声音的质量取决于采样频率、量化位数和声道数三个因素，确定这三个因素的数据量就可以计算出声音信息的数据量，其计算公式为：

$$S = R \times r \times N \times D/8$$

其中：

S：表示文件的大小，单位是 B。

R：表示采样频率，单位是 Hz。

r：表示量化位数，单位是 b。

N：表示声道数。

D：表示录音时间，单位是 s。

4.1.4 音频文件的常用格式

1. 波形音频文件(.wav)

WAV 格式是由微软公司推出的一种音频文件格式，用于保存计算机上的音频信息，支持多种音频数位、声道和采样频率。由于 Windows 的影响力，这个格式也是目前广泛流行的音频文件格式，基本所有的音频编辑软件都支持 WAV 格式。

2. MPEG 压缩音频文件(.mp3)

MP 3 格式开发于 20 世纪 80 年代的德国，全称是 MPEG Audio Player 3，也就是指 MPEG 中的音频部分，即所谓的音频层。根据不同的压缩质量和编码处理可分为 3 层，分别是 MP1、MP2、MP3 声音文件。它采用高音频、低音频两种不同的有损压缩模式，需要注意的是，MP3 格式的压缩是采用保留低音频和高压高音频的有损压缩，具有 10∶1～12∶1 的高压缩率，MP3 格式文件尺寸小、音质好，这使得 MP3 迅速流行起来。

3. Real Audio 音频文件(.rm/.ra)

这种格式的音频文件是最常用的流媒体文件。它是由 RealNetworks 公司发明的，特点是可以在非常低的带宽下提供足够好的音质让用户能在线聆听。用户可以用流媒体播放器(如 Real Player)边下载边收听，下载几秒的内容临时存放到缓冲区内，并在继续下载的同时播放缓冲区中的内容。

4. WMA 格式

WMA 格式是微软公司推出的一种音频格式，音质强于 MP3 格式，该格式是以减少整个数据流量来保证音质以提高压缩率的，它的压缩率一般能达到 18∶1 左右，适合网络在线播放。其另一个优点是具有版权保护，从而限制其播放时间及次数，而且最方便的是 Windows 系统可直接播放 WMA 格式的音频文件，方便快捷，成为更受欢迎的音频格式之一。

5. MIDI 声音

MIDI(Musical Instrument Digital Interface) 声音是一种合成声音，用 C 或 BASIC 语言将电子乐器演奏时的按键动作变成描述参数记录下来，形成 MIDI 文件。MIDI 文件比数字波形文件所需的存储空间小得多。

4.2 Audition 基础

4.2.1 Audition 简介

Adobe Audition(简称 Au)是 Adobe 公司开发的,为音频和视频专业人员而设计的一款专业的音频编辑软件。该软件提供了先进的音频混音、编辑、控制和效果功能。

1997 年 9 月 5 日,美国 Syntrillium 公司正式发布了一款多轨声音制作软件,名为 Cool Edit Pro,取“专业酷炫编辑”之意,随后 Syntrillium 不断对其升级完善,陆续发布了一些插件,丰富着 Cool Edit Pro 的声效处理功能,并使它支持 MP3 格式的编码和解码,支持影视素材和 MIDI 播放,并兼容了 MTC 时间码,另外还添加了 CD 刻录功能,以及一批新增的实用声音处理功能。从 Cool Edit Pro 2.0 开始,这款软件在欧美业余音乐界已经颇为流行,并开始被我国的广大多媒体玩家所注意。

2003 年 5 月,为了填补公司产品线中声音编辑软件的空白,Adobe 向 Syntrillium 收购了 Cool Edit Pro 软件的核心技术,并将其改名为 Adobe Audition,版本号为 1.0。从 1.5 版开始,支持专业的 VST 插件格式。后来,Adobe 对软件的界面结构和菜单项目做了较多的调整,使它变得更加专业。

Adobe Audition 定位于专业数字声音的制作,着重于专业声音编辑和混合环境。它专为在广播设备和后期制作设备方面工作的声音、影视专业人员设计,提供了先进的混音、编辑、控制和效果处理功能。最多混合声音达到 128 轨,也可以编辑单个声音文件,创建回路并可使用 45 种以上的数字信号处理效果。Adobe Audition 是个完善的“多音道录音室”,工作流程灵活,使用简便。无论是录制音乐、制作广播节目,还是配音,Adobe Audition 均可提供充足动力,创造最高质量的丰富、细微的音响。该软件几乎支持所有的数字声音格式,功能非常强大,可以以前所未有的速度和控制能力录制、混合、编辑和控制声音,创建音乐,录制和混合项目,制作广播点,整理电影的制作声音,或为影视游戏设计声音。

2013 年,Adobe 公司将版本系列改为 CC。

Audition CC 工作界面

4.2.2 Audition CC 工作界面

Adobe Audition CC 有波形和多轨两个不同的窗口。波形窗口只有一个音频轨道,所以也称单轨编辑窗,可以在其中对单个的音频文件精确地剪辑与处理,其结果保存为单个音频文件;而多轨合成窗可以在不破坏原音频的情况下,将多个音频素材和 MIDI 素材进行混合、编辑、调整、平衡,插入或发送效果器等处理,也可以进行多条轨道的录音,还可以对影视片段进行配音。

第一次启动 Audition CC 打开的是单轨道的波形窗口,如图 4-1 所示。

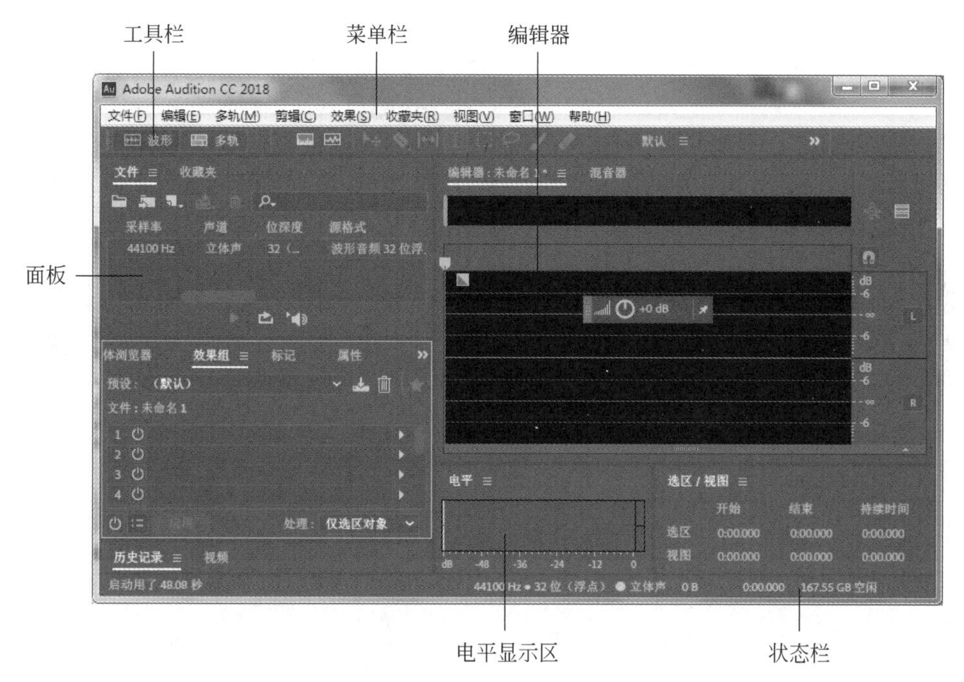

图 4-1　Audition CC 的单轨编辑界面

AuditionCC 的窗口由菜单栏、工具栏、面板、编辑器、电平显示区和状态栏组成。

1. 菜单栏

菜单栏包括“文件”“编辑”“多轨”“剪辑”“效果”“收藏夹”“视图”“窗口”和“帮助”9 个菜单选项，其中，下拉菜单里显示可进行的操作命令。黑色字体表示当前状态下可用，灰色则表示当前状态下不可用。

2. 工具栏

工具栏的最左侧是两个工程模式按钮 波形 多轨，分别是波形编辑器和多轨编辑器，可以分别通过单轨模式和多轨模式进行声音编辑。工具栏中还有一些工具按钮，可以根据模式不同进行选择使用。

3. 面板组

工作界面的左面部分是 Audition CC 的面板组，包括各种常用的面板，如图 4-2 和图 4-3 所示。

面板可以设定为“浮动面板”，在面板标题上单击鼠标左键，在快捷菜单中选择操作，如图 4-4 所示；如果想将面板从浮动面板恢复原状，只需在文件标题上按住鼠标左键，拖动到合适的位置松开鼠标即可。

面板组中的面板可以通过“窗口”菜单，根据需要对面板进行勾选或取消，如图 4-5 所示。

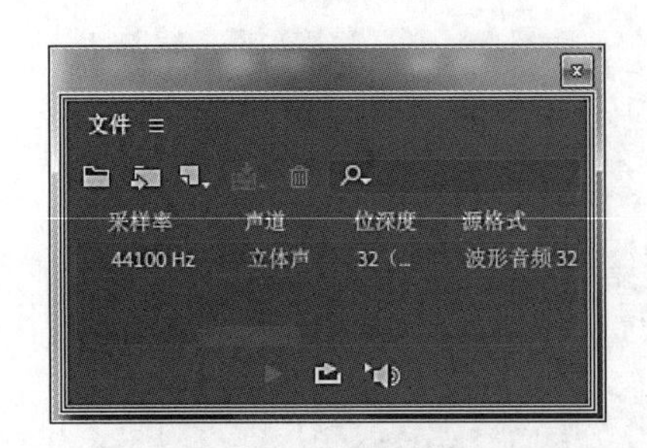

图 4-2 “文件”面板

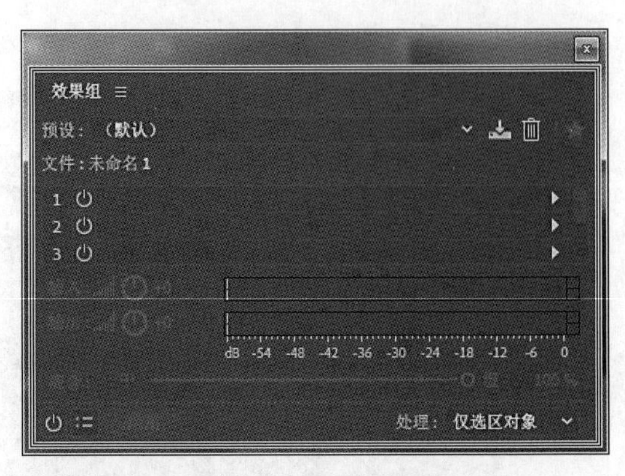

图 4-3 “效果组”面板

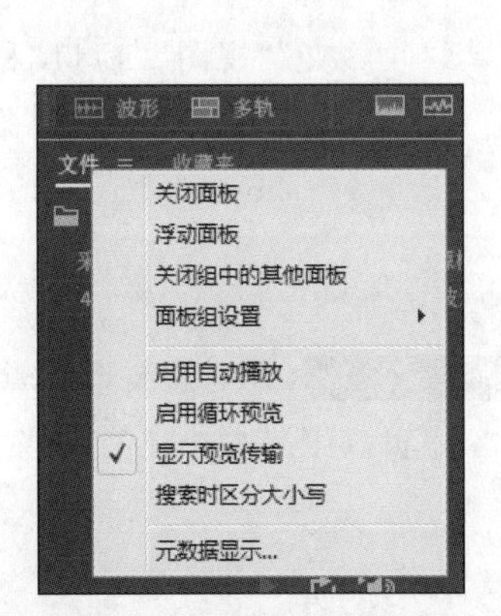

图 4-4 面板显示操作图

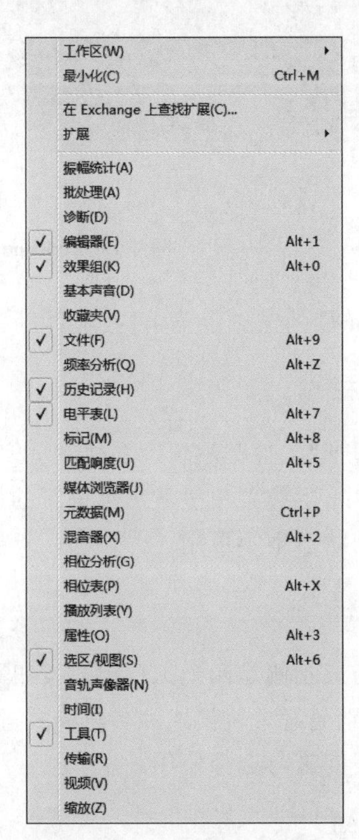

图 4-5 “窗口”设置菜单

4. 编辑器

1）波形编辑器

波形编辑器是单轨编辑，如图 4-6 所示。打开的文件以波形显示，具体直观，易于编辑。如果打开的文件是单声道，波形只有一个；如果文件是立体声，波形有两个，上面是左声道，下面是右声道。在波形编辑器的下方有当前的播放时间、传输面板和缩放面板，可以快速观看播放时间、进行播放操作和对波形进行缩放操作。

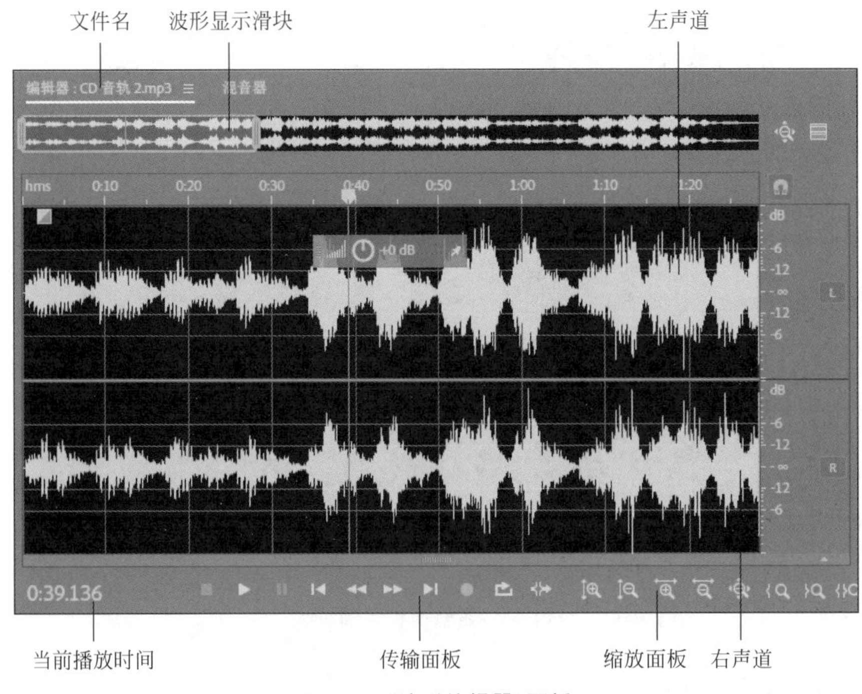

图 4-6 “波形编辑器”面板

2）多轨编辑器

多轨编辑器面板可以以波形方式显示多条轨道的素材，对多个声音轨道进行混合编辑。单击“多轨”按钮 多轨 ，切换为“多轨编辑器”面板，如图 4-7 所示。多轨编辑器的每条轨道的左侧都有一个轨道控制器，可以控制和修改该轨道的属性。

5. 电平显示区

在播放声音时，电平显示区可以随时显示声音的电平变化。

6. 状态栏

状态栏显示各种信息，如软件运行状态、采样类型、文件大小、声音文件持续时间、磁盘可用空间等，可以方便快速地查看软件的当前状态。

4.2.3 Audition CC 基本操作

1. 创建与打开文件

创建与打开音频文件或项目文件是 Audition 编辑与合成音频文件的基础。Audition CC 能够支持.mp2、.mp3、.wma 和.wav 等多种格式的音频，并且能够提取.mp4、.swf 和.fla 等多种视频格式中的声音音频。

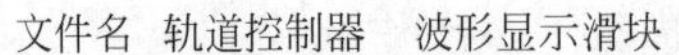

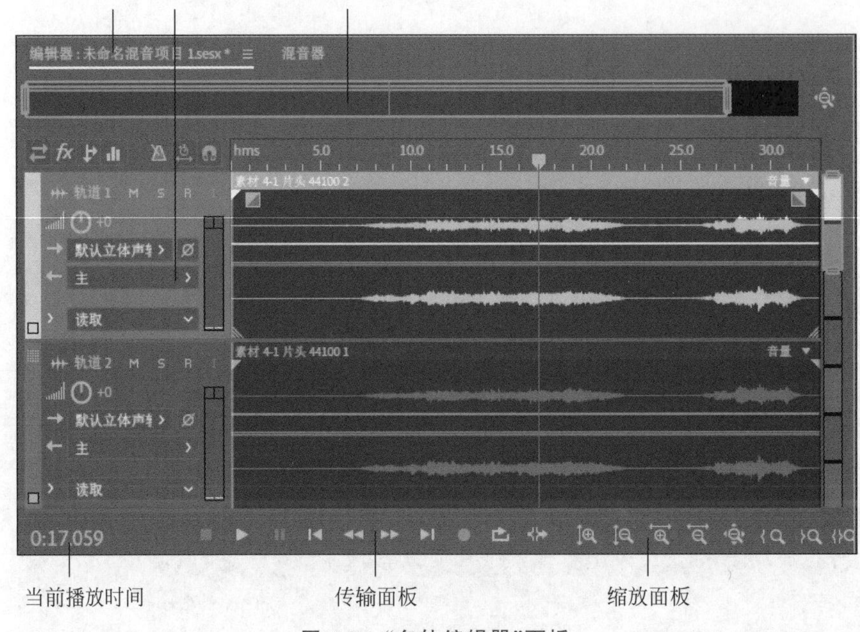

图 4-7 “多轨编辑器”面板

1）创建单轨音频文件

在单轨界面中，如果要创建新文件或者粘贴来自其他音频中的波形文件，可以创建一个空白文件。操作如下：选择“文件”|“新建”|“音频文件”命令。打开“新建音频文件”对话框，根据具体需要，对其中的“文件名”“采样率”“声道”“位深度”进行设置，然后单击“确定”按钮，即可创建一个新的空白单轨音频文件，如图 4-8 所示。

2）创建多轨文件

如果需要对多个素材进行合成编辑，需要在多轨界面下进行，新建一个多轨文件。操作如下：选择“文件”|“新建”|“多轨会话”命令，打开“新建多轨会话”对话框，根据具体需要，对其中的“文件夹位置”通过“浏览”按钮进行确定，并对“模板”“会话名称”“采样率”“位深度”“主控”进行设置，然后单击“确定”按钮，即可创建一个新的空白多轨音频文件，如图 4-9 所示。

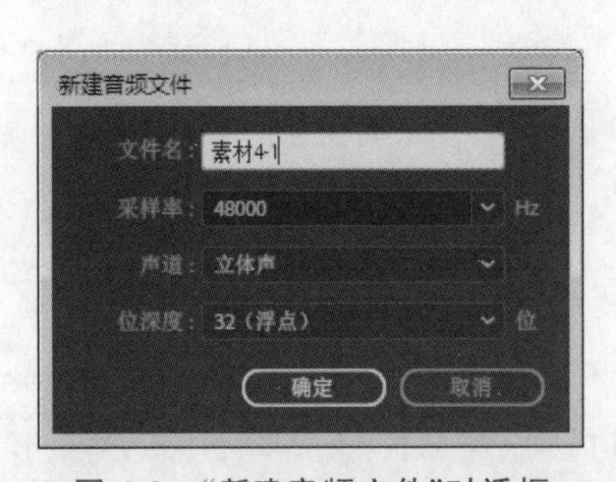

图 4-8 “新建音频文件”对话框

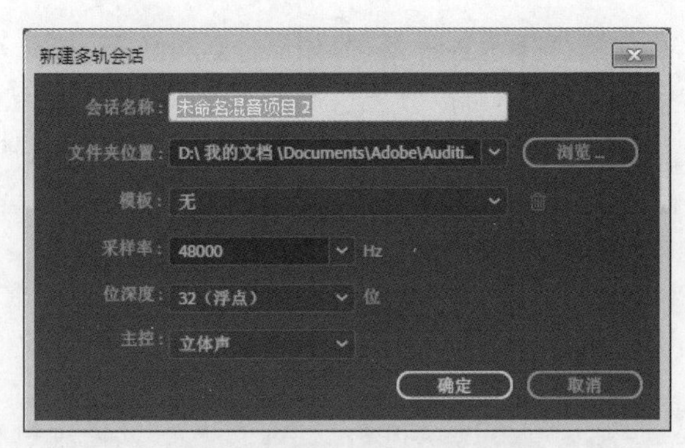

图 4-9 “新建多轨合成”对话框

3）打开文件

打开文件可以打开 Audition CC 支持的各种文件，操作如下：选择“文件”|“打开”命令，可以弹出“打开文件”对话框，选择需要打开的文件，单击“打开”按钮，如图 4-10 所示。

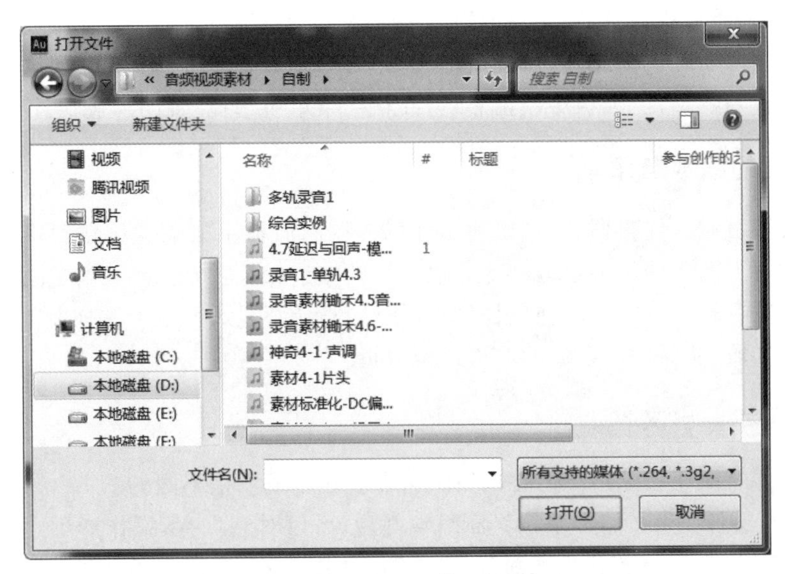

图 4-10 “打开文件”对话框

4）打开并附加

操作如下：选择“文件”|“打开并附加”命令。这一命令有两种方式：一种是“到新建文件”，即将选中的文件打开为一个新文件；另一种是“到当前文件”，即将新打开的文件加到已打开的文件后面，两者连成一个新音频文件。

2. 导入文件

可以在“文件”面板中导入音频编辑所需要的各种素材，为使用时做准备。操作方法有好几种，常用的操作如下。

执行“文件”|“导入”|“文件”命令，弹出“导入文件”对话框，找到当前所要载入的声音文件，将其导入，在“文件”面板中会出现该声音文件名，如图 4-11 所示，单击“文件”面板下端的“播放”按钮，可以在“文件”面板试听；单击“循环播放”按钮，可以循环播放试听；单击“自动播放”按钮，可以循环自动播放；双击需要的音频文件，在编辑器中就会出现该文件的波形。

图 4-11 “文件”面板

3. 控制声音的播放

声音文件在编辑器中显示时，可以使用“传输”面板进行播放。

垂直于音轨的红线是播放指针，顶端的蓝色端子是插播头，两者一体，显示当前的播放位置，在播放声音文件时它随着时间的变化而移动。静止时也可以通过鼠标的单击操作改变指针的所在位置。然后单击“传输”面板的播放键，这时将从指针处播至文件结束。在编辑文件时，播放指针具有定位的作用。

关闭不再需要编辑的文件，可以右击文件名，在出现的快捷菜单中选择“关闭”命令，或是选中文件，在“文件”面板中单击右键，在快捷菜单中选择“关闭所选文件”命令。

4. 波形的缩放与滚动

声音文件被调入编辑器后，可以使用“缩放”控制面板中的缩放按钮对声音的波形进行水平或垂直方向上的放大或缩小。若该文件的波形较长，当前音轨无法全部显示时，可以用鼠标操纵音轨上方的左右拖曳杆(又称滚动条)调整显示位置。这样便于在整段波形中确定某个区域，从而对该区域的波形进行编辑。

5. 保存和导出文件

音频文件的保存和导出文件在单轨编辑和多轨合成下是不同的。

(1) 保存文件：当文件在单轨界面编辑好后，可以对它保存，操作如下。打开“文件”菜单，如图 4-12 所示，在提供的 5 种保存方式中选择一种，然后在打开的“另存为”对话框中，设置“文件名”“位置”“格式”“文件类型”“格式设置”等信息，最后单击“确定”按钮即可保存，如图 4-13 所示。

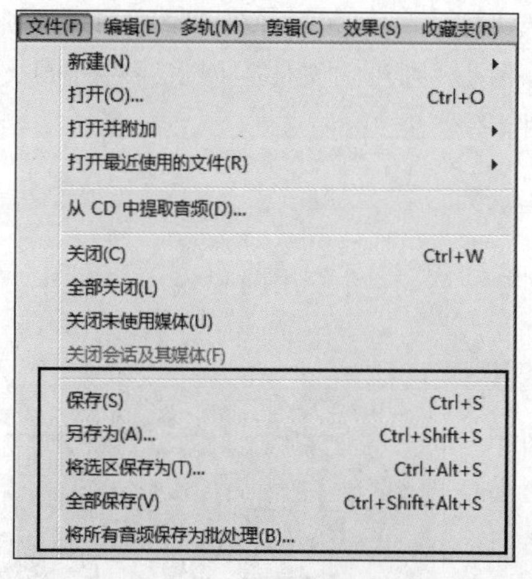

图 4-12 保存文件命令

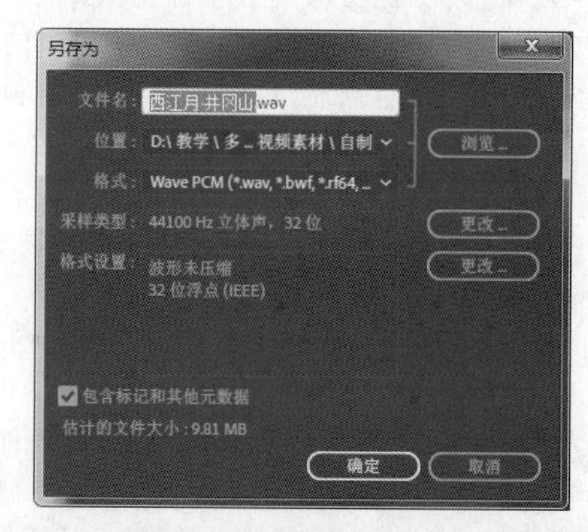

图 4-13 “另存为”对话框

(2) 导出：当文件在多轨编辑界面做好合成后，可以将合成好的多轨音频混缩成一个音频导出。操作时，选择以下命令即可：选择“文件”|“导出”|“多轨混音”|“整个会话”命令。然后在打开的“导出多轨混音”对话框中设置各种参数，单击“确定”按钮即可，如图 4-14 所示。

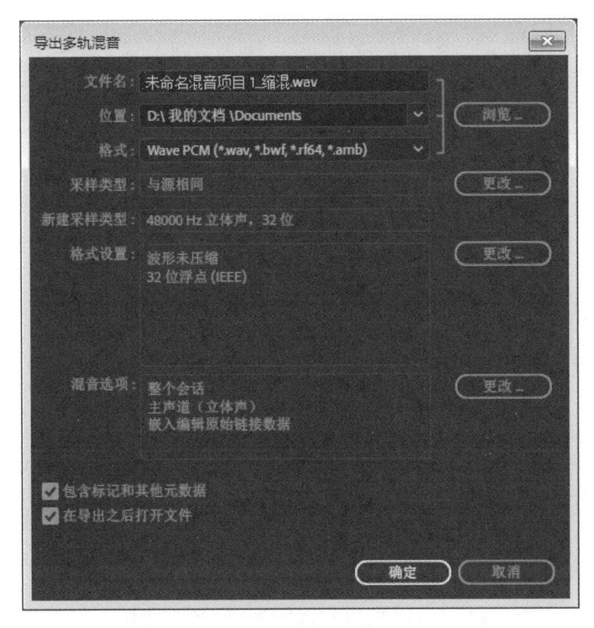

图 4-14 “导出多轨混音”对话框

6. 声音文件格式的转换

常用的声音格式很多，为了不同的应用，有时需要对文件的格式进行转换。Audition 可以对其所支持的所有格式进行相互的转换。在转换过程中不仅可以尽可能减少失真，还可以对部分失真进行编辑修复。操作如下：在 Audition 中打开音频文件，单击“文件”|“另存为”命令，打开“另存为”对话框，如图 4-15 所示，在“格式”下拉菜单中选择要转换的文件格式，然后进行其他必要的修改，单击“确定”按钮。

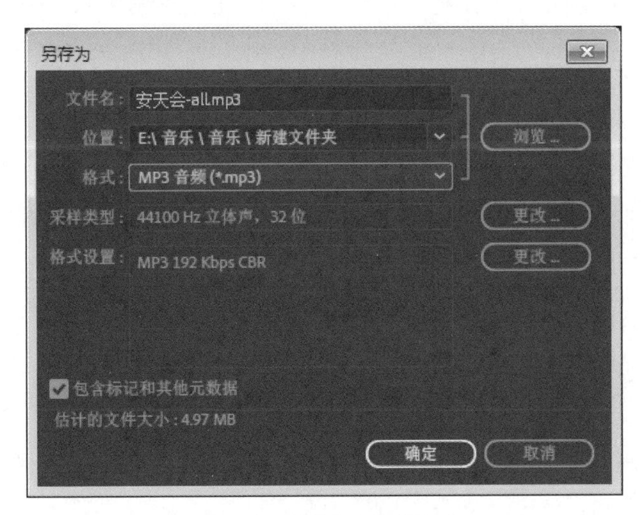

图 4-15 “另存为”对话框

7. 关闭文件

单击标题栏最右侧的窗口控制器中的"关闭"按钮 x ,即可关闭软件。

4.3 录　音

利用 Audition CC 进行录音可以遵循以下流程。

(1) 检查各个录音所需硬件,确保硬件可用并已正确连接。

(2) 设置录音选项,确保录音及监听设置正确。

(3) 打开 Audition CC 软件,准备录音。

注意:录音时可以采用先试录再正式录音的顺序,以保证录音音量电平大小合适。

4.3.1 硬件准备

使用计算机进行录音,可以录制来自话筒的声音、录制来自外接设备的声音或者录制来自计算机声卡的声音等。因此,利用 Audition 录制数字音频时,至少需要准备以下几种硬件。

(1) 多媒体计算机:至少一台,且该计算机应备有可用的一个声卡和一个计算机话筒。

(2) 其他录音硬件:如果用户对录制的音质要求较高,还需要准备一块高质量的专业声卡、一个比较专业的电容话筒和话筒防喷罩、一台调音台。

(3) 一对监听音箱或者一个监听耳机。

录音前要保证这些设备能够使用并且正确连接,还需要选择一个比较安静、回声较小的录音环境。

4.3.2 设置录音选项

将麦克风正确连接到计算机上,然后设置录音选项,操作步骤如下。

(1) 打开 Audition CC 软件。

(2) 选择"编辑"|"首选项"|"音频硬件"命令,单击"设置"按钮,打开"声音"对话框,如图 4-16 所示。

(3) 双击"麦克风"按钮,或者单击"属性"命令,打开"麦克风属性"对话框,如图 4-17 所示。

(4) 单击"级别"标签,可以根据录制声音的大小,调整"麦克风"和"麦克风加强"滑块,如图 4-18 所示。

然后再次进行录制,调整前后可形成明显对比,如图 4-19 所示。

如果用的是其他版本的 Audition 软件,可以通过右下角扬声器 来进行调整,操作

图 4-16 "声音"对话框

图 4-17 "麦克风属性"对话框

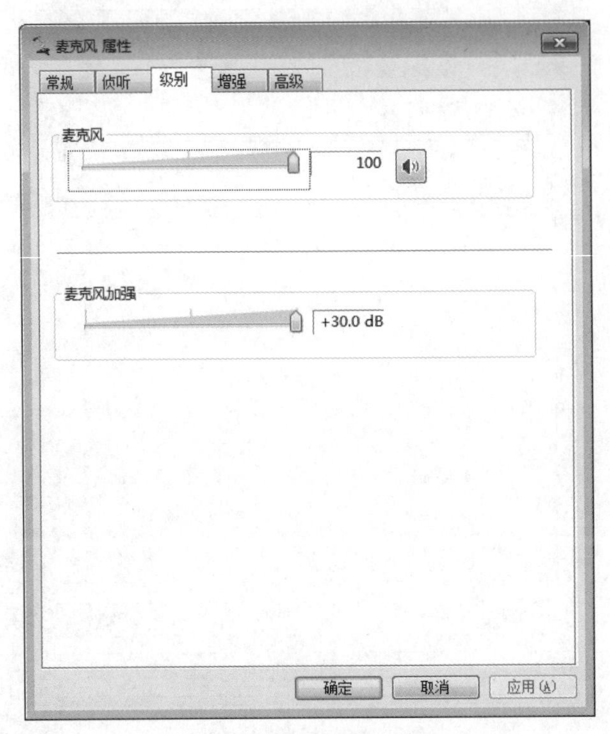

图 4-18 “级别”标签调整

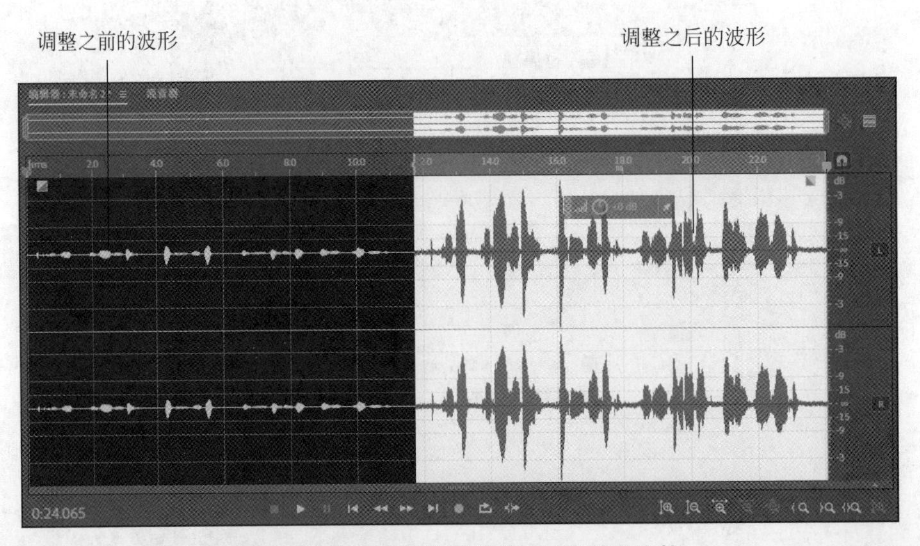

图 4-19 麦克风属性调整前后录音效果比较

如下：单击鼠标右键，在快捷菜单中选择“录音设备”，则可以打开“声音”对话框，然后再像以上论述一样进行接下来的操作。

4.3.3 录制声音

使用 Audition CC 进行录音采样有两种方式：一是在波形模式下录音，二是在多轨模式下录音。下面依次介绍两种制作录音文件的步骤。

1. 波形模式下录音

（1）录音的软件准备：打开 Audition CC，建立一个新的音频文件。单击“查看波形文件”按钮，或执行“文件”|“新建”|“音频文件”命令，打开“新建音频文件”对话框，如图 4-20 所示，其中设置文件参数分别为 44 100Hz，立体声，16 位声音，然后单击“确定”按钮。此时单轨编辑器生成一个新文件，但各声道中的波形为一条直线，表明没有声音信息。

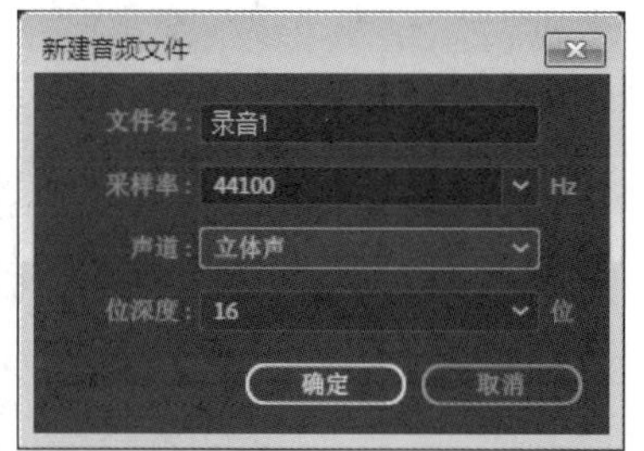

图 4-20 “新建音频文件”对话框

（2）录制声音：单击传输器面板中的“录制”按钮，即开始录制。在录制过程中，录音指针从左至右移动，显示录音进程，如图 4-21 所示。如果在录音过程中希望中断或停止录音，可单击播放器中的“停止”按钮。

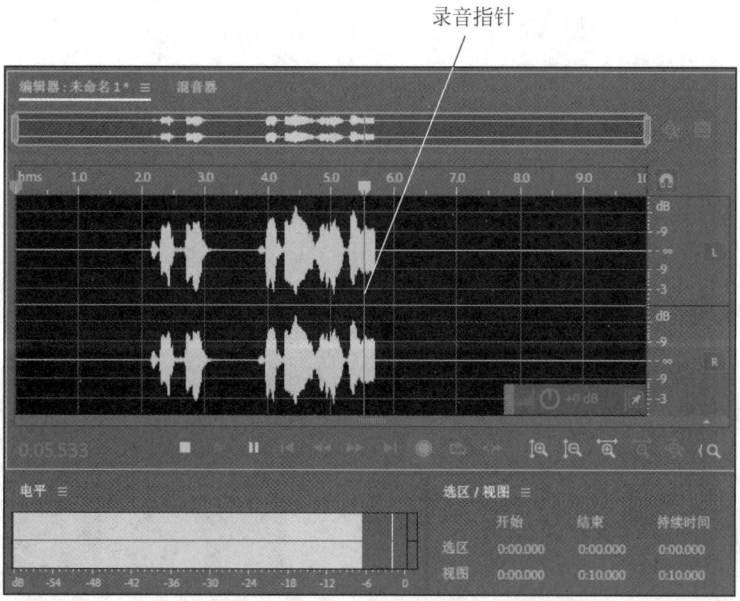

录音指针

图 4-21 录音操作

（3）录音回放试听：单击播放器面板中的“播放”按钮，检查录音文件。如不合适，可以编辑或重新录制。

（4）保存：录音如果达到所需要求，执行“文件”|“保存”命令，为文件命名，选择保

存类型和保存路径，保存文件。

2. 多轨模式下录音

（1）录音的软件准备：打开 Audition CC，建立一个新的多轨混音项目。单击“查看多轨编辑器”按钮，或执行“文件”|“新建”|“多轨会话”命令，打开“新建多轨会话”对话框，如图 4-22 所示，其中设置文件参数分别为 44 100Hz，立体声，32 位声音，然后单击“确定”按钮。此时多轨编辑器生成一个新的多轨文件，但各声道中空白，表明没有声音信息。

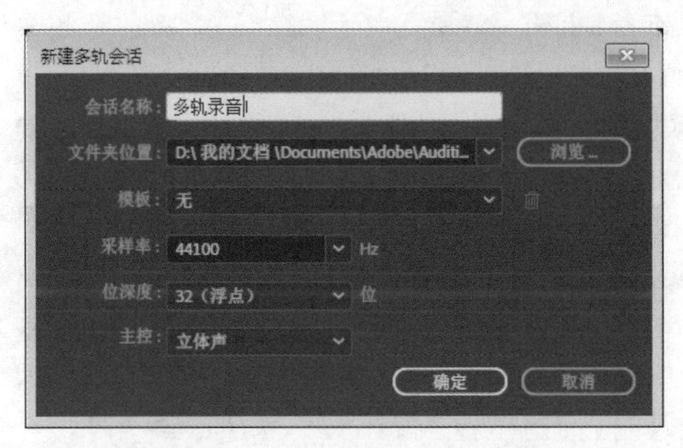

图 4-22 “新建多轨会话”对话框

（2）选择录音轨道：选择进行录音的轨道，单击该音轨的“录制准备”按钮，则该音轨就成为录音备用音轨。如果希望在伴奏下进行录制，可以另选一条音轨。选择伴奏音轨，右键单击，在快捷菜单中选择“插入”命令，插入一个合适的伴奏声音。

（3）录音：单击传输器面板中的“录制”按钮，开始录音，如图 4-23 所示。需要结束时，单击“停止”按钮，即结束录音。

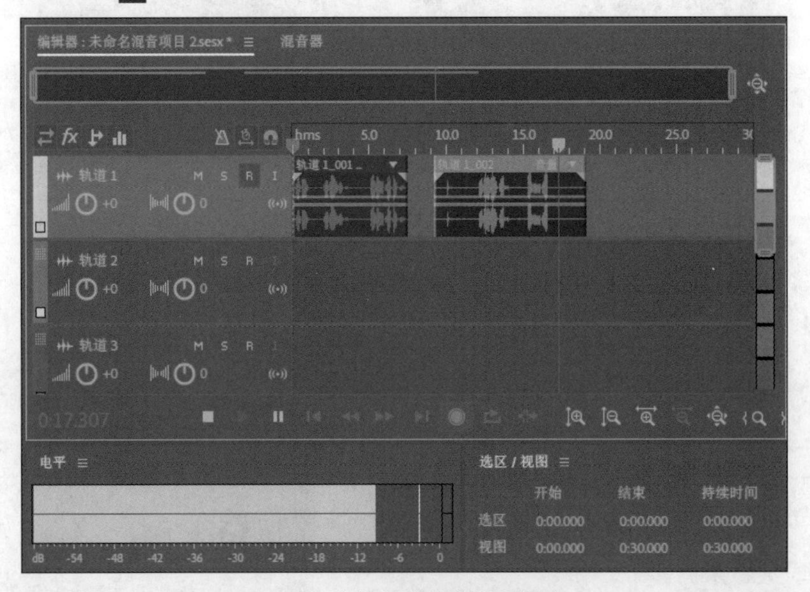

图 4-23 多轨录音编辑器界录音

(4) 录音回放试听：单击播放器面板中的“播放”按钮▶，检查录音效果。如果达不到所要求的效果，可以重新录制；或者双击录音音轨，进入单轨波形编辑界面，进行适当编辑。

(5) 导出：如果达到要求，执行“文件”|“导出|多轨混音”命令，进行恰当的参数设置，然后导出。

录制声音的技巧和注意事项如下。

- 选择合适的麦克风，可以拾取更加清晰、干净、饱满动听的声音，必要时可以使用防风罩。
- 选择合适的声卡，可以给录制和编辑声音提供更大的便利，产生更好的效果。
- 录音前要根据需要设置好所录制音频的属性。在条件允许的情况下，可以将音频各项参数设置高一些，从而能够获得更好的音质。
- 录音前要恰当调整录音及监听硬件的位置、性能，注意录音音源的音量大小，以保证录音电平大小合适，防止产生音量过低，丢失声音细节；或者音量过高，导致录音电平溢出，出现爆音。所以最好先试录，根据录音电平情况进行适当调整，以保证录制出符合要求的声音。
- 开始录制时，要保证先按下录音键，然后让声源发声；结束录制时，要确保希望录制的声音已经全部录制，然后再停止录制。这样录制的声音完整，便于后期编辑。

4.4 音频的简单编辑

Audition CC 声音编辑与其他应用软件类似，其操作中也大量使用剪切、复制、粘贴、删除等基础操作命令。可以删除片段用于取消不需要的部分，例如噪声、噼啪声、各种杂音以及录制时产生的口误等；可以剪贴片段用于重新组合声音，将某段“剪”下来的声音粘贴到当前声音的其他位置，或者粘贴到其他声音素材中。

4.4.1 波形编辑

1. 选取波形

在 Audition CC 中如果希望对一个声音文件进行编辑，首先要确定编辑部分的音频内容，即选取波形。根据需要选取的波形不同，常用的选取方法如下。

1) 拖动选取部分波形

在编辑器中，鼠标左键单击波形的某一位置，确定为选择的起始位置。

方法 1：按住鼠标左键拖动至选择的结束位置。

方法 2：使用“选区/视图”面板，通过在“选区”标签的“开始”“结束”和“持续时间”的输入框里输入对应时间的数字来确定选择，如图 4-24 所示。

选择区域被确定后，以白色作为背景颜色，而选择区域以外的区域为系统设置的原始

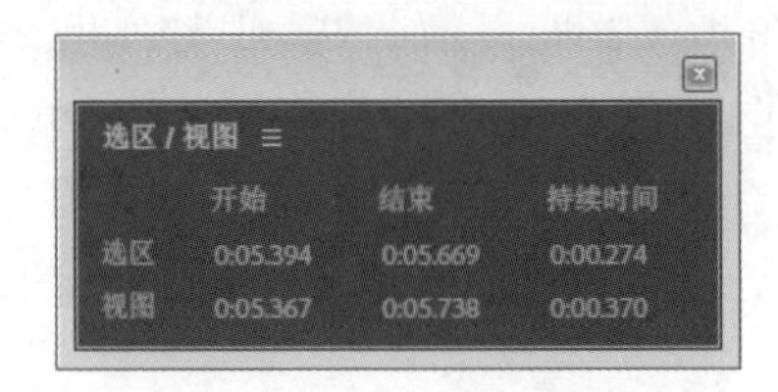

图 4-24 “选区/视图”面板

色，如图 4-25 所示。

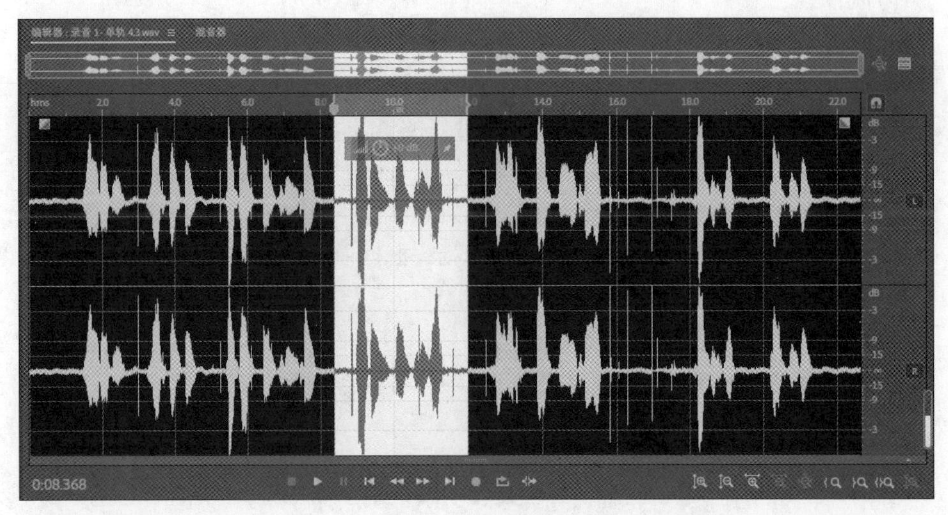

图 4-25 选区显示

确定了选择区域后，有时选择区域内的波形密度很大，无法进行精细的观察与编辑。在编辑器时间标尺杆上右击，在快捷菜单中选择“缩放”|“缩放至选区”命令，展开选择区域的波形，如图 4-26 所示；或者单击编辑器右下角的“缩放至选区”按钮，也可以展开选择区域的波形，如图 4-27 所示。

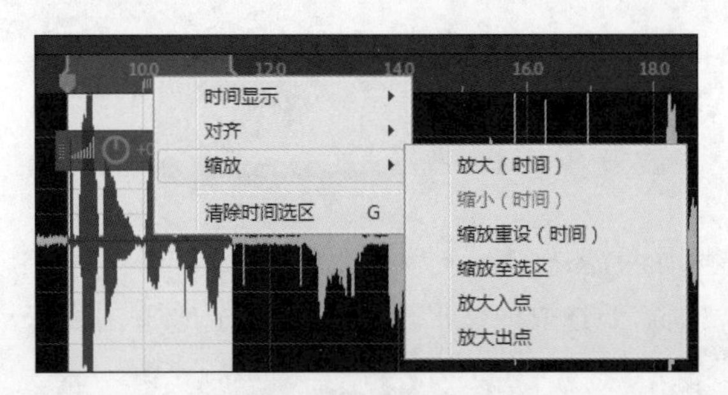

图 4-26 时间标尺快捷菜单

2）选择全部波形

选择全部波形的方法很多，常用方法如下。

方法 1：如果声音波形在当前编辑视图中全部显示，可以将鼠标在波形的任意位置双

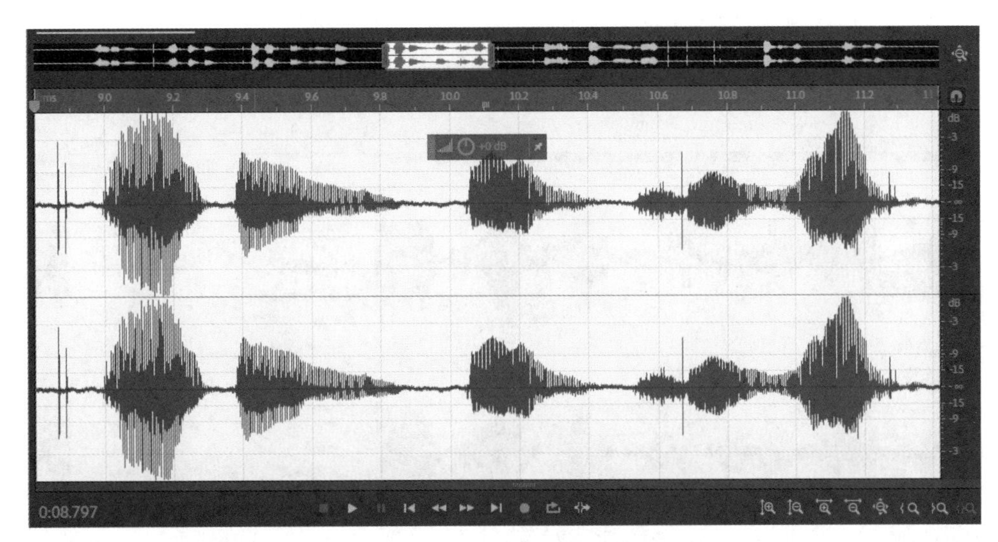

图 4-27　展开选择区域的波形

击，如果能够单独进行左右声道的选择，则需要将鼠标放在接近中间的位置双击，否则只能全选单个声道，如图 4-28 所示。

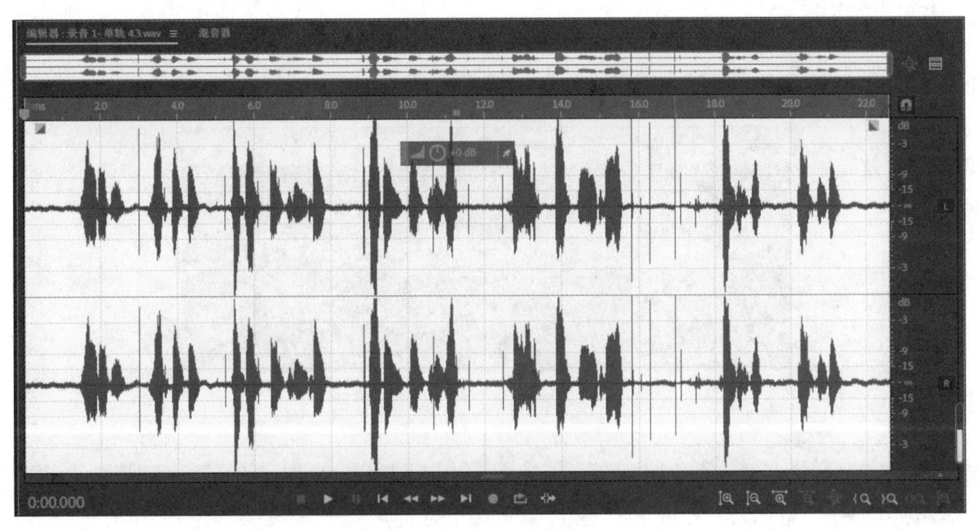

图 4-28　选择全部波形

方法 2：单击“编辑”|“选择”|“全选”命令。

方法 3：在编辑轨道上，使用右键单击，在快捷菜单中单击“全选”命令。

方法 4：使用 Ctrl+A 组合键，也可以全选波形。

3）选择当前视图时间

如果音频文件比较长，对波形文件沿时间延续方向放大后，当前视图只能显示一部分波形，可以选择当前显示的这段波形，操作如下。

方法 1：在当前视图下，双击左键。

方法 2：单击“编辑”|“选择”|“选择当前视图时间”命令。

方法 3：单击鼠标右键，在快捷菜单中单击“选择当前视图时间”命令，如图 4-29 所示。

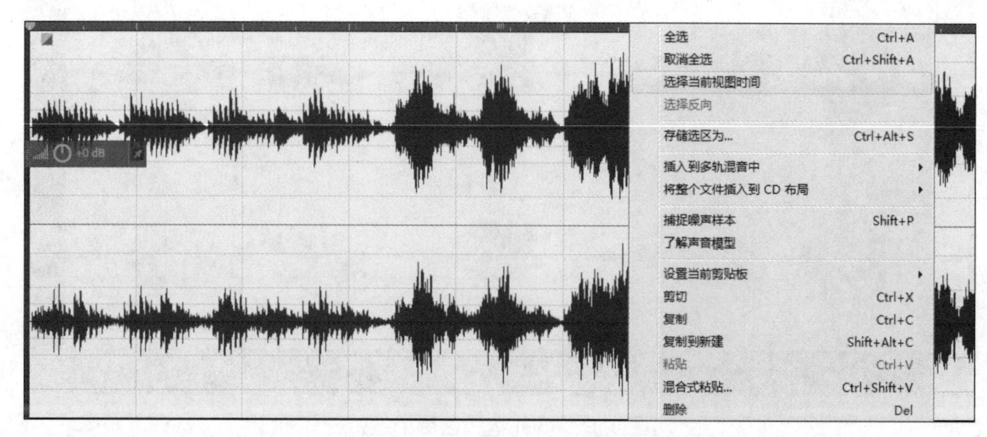

图 4-29　快捷菜单“选择当前视图时间”命令

4）选择单个声道波形

在 Audition 中也可以根据需要选择立体声中的一个声道。操作如下。

单击“编辑”|“首选项”|“常规”命令；打开“首选项”对话框并单击“常规”标签，勾选“允许相关敏感度声道编辑”复选框，如图 4-30 所示。

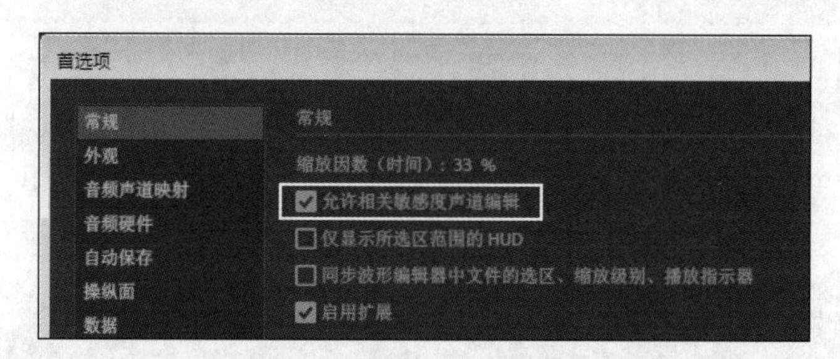

图 4-30　“首选项”|“常规”界面

如果要选择左声道，鼠标拖到偏上方，单击鼠标左键，如图 4-31 所示，则左声道正常显示，右声道灰色显示；反之将鼠标拖到偏下方，则右声道正常显示，左声道灰色显示；鼠标拖到接近中间，单击左键，则选择所有声道。

按照上述操作选择波形，然后使用上下方向键进行各个声道声音波形的选取；或者如上述操作在偏上或偏下的位置拖动鼠标左键进行选取，选取结果如图 4-32 所示。

2. 复制、剪切波形

1）复制波形

复制波形即将波形复制到剪贴板上，常用操作方法如下：首先选择需要复制的波形，然后：

方法 1：使用菜单命令。使用“编辑”|“复制”命令。

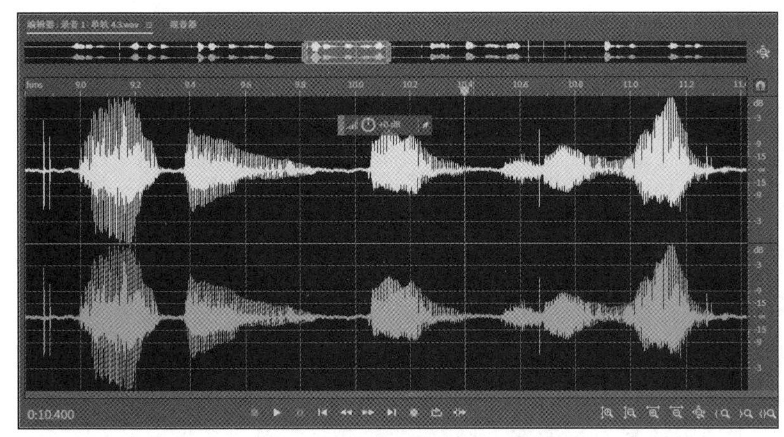

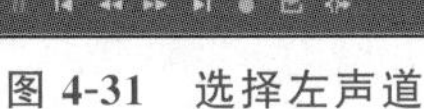

图 4-31　选择左声道

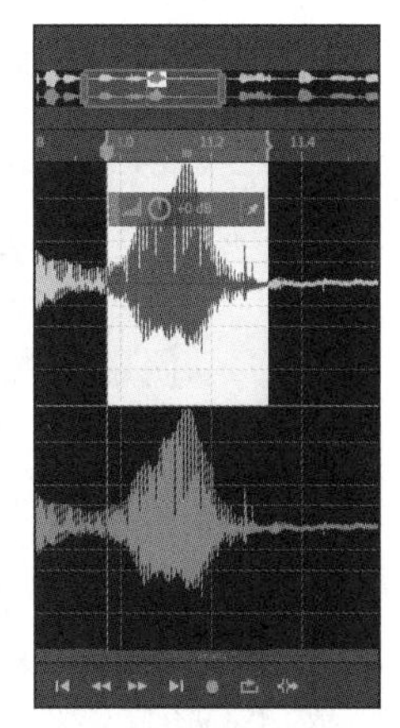

图 4-32　拖动鼠标左键选择左声道波形

方法 2：使用快捷菜单。单击右键，使用快捷菜单中的“复制”命令。

方法 3：使用组合键。同时按下 Ctrl＋C 组合键。

2）剪切波形

剪切波形操作可以将选中的波形从原声音文件中剪除，并将剪除的波形粘贴到剪贴板上。常用的操作方法有以下几种：首先选择需要剪切的波形，然后：

方法 1：使用菜单命令。使用“编辑”｜“剪切”命令。

方法 2：使用快捷菜单。单击右键，使用快捷菜单中的“剪切”命令。

方法 3：使用组合键。同时按下 Ctrl＋X 组合键。

复制和剪切的波形都存在于剪贴板上，只有通过粘贴操作再次显示在编辑区域内，才能看到效果。但有一种操作可以直接将选中的波形制作为可用素材，即“复制到新建”操作。

3）复制到新建

“复制到新建”操作可以把选择的波形复制，并将复制的波形生成新的文件。通过这一操作可以立即看到复制波形的效果，通常用于快速制作素材。常用操作方法如下。

方法 1：使用菜单命令。选择一段波形，单击“编辑”｜“复制到新文件”命令。

方法 2：使用快捷菜单。选择一段波形，单击鼠标右键，在快捷菜单中选择“复制到新建”命令。

3. 粘贴波形

粘贴波形就是将由复制或剪切得到的、暂存在剪贴板中的波形添加到新的区域，从而显示出波形。首先，选择一段波形进行复制或剪切操作；然后，在编辑界面中将播放指针放到需要添加波形的位置；最后：

方法 1：使用菜单命令。单击“编辑”｜“粘贴”命令。

方法 2：使用快捷菜单。单击鼠标右键，在快捷菜单中单击“粘贴”命令。

方法 3：使用组合键。同时按下 Ctrl＋V 组合键。

4. 删除、裁切波形

1）删除波形

删除波形就是将不需要的波形从原波形中去除。选择需要删除的波形，然后：

方法 1：选择需要删除的波形，按 Delete 键，则删除选中的波形。

方法 2：使用菜单命令。选择需要删除的波形，单击“编辑”|“删除”命令，则删除选中波形。

方法 3：使用快捷菜单命令。选择需要删除的波形，单击鼠标右键，在弹出的快捷菜单中选择“删除”命令，则删除选中波形。

2）裁切波形

裁切波形是在原波形中选中需要保留的波形内容，然后删掉没有选中的、不需要的波形内容。利用此命令可以从声音文件中快速截取一段波形。选中需要的波形，然后：

方法 1：使用菜单命令。选中需要的波形，单击“编辑”|“裁剪”命令。

方法 2：使用快捷菜单命令。选择需要裁剪的波形，单击鼠标右键，在弹出的快捷菜单中选择“裁剪”命令，则完成波形文件的截取。

方法 3：使用组合键。选中需要裁剪的波形，然后同时按下 Ctrl＋T 组合键，则完成波形文件的截取。

4.4.2 移动音频块

移动音频块操作主要在多轨混音中使用，在多轨编辑时可以使用工具栏中的部分工具进行快速编辑。工具按钮 位于工具栏中间，分别为移动工具、切断所选剪辑工具、滑动工具和时间选择工具。

要移动一个音频块，单击工具栏中的“移动工具”按钮 ，将鼠标放到要移动的音频块上，按住左键拖动，则音频块就可以随着鼠标在轨道中左右移动，或者在不同轨道之间移动；如果当前使用的不是“移动工具”，将鼠标放到要移动的音频块标题区，鼠标会自动变为“移动工具”，按住鼠标左键移动即可。

4.4.3 编辑素材

在 Audition CC 的多轨编辑界面中，可以插入音频文件、静音、视频等各种素材。

1. 插入素材文件

多轨编辑界面中插入文件的操作如下。

(1) 在多轨编辑界面中选择要插入素材的轨道。

(2) 单击“多轨”|“插入文件”命令，打开“导入文件”对话框，如图 4-33 所示。

(3) 选择要插入的素材文件，单击“打开”按钮，则文件在所选的轨道中打开。

(4) 利用“移动工具”将素材文件移动到合适的位置即可。

图 4-33 “导入文件”对话框

如果选择的是视频文件，则在多轨编辑界面中会自动插入“视频引用”轨道，且视频会在“视频”面板中显示，如图 4-34 所示。

2. 插入静音

在多轨编辑界面中，可以在合适的位置根据需要插入一段静音，常用操作方法如下。

将播放指针放到需要插入静音的起始位置，单击“编辑”|“插入”|“静音”，则打开“插入静音”对话框，输入需要插入的静音的持续时间，单击“确定”按钮即可，如图 4-35 所示。

图 4-34 视频素材插入

图 4-35 “插入静音”对话框

3. 删除音频素材

删除音频素材的方法有以下几种。

选中音频块;然后,

方法 1:使用快捷菜单。右键单击,在弹出的快捷菜单中选择“删除”命令。

方法 2:使用菜单命令。单击菜单命令“编辑”|“删除”。

方法 3:使用键盘按键。按 Delete 键。

4. 锁定音频素材

锁定音频素材的目的是为了避免由于误操作而破坏已经编辑好的音频素材。素材被锁定后在音频块的左下方会出现锁定标志。操作方法如下。

方法 1:选中编辑好的素材,单击鼠标右键,在快捷菜单中选择“锁定时间”命令。

方法 2:选中需要锁定的素材,选择菜单命令“剪辑”|“锁定时间”。

音量调整及淡入淡出

4.5 音量的调整及淡入淡出

4.5.1 声音音量的调整

在 Audition CC 中,可以通过对波形振幅的缩放,对声音音量的大小进行调整。方法有以下几种。

方法 1:采用界面音量旋钮。

启动 Audition CC,打开需要编辑的声音文件后,在编辑面板显示出声音文件的波形图,轨道上会出现一个音量旋钮;全选声音波形,将鼠标放到旋钮上,按下鼠标左键,这时鼠标变为左右双向箭头;左右拖动鼠标即可实现音量的缩放,同时改变波形振幅大小。向左拖动音量变小,向右拖动音量变大。

方法 2:使用“效果”|“振幅与压限”|“增幅”命令。

单击“效果”|“振幅与压限”|“增幅”命令,弹出“效果-增幅”对话框,如图 4-36 所示。可以通过选择“预设”选项,或者通过拖动“增益”区的滑块来增加或减小音量。往左拖动减小音量,往右拖动增加音量。

在设置过程中,可以通过对话框下端的“预览播放”按钮播放;保持“效果开关”打开,试听处理后的声音效果;可以单击“循环播放”按钮,进行循环播放试听。若对试听的效果满意,可单击“应用”按钮,否则,可以按对话框的设置对波形继续进行调整,直到满意为止。

方法 3:使用“效果”|“振幅与压限”|“标准化(处理)”命令。

单击“效果”|“振幅与压限”|“标准化(处理)”命令,弹出“标准化”对话框,如图 4-37 所示。该对话框提供两种增大波形振幅,提高音量的方式:百分比(%)和分贝(dB)。“标准化为”表示当前音频电平的放大比例,使用 100%的标准化,表示可以使声音

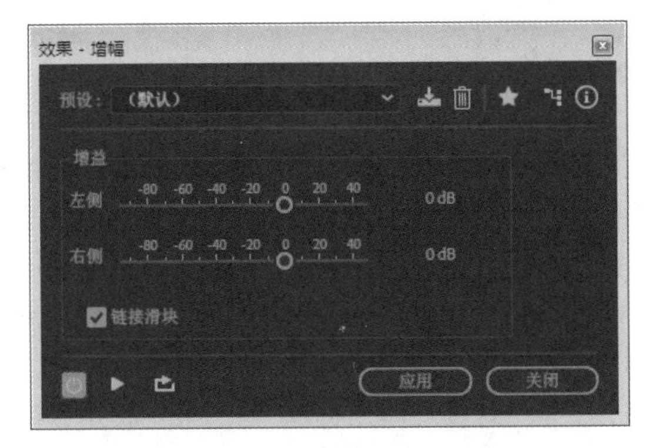

图 4-36 “效果-增幅”对话框

电平的峰值达到 100%，从而得到最大的动态范围；若使用分贝（dB），则“标准化为”的单位就从百分数变为分贝，比如 100%的标准化就是 0dB，如图 4-38 所示。

图 4-37 “标准化”对话框

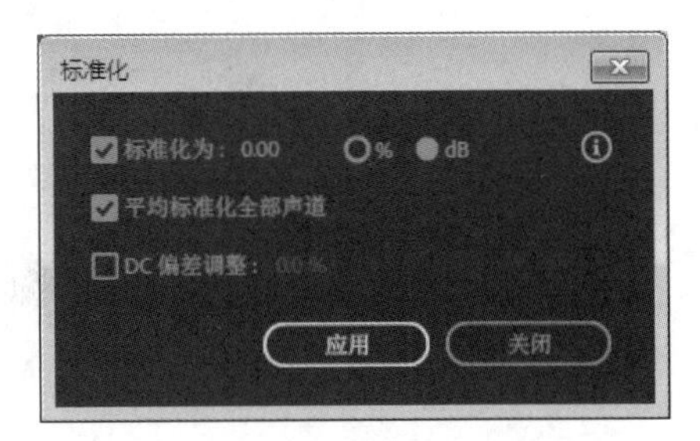

图 4-38 以“dB”为单位的标准化

“平均标准化全部声道”复选框，勾选后表示可以对左右声道同时进行音频波形峰值探测。

“DC 偏差调整”复选框，勾选后可以调整音频波形中心对准编辑器的中轴线（中轴线为编辑器界面中间的红色横线），方便以后编辑，如图 4-39 和图 4-40 所示。

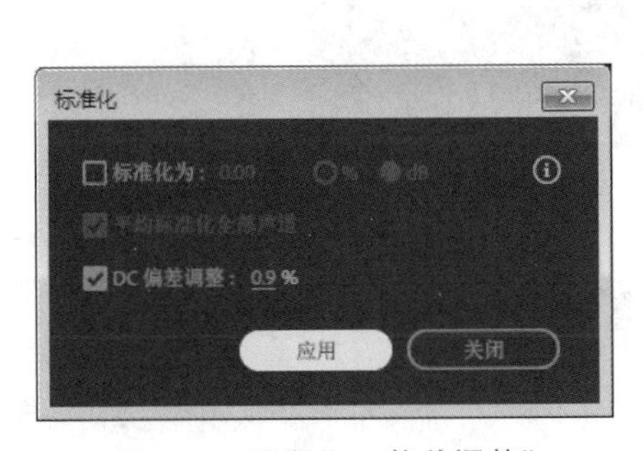

图 4-39 进行“DC 偏差调整”

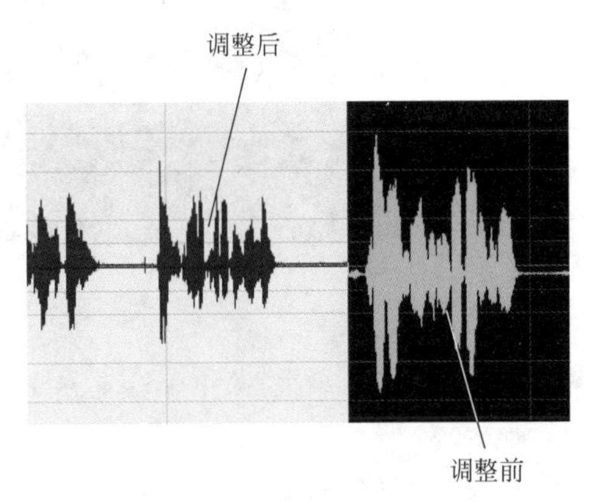

图 4-40 “DC 偏移调整”结果

4.5.2 声音的淡化效果

声音的淡化包括“淡入”和“淡出”两种，主要表现为实现声音的渐强和渐弱。淡入就是规定时间，在此时间内的持续声音强度逐渐增加；淡出则是在规定时间内的持续声音强度逐渐减弱。采用淡化操作，可以避免产生声音突兀的感觉。淡化的操作方法如下。

方法 1：利用编辑界面的淡化按钮。打开波形编辑界面，在主面板的波形图的左上角和右上角分别有两个方块形按钮◪和◩，鼠标放到按钮上会显示“淡入”和“淡出”；将鼠标放到按钮上，按住鼠标左键并向右或向左拖动，则波形上会出现一条黄色的淡入或淡出的包络线，随着鼠标拖动而移动，同时波形振幅出现淡化变化；最后在合适的位置停止拖动，则完成淡化操作，如图 4-41 所示为淡入操作。操作完成后，文件会自动保存。

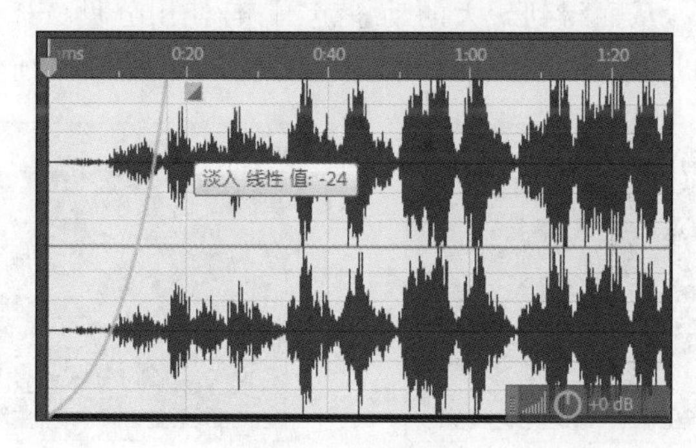

图 4-41　淡入操作

方法 2：利用菜单命令。执行“效果”|“振幅与压限”|“淡化包络”命令，打开“效果-淡化包络”对话框，可以从“预设”中选择合适的淡化效果，然后通过调整曲线来确定最后效果，如图 4-42 所示。

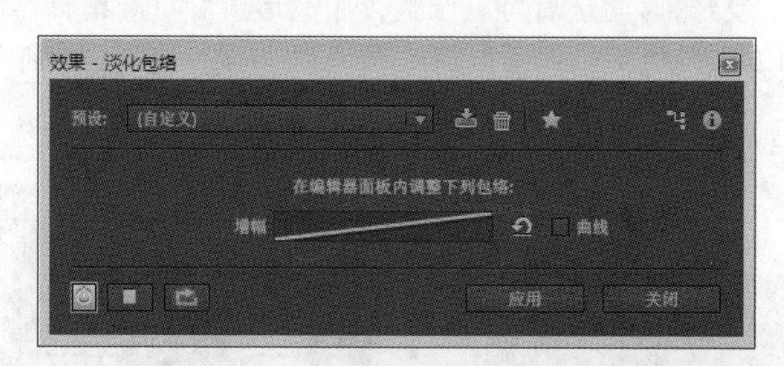

图 4-42　“效果-淡化包络”对话框

方法 3：利用“收藏夹”菜单。选中需要进行淡化的内容，执行“收藏夹”中的“淡入”或“淡出”命令。

如果所做的淡化效果不合适，可以执行“编辑”|“撤销”命令，撤销淡化操作，然后再重新做。

4.6 降噪与修复

声音素材尤其是个人录制的声音素材通常都会出现噪声，要想去掉与所需声音文件不一致的杂音、干扰声音等，需要进行噪声处理。需要注意的是，在 Audition CC 中噪声处理是一种破坏性的操作，噪声处理过度可能会导致声音音质受损，并且噪声处理也只能在一定范围内使用，并不能完全消除噪声。因此最好在录音拾取阶段就取得良好的声音素材。在 Audition CC 中对不同噪声有不同的处理方法，在此只选择几种常用的降噪效果器进行介绍。

在 Audition CC 中选择降噪类效果器有两种方式：一是采用“效果”菜单中的“降噪｜恢复”命令，其中有各种降噪效果器；二是采用“效果组”面板，在其下拉菜单中有常用的几种降噪效果器，如图 4-43 所示。其中，前者比后者的种类更多，可以根据个人习惯进行选择使用。

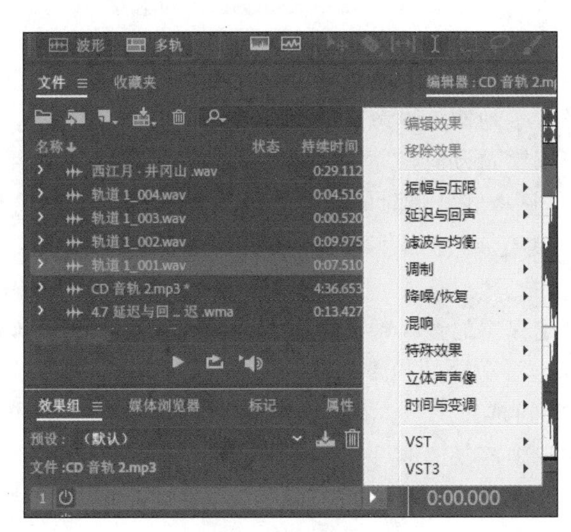

图 4-43 “效果组”面板

4.6.1 自适应降噪

自适应降噪可以快速消除背景声、风声、电流声等各种频段上的噪声，尤其对于去除持续的噪声如嘶嘶声或嗡嗡声时更加有效。

选择“效果”｜“降噪/恢复”｜“自适应降噪”命令，打开“效果-自适应降噪”对话框，如图 4-44 所示，单击“预览播放”按钮▶播放，打开“切换开关状态”按钮，试听处理后的声音效果，可以单击“切换循环”按钮，循环试听。若对试听的效果满意，可单击“应用”按钮对音频进行降噪处理，否则，继续调整对话框中的各个参数并试听，直到满意为止。

- 降噪幅度：降噪衰减，确定降噪的水平，通常设置为 6～30dB。

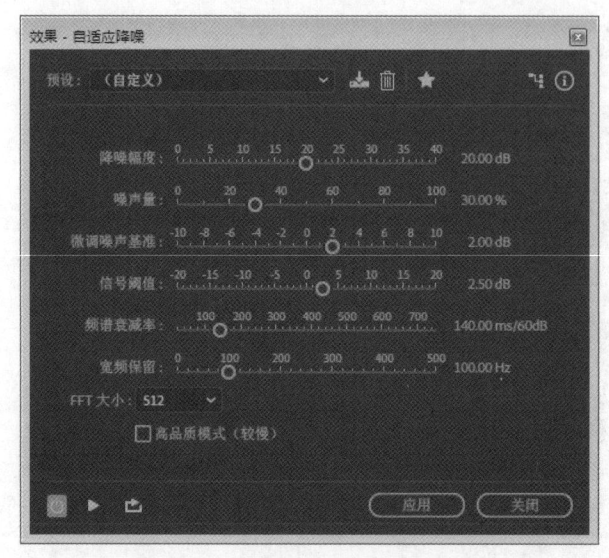

图 4-44 “效果-自适应降噪”对话框

- 噪声量：确定噪声在原音频中的百分比。越靠右，降噪程度越大。
- 微调噪声基准：手动调整噪声层次，噪声基准越低，保真度越高。
- 信号阈值：可调整自动计算的音频信号阈值，决定了查找并消除的噪声量的多少。数值越小，则查找并消除的噪声越多。但是，过小的数值会对声音造成损伤。
- 频谱衰减率：决定声音低于噪声电平时的频率衰减程度，通常设置为 40%～75%。
- 宽频保留：决定保留的音频频率带宽，数值越小，去除的噪声越多。
- FFT 大小：指定要分析的频带的数量，数值越大，分析的频带数量越多，降噪越精确，运算处理时间越长。
- 高品质模式：选中该复选框可以获得高品质处理效果，但会降低处理速度。

4.6.2 自动咔嗒声移除

“自动咔嗒声移除”可以消除录音中的咔嗒声、噼啪声、静电声等。选择“效果”|“降噪/恢复”|“自动咔嗒声移除”命令，打开“效果-自动咔嗒声移除”对话框，如图 4-45 所示，其中，播放、试听、循环、应用或关闭的操作与“自适应降噪”一样，如果不满意，可以继续调整参数，直到满意为止。

- 阈值：决定了查找并消除的噪声量的多少。数值越小，对噪声的灵敏度越大，查找并消除的噪声越多，这其中可能会去掉希望保留的声音，所以数值的设置要恰当。
- 复杂度：代表着降噪处理的精细复杂程度。数值越大，则处理程度越精细复杂，但过大可能会损坏音质。

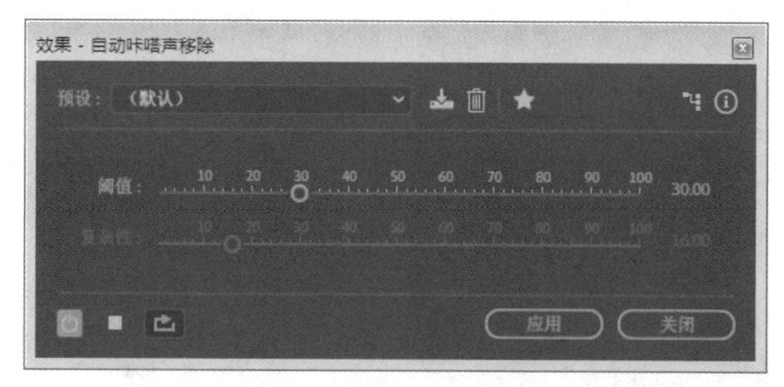

图 4-45 “效果-自动咔嗒声移除”对话框

4.6.3 降噪

“降噪(处理)”是最常用的噪声处理器,可以在保证信号基本质量的前提下明显降低背景环境中的连续噪声和宽带噪声。此噪声处理器的使用步骤如下。

(1) 确定噪声波形。打开声音文件,选择在语音停顿处的一段波形,这段波形应该是平直的,但由于录制了环境噪声而有一定的波形。如图 4-46 所示,选择的波形时间延续长度应该在 1s 左右,不能太短,否则容易对环境噪声选择不全。

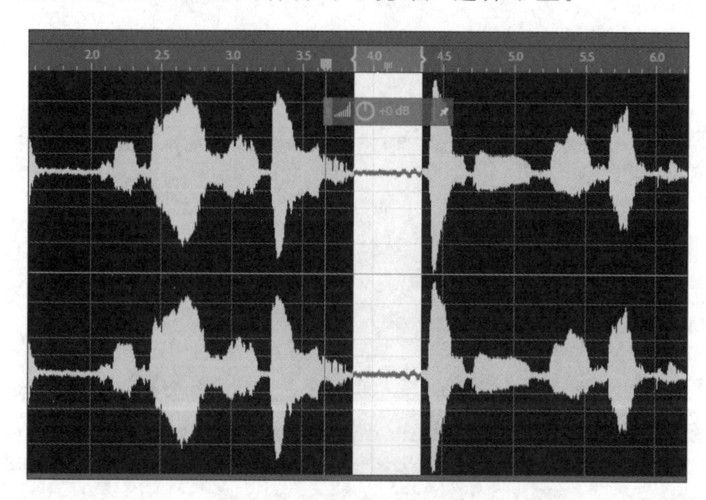

图 4-46 选取环境噪声

(2) 单击“效果”|“降噪/恢复”|“捕捉噪声样本”命令;或者单击“效果”|“降噪/恢复”|“降噪(处理)”命令,弹出“效果-降噪”对话框,单击“捕捉噪声样本”按钮 捕捉噪声样本 ,如图 4-47 所示,均可以捕捉噪声样本。噪声样本显示窗以频率为横坐标显示出噪声样本各频段的电平情况,纵坐标显示噪声样本的强度大小。噪声样本是进行降噪的依据。

(3) 选中全部波形,单击“效果”|“降噪/恢复”|“降噪(处理)”命令,打开“效果-降噪”对话框;或者打开“效果-降噪”对话框后,单击对话框中的“选择完整文件”按钮

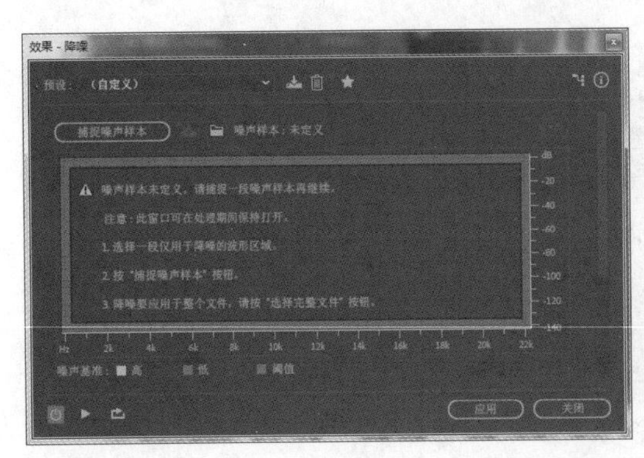

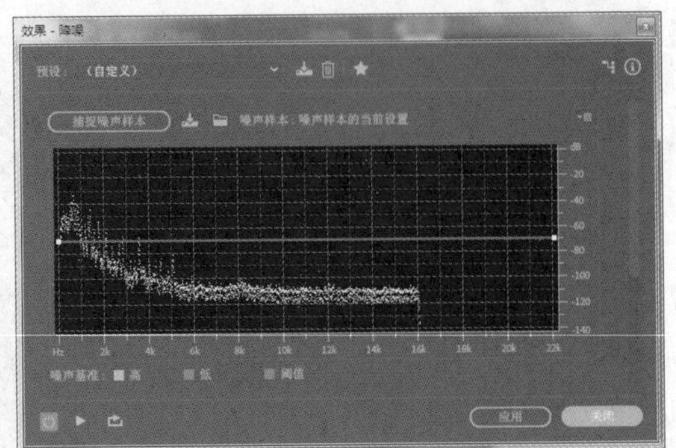

图 4-47　捕捉噪声样本

选择完整文件,选中所有波形。然后进行参数调整。

在“效果-降噪”对话框中,可以对以下参数进行调节以达到所需的音频降噪效果。

- 噪声基准：以黄、红、绿三种颜色分别表示高频噪声、低频噪声和音频阈值。
- 缩放：设置图表显示方式,包括线性和对数两种。
- 降噪：设置降噪百分比,可以在试听的同时进行调整。
- 降噪幅度：设置噪声的降低量,一般设置为 10～40dB。

(4) 单击“预演播放/停止”按钮进行播放和试听,如果效果不够理想,可以进行相关参数调整直至合适,然后单击“应用”按钮,可以看到波形处理后的效果,如图 4-48 所示。

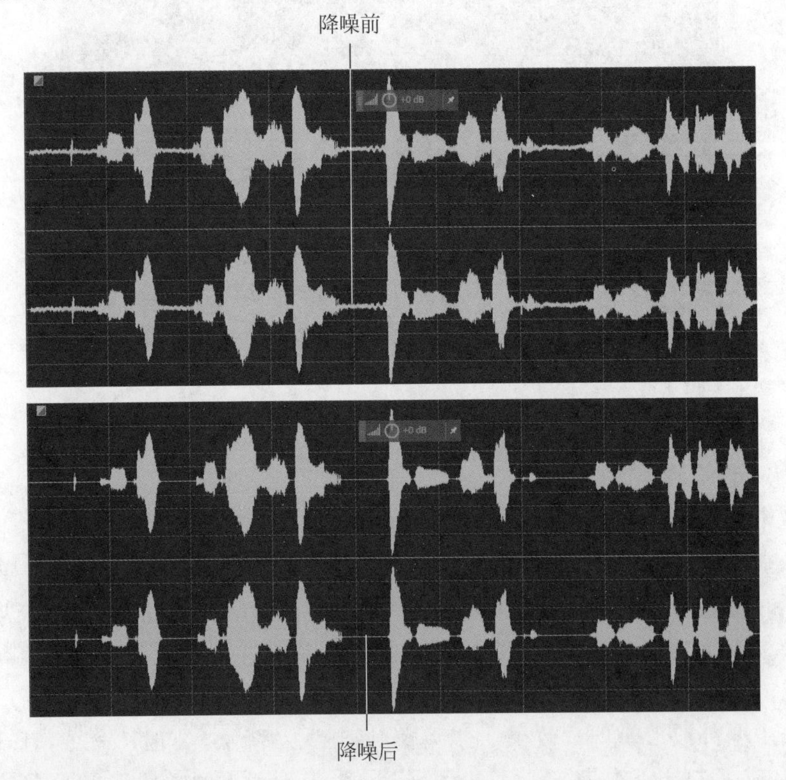

图 4-48　降噪前后的效果

4.7 声音特效

声音在录制完成并进行降噪处理之后，需要根据要求对声音进行其他效果处理，如果声音单薄，需要使它更加丰满；或者声音的音色不太符合角色要求，需要对它进行音调的调整使之更有特色；或者让声音具有远近变化的特点等。Audition CC 在效果菜单中提供了十几种常用的声音特效命令，可以根据需要进行试用。本节主要讲解常用的“延迟与回声”和“时间与变调”特效的使用。

4.7.1 延迟与回声

根据“哈斯效应”：两个同声源的声波若到达听音者的时间差 Δt 为 5～35ms，人无法区分两个声源，给人以方位听感的只是前导声（超前的声源），滞后声好似并不存在；若延迟时间 Δt 在 35～50ms，人耳开始感知滞后声源的存在，但听感所辨别的方位仍是前导声源；若时间差 $\Delta t > 50$ms，人耳便能分辨出前导声与滞后声源的方位，即通常能听到清晰的回声。

“延迟与回声”效果即根据这一研究，主要作用是能够使原始信号更加丰满，模拟不同的环境声。打开“效果”菜单，可以看到“延迟与回声”效果主要有“模拟延迟”“延迟”和“回声”三种效果器。

1. “模拟延迟”效果

该效果可以生成老式的硬件延迟效果器的效果。

打开声音文件，单击“效果”|“延迟与回声”|“模拟延迟”命令，弹出“效果-模拟延迟”对话框，如图 4-49 所示，可以从预设中选择模拟延迟效果；如果不满意，可以手动调节各个参数，试听效果，直至满意，然后单击“应用”按钮。

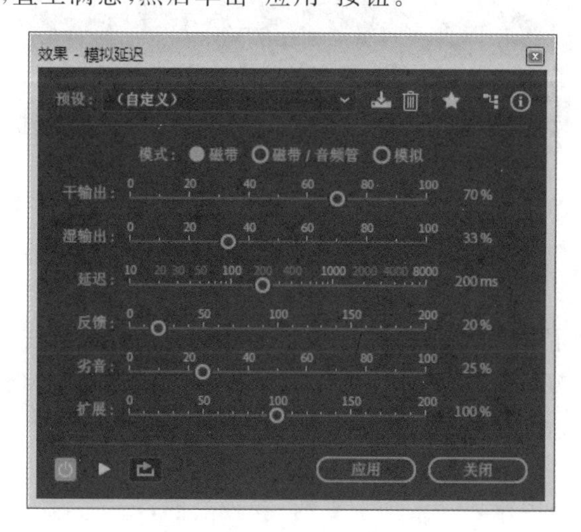

图 4-49 “效果-模拟延迟”对话框

- 模式：指定硬件延迟仿真的类型，确定均衡和失真特性。
- 干输出：设置未处理的源声音音量在总音量中的占比。
- 湿输出：设置进行延迟处理后的声音音量在总音量中的占比。
- 延迟：设置延迟时间。
- 反馈：重新发送延迟的音频，创建重复回声。如 20%的反馈就是将原始声音音量的 20%发送为延迟音频，从而形成回声。
- 劣音：增加失真和提高低频，增加声音的温和度。
- 扩展：决定延迟信号的立体声宽度。

2. “延迟”效果

该效果可以用于创建简单的回声和其他一些特殊效果。

打开声音文件，单击“效果”|“延迟与回声”|“延迟”命令，弹出“效果-延迟”对话框，如图 4-50 所示，可以从预设中选择延迟效果；如果不满意，可以手动调节各个参数，试听效果，直至满意，然后单击“应用”按钮。

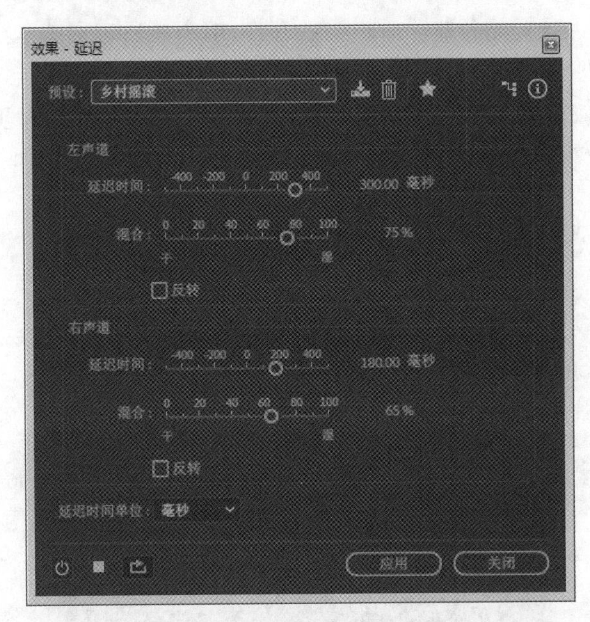

图 4-50 “效果-延迟”对话框

- 延迟时间：范围为－500～500ms，设置为负数可以使一个声道的信号在时间上提前。
- 混合：干湿声混合。如 75%代表在总音量中干声音量占 75%，湿声音量占 25%。
- 反转：反转信号的相位。

3. “回声”效果

该效果可以在原声中添加一系列重复的、衰减的回声。通过对左右声道的不同的参数设定，可以创建不同的回声。通过“连续回声均衡”，可以改变空间的大小。

打开声音文件，单击“效果”|“延迟与回声”|“回声”命令，弹出“效果-回声”对话框，如图4-51所示，可以从预设中选择回声效果；如果不满意，可以手动调节各个参数，试听效果，直至满意，然后单击“应用”按钮。

- 延迟时间：指定回声之间的延迟时间。如设置为500ms，则回声之间相隔500ms。
- 反馈：设置回声与前一个声音的音量比例。如设置为60%，则后一个回声为前一个声音音量的60%。
- 回声电平：设置回声干信号与湿信号在最终输出的混合百分比。
- 延迟时间单位：有毫秒、节拍、样本三种。
- 锁定左右声道：勾选后，可以是左右声道的参数调整一致，否则可以分别调整各声道参数。
- 回声反弹：勾选后，可以使回声在左右声道之间来回反弹。
- 连续回声均衡：提供了一个8段均衡器，可以对回声的某一个频段的强度进行细致调整。

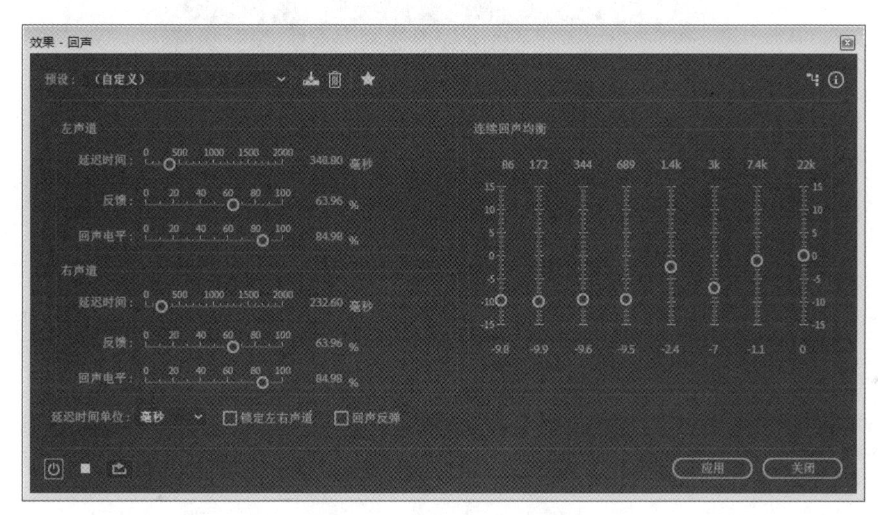

图4-51 “效果-回声”对话框

另外，“效果”菜单中的“混响”效果可以通过参数调整，模拟封闭空间的声音效果，使录制的声音更具有临场感，更加饱满动听，读者可以自主学习与探索。

4.7.2 时间与变调

该效果可以调整音频的播放时间长度和音频音调的高低。

选择需要处理的一段波形，单击“效果”|“时间与变调”|“伸缩与变调”命令，打开“效果-伸缩与变调”对话框，如图4-52所示。可以从预设中选择效果；如果不满意，可以手动调节各个参数，试听效果，直至满意，然后单击“应用”按钮。

- 算法：有“iZotop Radius”和“Audition”两种算法，前一种算法处理声音的时间较长，但能够产生更少的人为修改痕迹。

- 精度：精度越高声音的处理效果越好，但所耗时间越长。
- 持续时间：分别表示声音波形处理前后的时间长度。
- 将伸缩设置锁定为新的持续时间：能够覆盖预设或自定义的时间伸缩设置。勾选该项则不能再进行音调调整。
- 锁定伸缩与变调：勾选该项后，锁定初始伸缩和初始变调，调整其中一项参数则另一项同时变化，从而实现变速又变调的效果。
- 初始伸缩：设置处理后的波形时间与处理前波形时间的比例。如200%则波形时间为原来的2倍，播放速度变慢。
- 初始变调：音高的变化。大于0表示音调变高，小于0表示音调变低。

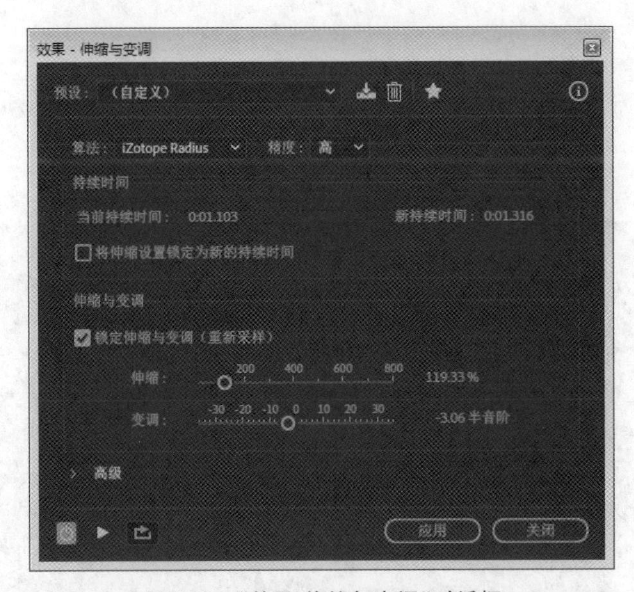

图 4-52 “效果-伸缩与变调”对话框

4.8 多轨混音

在 Audition CC 中可以将不同的音频素材放到不同的轨道上，通过编辑形成所需要的声音，最后将这些声音素材生成一个单独的音频文件，这一过程叫作“混音”。

4.8.1 基本轨道控制

1. 轨道类型

多轨混音编辑界面提供了三种轨道：音频轨道可以导入音频文件素材；视频轨道可以导入参考视频素材，主要为配音提供视频参考；主控轨道可以结合若干音频轨道，可以集中控制若干音频轨道，如图 4-53 所示。

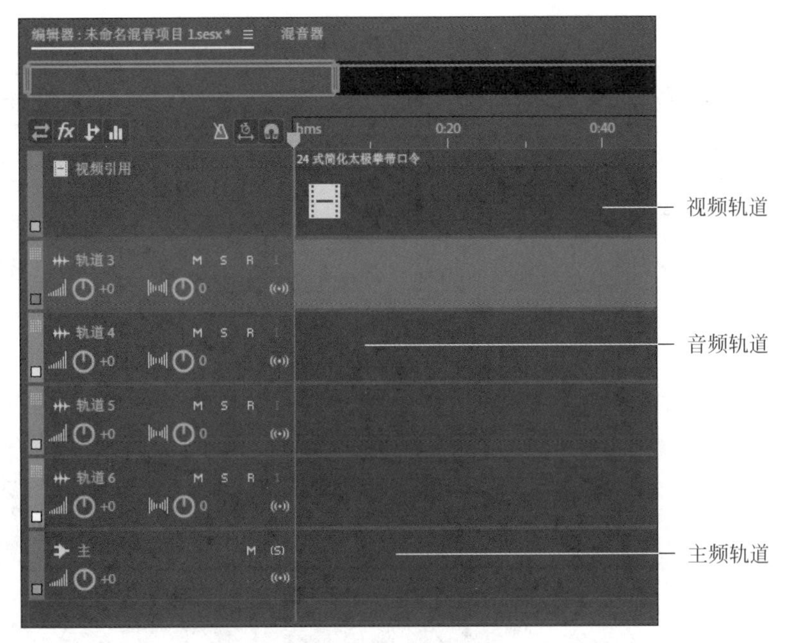

图 4-53　多轨轨道类型

2. 插入轨道

方法 1：使用菜单命令。选中“多轨”|“轨道”命令，在下拉菜单中选择需要插入的轨道类型即可。

方法 2：使用快捷菜单。在多轨编辑界面中，选中一个轨道，单击鼠标右键，从快捷菜单中的“轨道”下拉菜单中选择要添加的轨道类型。

3. 删除轨道

选中要删除的轨道，然后选中“多轨”|“轨道”命令，在下拉菜单中选择“删除已选择的轨道”命令。

4. 轨道命名

为了更好地对轨道进行管理，可以给轨道命名。命名方法为：在“多轨编辑”面板或“调音台”面板中，单击轨道左侧名称处，输入轨道名称即可，如图 4-54 和图 4-55 所示。

5. 缩放轨道

如果要对所有轨道进行缩放，可以使用“缩放面板”，如图 4-56 所示。其中的前两项可以使轨道在垂直方向同时变宽或变窄。

如果只想对其中的某一个轨道进行缩放，可以将鼠标放到编辑器左侧“轨道控制器”的两个轨道的交界处，按住鼠标左键上下移动即可，结果如图 4-57 所示。

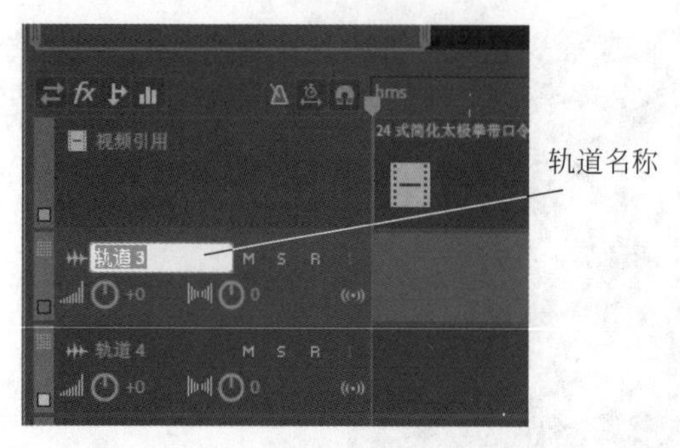

图 4-54　“多轨编辑”面板中命名轨道

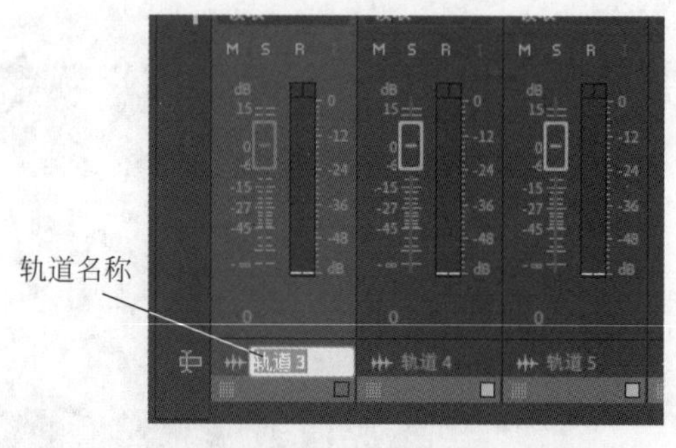

图 4-55　在“调音台”面板中命名轨道

图 4-56　缩放面板

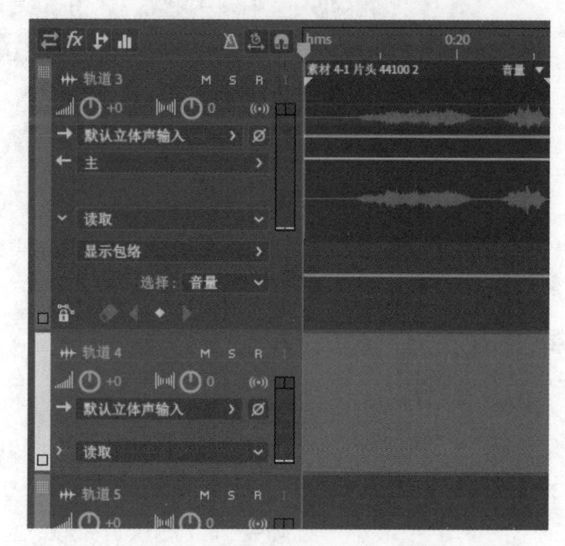

图 4-57　单个音轨宽窄的调整

6. 移动轨道

在多轨合成时，可以将有关联的轨道移动到一起以方便管理和编辑。操作方法：将鼠标定位到轨道名称的左侧，如果在“多轨编辑”面板，则按住鼠标左键上下移动即可移动轨道；如果在“调音台”面板，则按住鼠标左键左右移动即可移动轨道。

7. 单个音轨的调整

在多轨合成时，可以单独对每一个音轨进行调节，比如输入/输出音量控制、效果、平衡控制、自动包络线调整等，如图 4-58 所示。

- 轨道调整选项按钮：从左到右分别为“输入/输出”按钮、“效果”按钮、“发送”按钮、“EQ(均衡器)”按钮，单击不同按钮可以分别对不同的内容进行调整。
- 轨道状态确定按钮 M S R：从左到右分别为“静音”按钮、“独奏”按钮、“录音准备”按钮。“静音”按钮按下时代表当前音轨声音不能播放；“独奏”按钮按下时代

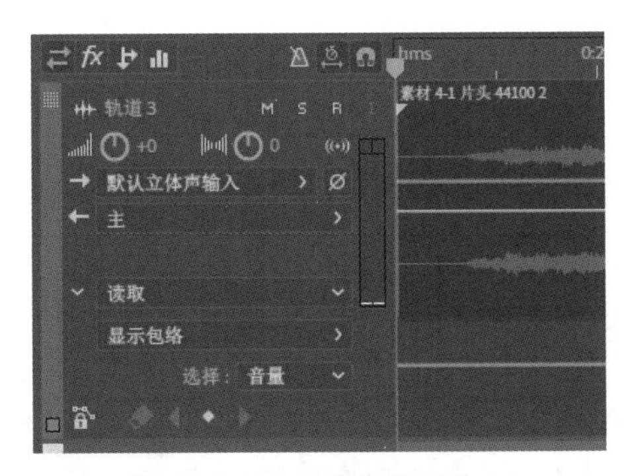

图 4-58　单个轨道调整

表只能播放当前轨道声音；“录音准备”按钮按下时代表当前轨道已经为录制声音做好准备，按下“传输”面板中的录制按钮，即可在当前轨道进行声音录制。

- 音量控制：可以将鼠标放到图标上，按住鼠标左键左右拖动来改变轨道的音量；或者鼠标单击数字，通过输入合适的数字改变轨道音量。
- 立体声平衡：可以将鼠标放到图标上，按住鼠标左键左右拖动来改变轨道立体声声道平衡；或者鼠标单击数字，通过输入合适的数字改变轨道立体声声道平衡。
- 自动化混音按钮：左侧的箭头代表自动化混音面板的折叠或打开；右侧的箭头单击时可以打开对包络线的编辑状态，如图 4-59 所示。
- 包络线选择：单击右侧箭头可以打开快捷菜单，如图 4-60 所示，选择需要进行调整的包络线类型，从而对该轨道进行自动化混音调整。可以通过鼠标左键在包络线上的合适位置单击添加关键帧，通过鼠标左键上下拖动关键帧对轨道进行整体调整，如图 4-61 所示。

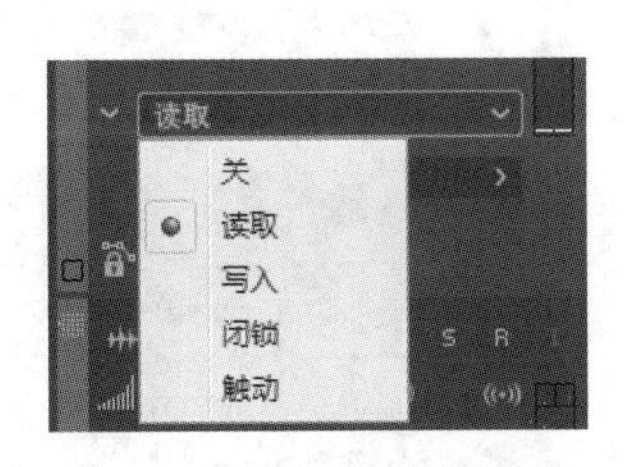

图 4-59　包络线编辑状态

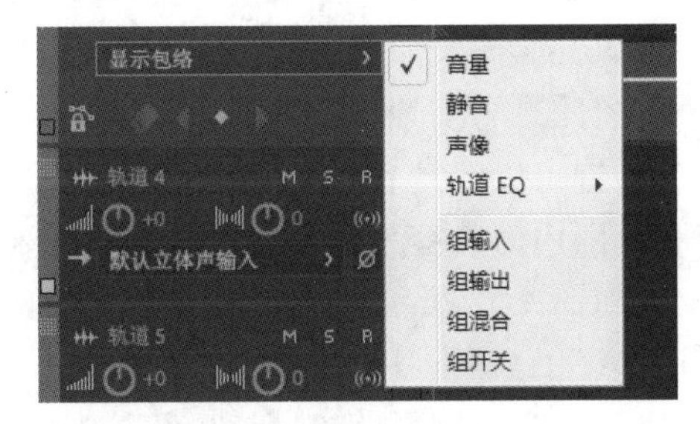

图 4-60　包络线类型的选择

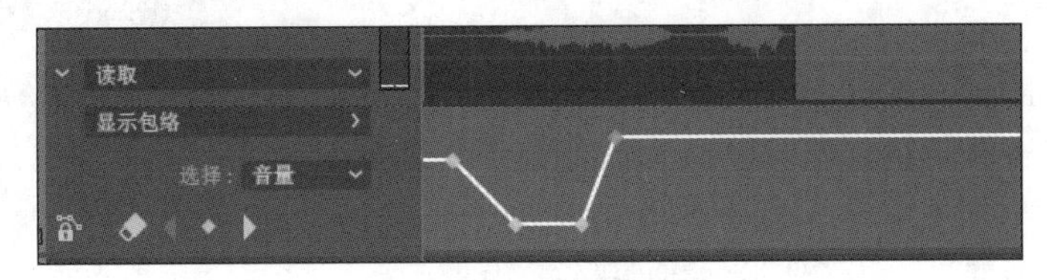

图 4-61　包络线编辑

4.8.2 插入素材

Audition CC 的多轨界面中，可以插入各种素材，包括音频素材、视频素材以及从视频中提取的素材。

方法 1：确定插入素材的轨道，移动时间标尺到合适的位置，单击菜单命令“多轨”|“插入文件”，打开“导入文件”对话框，选择素材，单击“打开”按钮，即可在确定的位置插入素材。

方法 2：确定插入素材的轨道，移动时间标尺到合适的位置，单击鼠标右键，在快捷菜单中单击命令“插入”|“文件”，打开“导入文件”对话框，选择素材，单击“打开”按钮，即可插入素材。

4.8.3 音频块编辑

在多轨编辑界面的轨道上插入音频素材后，音频文件就变成了轨道上的一个音频块，可以根据需要对音频块进行编辑，从而制作需要的混音音频。

1. 音频块编辑工具

可以利用多轨编辑工具栏中的工具对音频块进行编辑。

- 移动工具：单击该按钮，移动鼠标到音频块上单击左键，可以选择音频块；然后按住鼠标左键上下左右移动，则可以移动音频块到不同轨道或同一轨道的不同位置。
- 切断所选剪辑工具和切断所有剪辑工具：这两种工具可以切换，方法是鼠标左键单击按钮右下角的三角形，选择其中一项工具。这两种工具可以拆分音频块，方法是利用鼠标左键单击工具，移动鼠标到音频块合适的位置，单击鼠标左键则可以切割素材，如图 4-62 所示。
- 滑动工具：用鼠标左键单击这一工具，然后按住鼠标左键可以滑动音频块，此音频块在选中范围或裁切范围内的内容发生移动，但选择或裁切的边界不变，如图 4-63 所示。
- 时间选择工具：用鼠标左键单击这一工具，然后在波形上按住鼠标左键并拖动，可以选择一段波形。

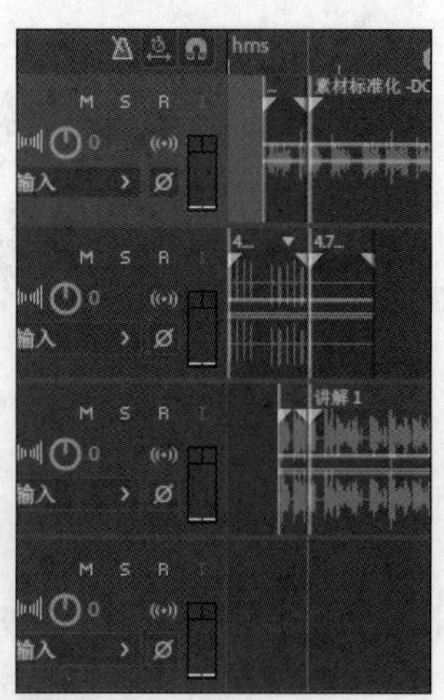

图 4-62 切割素材

2. 组合音频块

在音频编辑中，如果需要将几个音频块的位置保持不变，可以将这些音频块进行组合。操作方法以下有两种。

方法 1：使用菜单命令。选中需要编组的几个音频块，单击菜单命令“剪辑”|“分组”|“将剪辑分组”即可。

方法 2：使用快捷菜单。选中需要编组的几个音频块，

单击鼠标右键，在弹出的快捷菜单中单击“分组”|“将剪辑分组”命令。

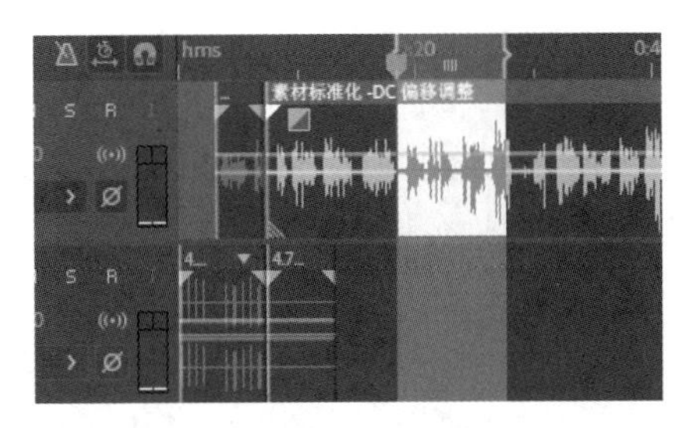

图 4-63 利用滑动工具移动选中波形

分组完成后，几个音频块变成同一个颜色，并且在音频块的左下角都有一个图标，此时移动一个音频块，其他音频块也会一起移动，保证它们的位置不会出现变动，如图 4-64 所示。

如果要取消音频块的分组，只需要选择一个音频块，单击菜单命令“剪辑”|“分组”|“取消分组所选的剪辑”即可；如果要将组内的音频块移除，需要单击“剪辑”|“分组”|“从组中移除焦点剪辑”命令；选中组内的音频块，单击“剪辑”|“分组”|“挂起组”命令，可以在保证成组不变的情况下，对其中的音频素材进行单独编辑。编辑完成后，可以取消挂起。

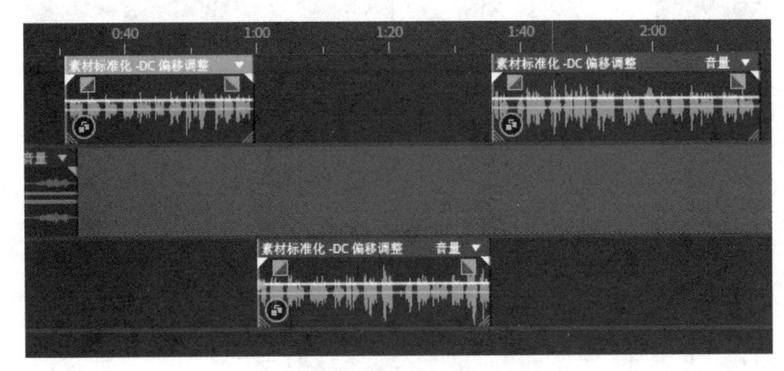

图 4-64 将剪辑分组

3. 删除音频块

方法 1：选中音频块，使用快捷菜单。单击鼠标右键，在快捷菜单中单击“删除”命令。

方法 2：选中音频块，使用菜单命令。单击菜单命令“编辑”|“删除”，即可删除选中的音频块。

4. 剪裁音频块

编辑音频时，可以选择需要保留的音频波形，剪掉多余的音频波形，操作如下：使用“时间选区”工具在音频素材上选择需要保留的音频波形，单击“剪辑”|“修剪到时间选区”命令即可，如图 4-65 所示。

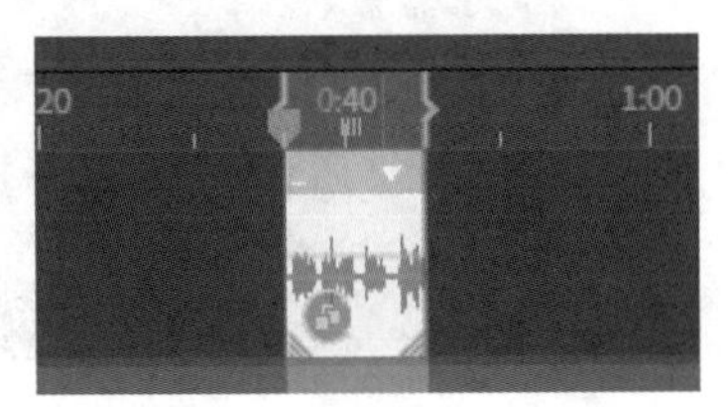

图 4-65 剪裁音频块前后

5. 拆分音频块

拆分音频块除了可以使用切断所选剪辑工具和切断所有剪辑工具外，还可以使用命令进行拆分，操作如下。

方法 1：使用快捷菜单。将时间标尺放到拆分时间点上，单击鼠标右键，在快捷菜单中选择“拆分”命令。

方法 2：使用菜单命令。将时间标尺放到拆分时间点上，单击菜单命令“剪辑”|“拆分”即可。

还可以一次将一段音频块拆分为三段，操作命令与分成两段类似，不同之处在于首先需要选择一段波形，然后再用上述方法，如图 4-66 所示。

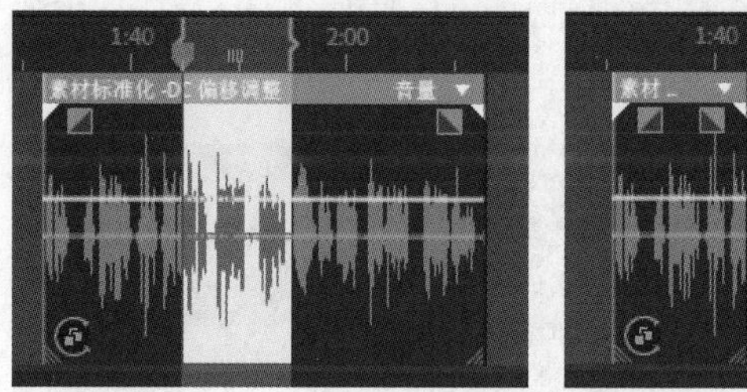

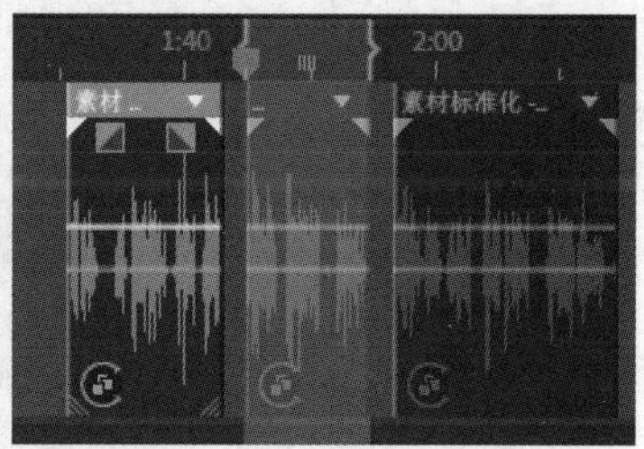

图 4-66　三段拆分

6. 时间伸缩

在多轨编辑中，可以通过“属性”面板中的“伸缩”属性对音频块进行时间伸缩和音高的设置，不需要使用效果器，直接拖曳声音波形即可，如图 4-67 所示。

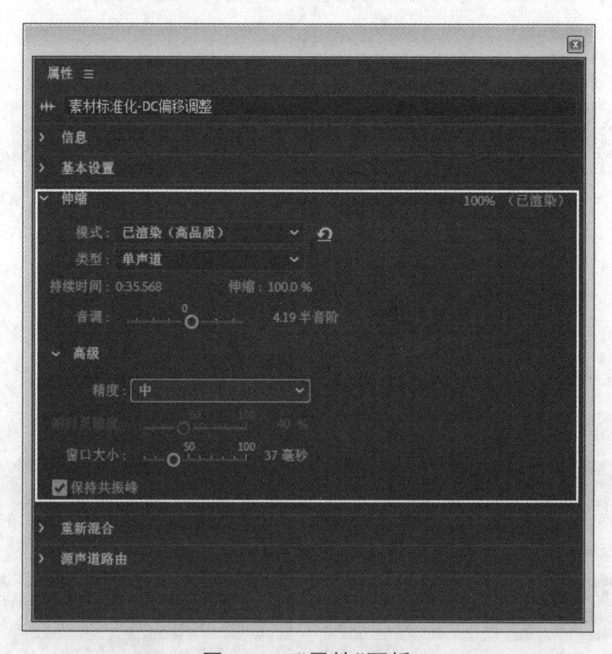

图 4-67　“属性”面板

• 模式：有“关闭”“实时”“已渲染”三种。“关闭”模式时伸缩参数不能调整，波形速度和音高保持原样；“实时”模式可以即时播放，不用渲染；“已渲染”模式时，如果更改了“持续时间”“缩放”数值或其他“高级”设置，则需要较长时间的运算，但播放效果好。
• 类型：有“单声道”“多声道”“变频”三类，可以根据音频属性或需要进行选择。
• 持续时间、伸缩：两者是相关的，更改一个另一个也会相应改变，主要调整音频的播放时间。
• 音调：可以调整伸缩后的声音音调。
• 高级：针对以上设置进行进一步完善。

进行伸缩设置之前，可以对音频素材进行设置，单击命令“剪辑”|“伸缩”|“启用全局素材伸缩”，则音频块的左上角、右上角会出现伸缩标记，如图 4-68 所示。将鼠标放到标记上，当鼠标变为“秒表”图标时拖曳标记，即可实现音频块的缩放。

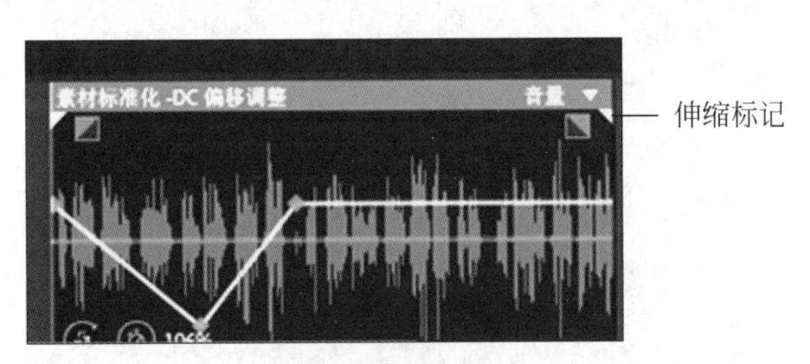

图 4-68　音频块伸缩

4.8.4　保存和导出文件

1. 保存文件

通过文件菜单中的“保存”和“另存为”命令，保存多轨工程文件，如图 4-69 所示。多轨工程文件是一个指针文件，所占空间很小，不包含实际的音频文件，其扩展名为.sesx。

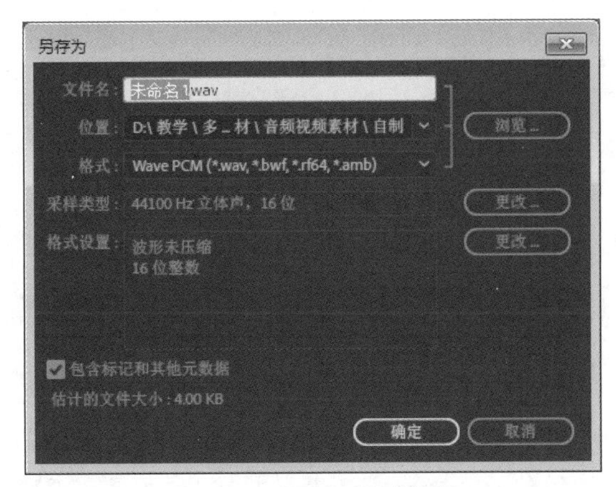

图 4-69　“另存为”对话框

如果要保存工程文件和用到的全部音频文件，需单击“文件”|“全部保存”命令。注意：需勾选“包含标记和其他元数据”复选框。

2. 导出文件

当完成混音编辑后，可以将混音导出。可以全部导出，也可以利用时间选区工具选择部分保存范围导出。

如果要导出部分内容，操作如下：单击“文件”|“导出”|“多轨混音”|“时间选区”，打开“导出多轨混音”对话框，如图 4-70 所示，进行参数设定后，单击“确定”按钮，即可导出部分选择的内容。

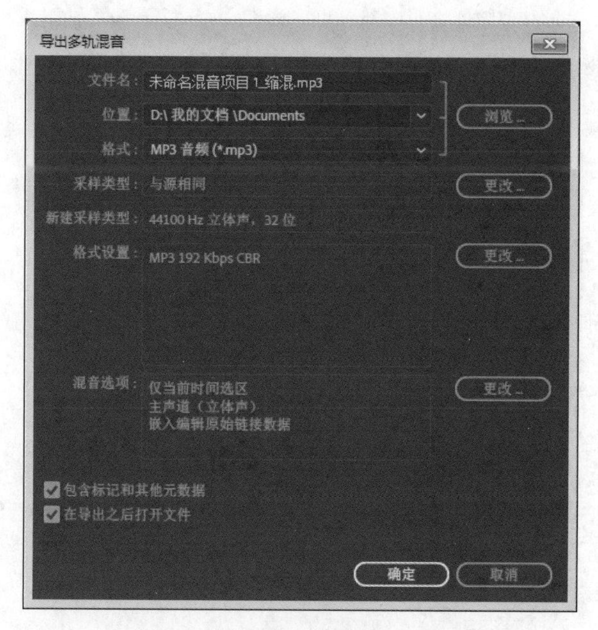

图 4-70　“导出多轨混音”对话框

如果要导出整个工程文件，操作如下：单击“文件”|“导出”|“多轨混音”|“整个会话”，其他设置同上。

4.9　综合案例

本部分为综合案例，主要结合前几部分的学习内容，经过录制、剪辑、混音等操作，输出为一个声音文件。

1. 确定素材类型

如果要进行声音制作，首先要根据需要确定所需素材的类型，声音的类型主要有语音、音乐和音响三类。然后分析并确定声音素材的来源，如果有现成的，直接使用即可；如果没有现成的，则需要根据具体情况分别购买、从网上下载、剪辑制作、录制。

本综合实例中需要准备的素材及来源如表 4-1 所示。

表 4-1　素材来源分析

类别	现有（是/否）	网上下载（是/否）	录制（是/否）	通过剪辑制作（是/否）
语音	否	否	是	是
音乐	否	是	否	是
音响	是	否	否	是

2. 录音准备

（1）环境选择：最好选择专业录音室，如果条件不允许，至少要选择空间较小、没有窗口的房间，并且选择在周围安静的时间。

（2）硬件准备：计算机 1 台（已安装声卡、已安装音频处理软件 Audition CC），耳机（或扬声器）并将之连接至计算机主机的耳机（或音频输出）插口，并将麦克风连接到计算机上，话筒防喷罩等。

（3）软件准备：打开 Audition CC 软件，设置好录音选项。

3. 录音

主要在波形编辑界面下录音。

（1）单击“波形编辑器”按钮，如图 4-71 所示，打开“新建音频文件”对话框，如图 4-72 所示，进行参数设定。采样率为 44100Hz，声道为立体声，量化位数为 32 位，然后单击“确定”按钮，则创建空的波形文件。

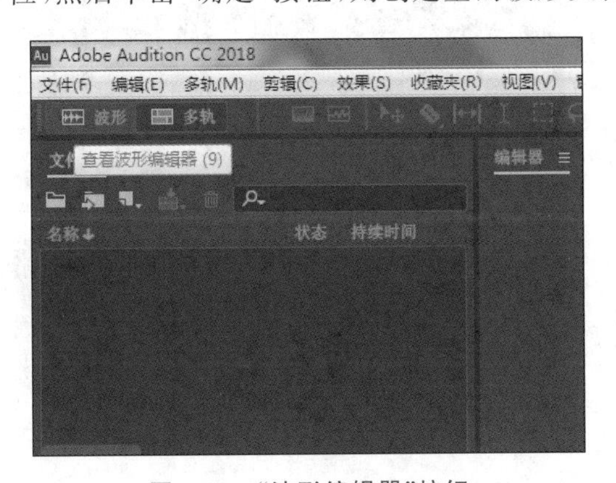

图 4-71　“波形编辑器”按钮

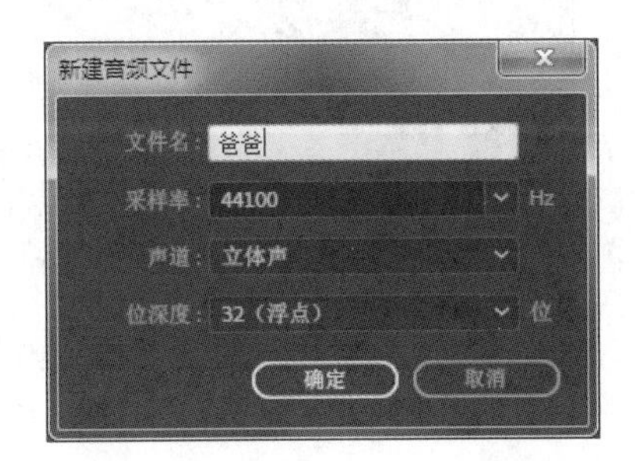

图 4-72　“新建音频文件”对话框

（2）单击“录制”按钮，就可以录制了。

注意：录制时可以先试录，观察录音电平的大小是否合适。电平过大容易出现爆音，电平过小会导致声音音量不足。无论电平过大或过小都不符合录音要求，需要进行录音电平高低的调整，使电平大小合适，如图 4-73 所示。录音电平的调整方法在 4.3.3 节中已经详细讲述，读者可以参照调整。

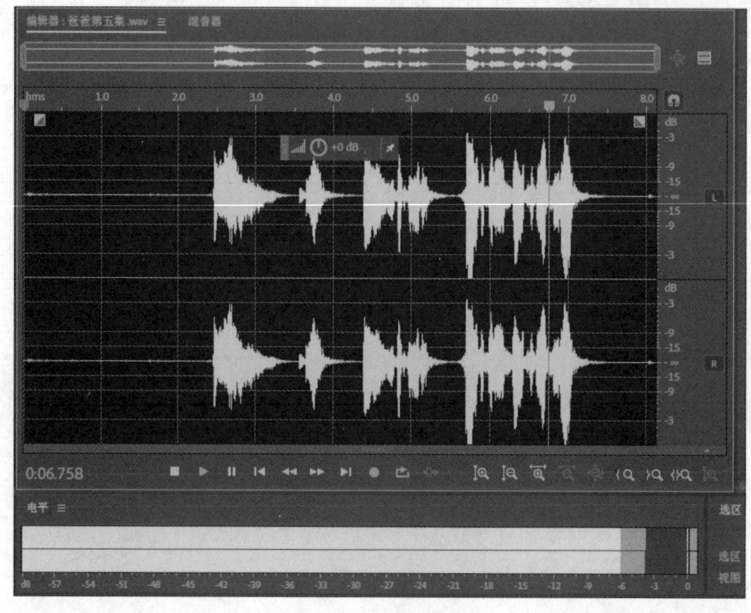

图 4-73 电平合适

4. 剪辑制作

(1) 剪除不需要的内容。选择录制音频中与主要内容无关的波形，如图 4-74 所示，按 Delete 键，则删除多余的波形。

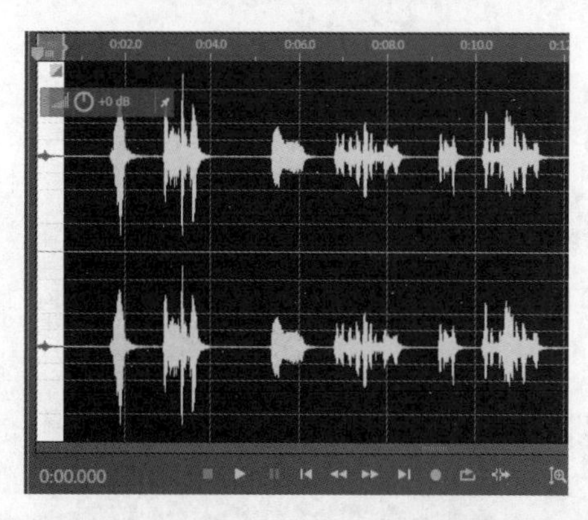

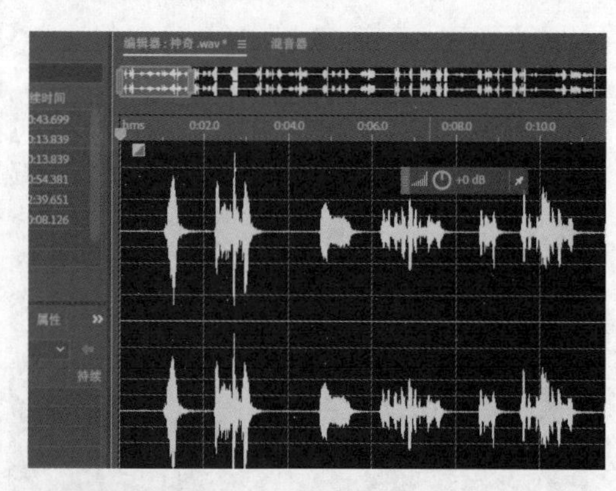

图 4-74 多余波形删除前后

(2) 增幅。调整录音音量的大小：将鼠标放到波形上，连击 3 下，选中所有波形，如图 4-75 所示；单击"效果"|"振幅与压限"|"增幅"命令，打开"效果-增幅"对话框，从"预设"中进行增幅设置，如图 4-76 所示。然后单击"文件"|"另存为"命令，将音量调整后的文件保存。调整音量大小也可以采用"效果"|"振幅与压限"|"标准化(处理)"命令进行调整，读者可以自主探讨，这部分内容在 4.5.1 节中已经讲解，不再赘述。

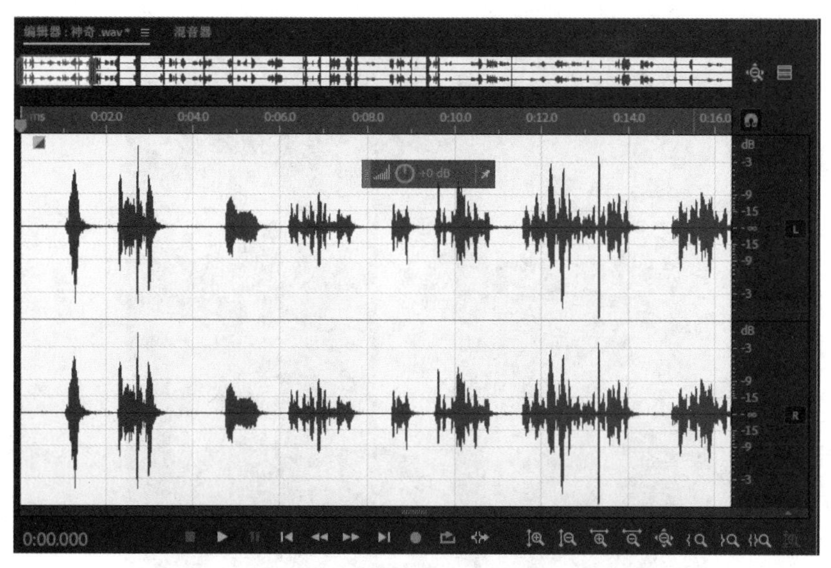

图 4-75　选中所有波形图

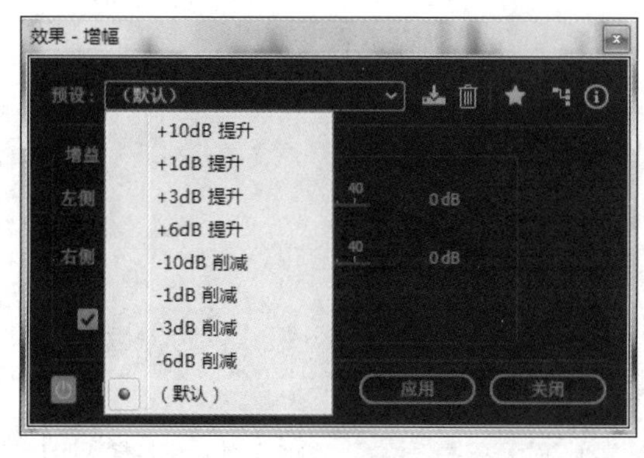

图 4-76　“效果-增幅”对话框

（3）降噪。选中没有录音音频波形的部分，为保证提取的环境噪声完整，时间范围最好不要少于 1s，如图 4-77 所示；单击“效果”|“降噪/恢复”|“降噪(处理)”命令；打开“效果-降噪”对话框；单击“捕捉噪声样本”按钮，则可以显示噪声样本，如图 4-78 所示；单击“选择完整文件”按钮，然后单击“确定”按钮，则可以在整个文件中去掉环境噪声。

（4）剪辑。将录音素材根据内容通过剪辑制作不同的素材块，操作方法：选择一段声波波形，单击鼠标右键，在快捷菜单中选择“复制到新建”命令，新建一段素材；单击“文件”|“另存为”命令，设置参数后，单击“确定”按钮，将素材保存，如图 4-79 所示。利用同样的方法，将其余素材按照内容进行剪辑处理。注意：素材在生成后，可以选中素材，再进行效果处理，如以上(1)～(3)的操作。

（5）声调处理。根据角色特点对声音进行声调处理。单击“效果”|“时间与变调”|“变调器”命令；打开“效果-变调器”对话框；然后在波形编辑器下，在音阶曲线上，用鼠标左键单击添加关键帧，或者用鼠标左键按住关键帧拖动，从而进行声调调整，如图 4-80

所示。

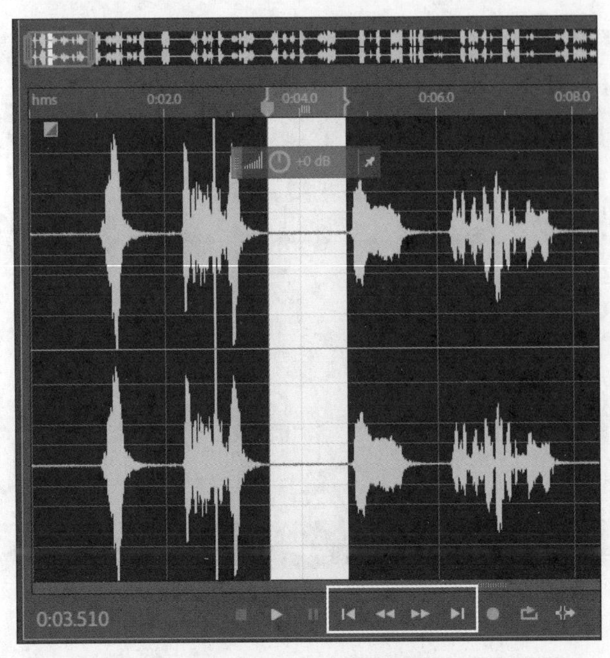

图 4-77　选择环境噪声

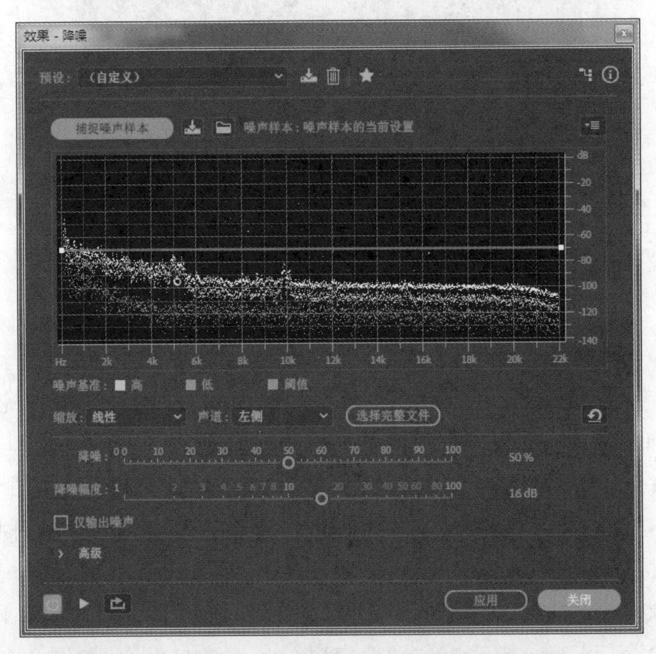

图 4-78　噪声样本捕捉、“选择完整文件”按钮

所示。

5. 多轨合成

多轨合成主要是将所有的素材按照前后顺序分别排列在相应的轨道上，混合成所需

图 4-79 “另存为”对话框

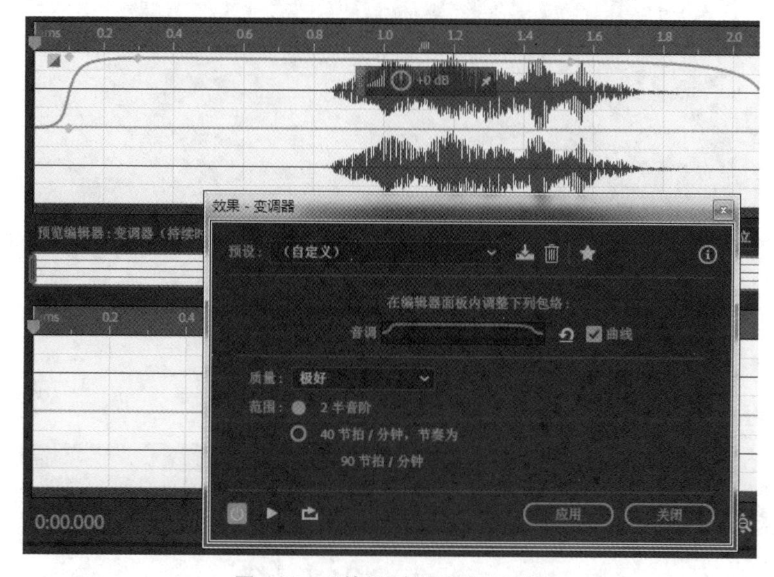

图 4-80 “效果-变调器”对话框

要的音频。

(1) 创建多轨混音文件。按下多轨编辑器按钮 多轨 ，打开“新建多轨会话”对话框，进行参数设置：采样率为 44100Hz，量化位数为 32，声道为立体声，如图 4-81 所示，创建多轨混音文件。

(2) 轨道命名。当素材文件比较多时，为了便于管理文件，可以将同类素材放到同一轨道内，并对轨道命名。操作：将鼠标放于轨道名称上，单击，输入轨道名字，如图 4-82 所示。

(3) 将素材导入轨道。按照轨道名称，将素材依次导入各个轨道：将时间标尺放到合适的位置，然后单击鼠标右键，在快捷菜单中单击“插入”|“文件”命令，或者将素材导入“项目”面板，按照声音的先后顺序，将素材插入轨道，如图 4-83 所示。

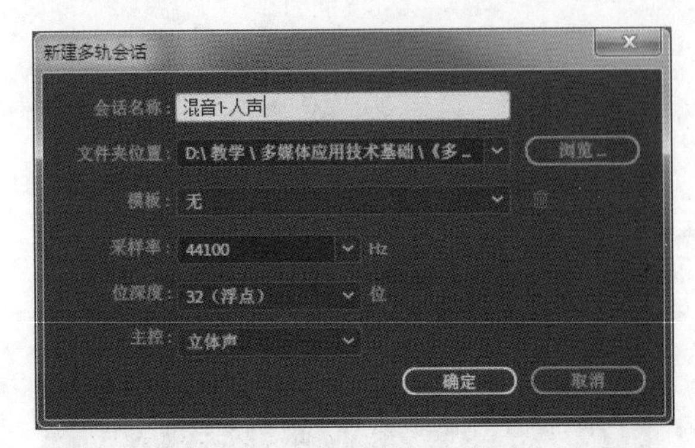

图 4-81 “新建多轨会话”对话框

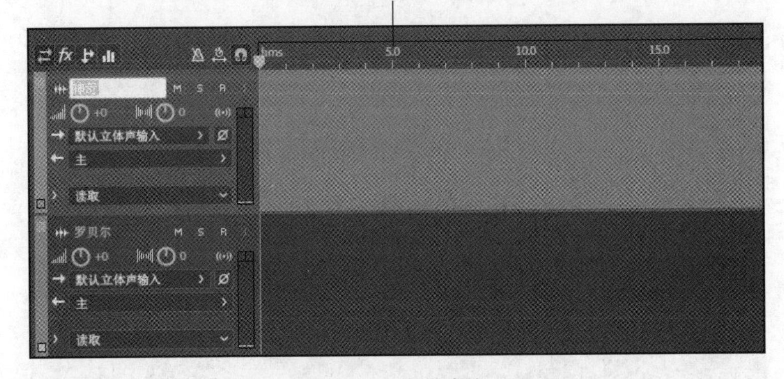

图 4-82 轨道命名

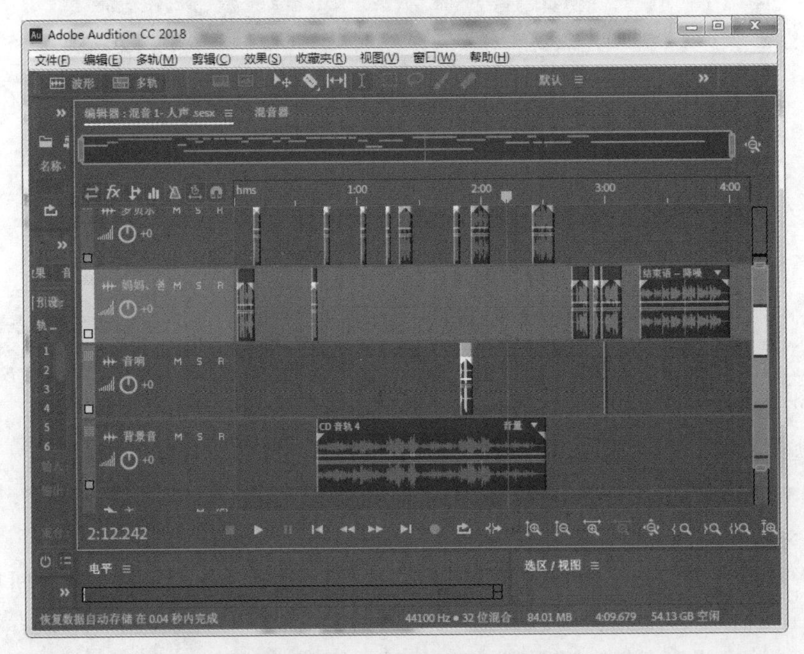

图 4-83 按照顺序插入素材

(4) 调节音频块的音量，使整体声音音量和谐。可以利用“音量”包络：将鼠标放在包络线上，单击添加关键帧，按住鼠标左键拖动关键帧，或者整体拖动整个包络线，如图 4-84 所示。

(5) 文件保存。单击“文件”|“保存”命令，将多轨编辑界面及项目面板中的文件保存。多轨文件保存为.sesx 文件，如图 4-85 所示，可用于以后进一步编辑。

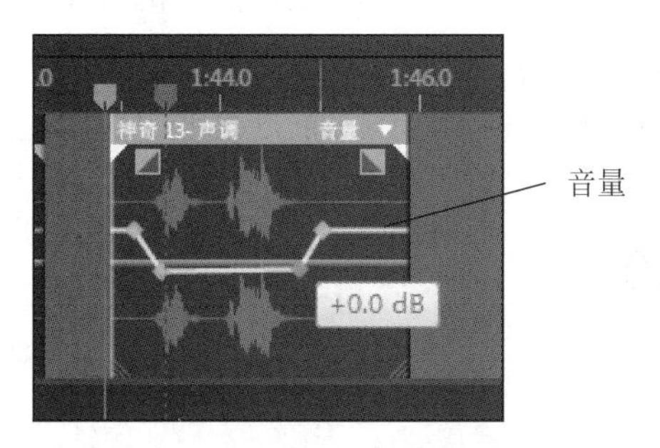

图 4-84　音量包络线调整

图 4-85　“另存为”文件夹

6. 导出混音

单击“文件”|“导出”|“多轨混音”|“整个会话”命令，打开“导出多轨混音”对话框，如图 4-86 所示，输入参数后，将编辑好的混音导出。

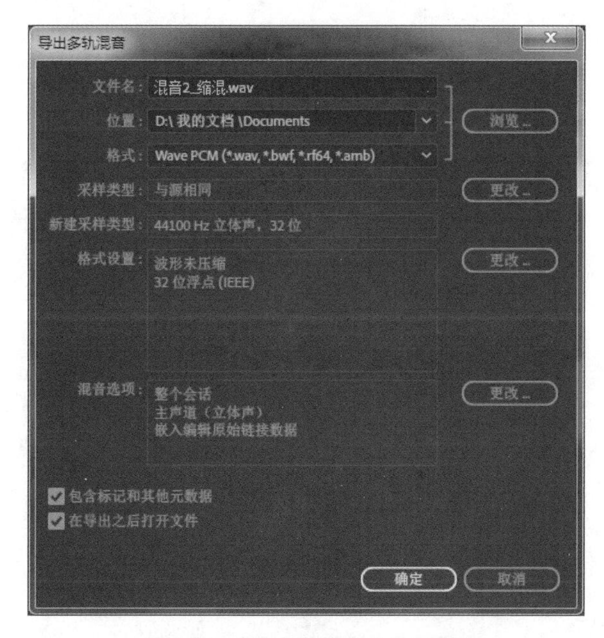

图 4-86　“导出多轨混音”对话框

小　　结

本章首先介绍了声音的基本概念、数字化的原理、编码标准、常用的文件格式，然后依次讲解了运用 Audition CC 软件进行音频文件制作的各项基本操作，包括文字的音量调整、淡入淡出、基本编辑操作、常用降噪器、常用的音频特效、多轨混音的基本操作，最后通过综合实例制作进一步讲解了用 Audition CC 录制编辑声音的方法。

习　　题

1. 声音的三要素是什么？

2. 数字声音的质量取决于哪些因素？其数据量如何计算？

3. 什么是 MIDI 声音？

4. 选择一段文学作品或解说词，朗读，使用 Audition 录制一个音频文件。

5. 选择一首古诗录音，从网上下载并编辑相应的音乐，选择合适的音响，使用 Audition 合成一段诗朗诵。

第5章

数字影视编辑（Premiere）

本章学习目标

拿起手机随手拍摄，简单剪辑成短视频上传到短视频平台上，已成为大众分享生活的一种流行趋势。Adobe公司的Premiere软件经过长期的演变与发展，凭借专业、简洁、方便、实用的优点，在影视、广告、包装等领域被广泛应用，并深受众多从业者和广大爱好者喜爱。使用该软件，可以充分发挥自己的创意，制作出精彩的效果。

- 掌握影视编辑的发展过程。
- 掌握线性编辑与非线性编辑等视频基础知识。
- 掌握Premiere Pro CC软件的使用方法。
- 掌握用Premiere Pro CC进行影视处理的基本方法。

5.1 数字影视基础知识

影视编辑技术经过多年的发展，由最初的直接剪接胶片的形式发展到现在借助计算机进行数字化编辑的阶段，影视编辑从此进入非线性编辑的数字化时代。

5.1.1 影视编辑的发展过程

到目前为止，影视编辑的发展共经历了物理剪辑方式、电子编辑方式、时码编辑方式和非线性编辑方式4个阶段。

1. 物理剪辑方式

最初的剪辑方式是按导演和剪辑师的创作意图对胶片直接剪开，用胶水或胶带连接的方式。这种编辑方式对磁带有损伤，节目磁带不能复用，编辑时无法实时查看画面。

2. 电子编辑方式

随着电子技术和录像技术不断完善，电视编辑也进入了电子编辑时代。这种编辑方式虽然避免了对磁带的损伤，但是编辑不够准确，无法逐帧重放，还会出现跳帧现象，使得画面不够连贯。

3. 时码编辑方式

当SMPTE/EBU时码技术可以对磁带位置进行标准化的标记时，磁带编辑的精度和效率都有了大幅度的提高。但是电视编辑仍无法实现实时编辑点定位功能，磁带复制造成的信号损失的问题也没能得到彻底解决。

4. 非线性编辑方式

从20世纪70年代开始，随着媒体技术和存储技术的发展，非线性编辑系统得到了日新月异的改变，媒体存储方式由磁带变成了电子芯片存储，存储形式也由模拟信号变成了数字信号，使得编辑变得越来越快捷准确。

5.1.2 线性编辑与非线性编辑

1. 线性编辑

线性编辑是一种传统的视频编辑手段。它利用电子手段，根据节目内容的要求将素材连接成新的连续画面的技术。使用该种编辑方法可以将素材顺序编辑成新的连续画面，但要想删除、缩短、加长中间的某一段就不容易实现了。

由此可见，线性编辑是一种需要按照时间顺序从头至尾进行编辑的节目制作方式，它所依托的是以一维时间轴为基础的线性记录载体，比如磁带编辑系统。

2. 非线性编辑

非线性编辑是一种组合和编辑多个视频素材的方式。它使用户在编辑过程中，能够在任意时刻随机访问所有素材。同时，非线性编辑技术融入了计算机和多媒体这两个先进领域的前端技术，把录像、编辑、特技、动画、字幕、同步、切换、调音、播出等多种功能集于一体，克服了传统编辑设备的缺点，提高了视频编辑的效率。

非线性编辑系统能够将输入的各种音视频信号通过采样、量化、编码技术实现了模拟信号到数字信号的转换，并采用数字压缩技术将其存入计算机硬盘当中。因为非线性编辑没有采用磁带，使用硬盘作为存储介质，大大满足了随机存取的需求，因此可以实现音视频编辑的非线性处理。

5.1.3 视频的基本概念

目前，视频分为模拟视频和数字视频两类。在进行视频编辑之前，首先需要了解视频的基本概念。

1. 帧

由于人眼对运动物体具有视觉残像的生理特点，因此当某段时间内一组动作连续的静态图像依次快速显示时，就会被“感觉”是一段连贯的动画了。电视、电影中的影片也都是动画影像，但这些影片其实都是通过一系列连续的静态图像组成的，在单位时间内的这些静态图像就称为帧。

2. 帧速率

电视上每秒钟扫描的帧数即帧速率。帧速率的大小决定了视频播放的平滑程度。帧速率越高，动画效果越平滑，反之就会有阻塞。在视频编辑中也常常利用这样的特点，通过改变一段视频的帧速率，来实现快动作与慢动作的表现效果。

3. 像素

像素是图像编辑中的基本单位。像素是一个个有色方块，图像由许多像素以行和列的方式排列而成。文件包含的像素越多，其所含的信息也越多，所以文件越大，图像品质也就越好，如图 5-1 所示。

低像素

高像素

图 5-1　高低像素对比图

4. 场

视频素材根据扫描方式的不同分为交错式和非交错式。交错视频的每一帧由两个场（Field）构成，称为场 1 和场 2，也称为奇场和偶场，在 Premiere 中称为上场和下场，这些场依顺序显示在监视器上，产生高质量的平滑图像。

5. 视频制式

大家平时看到的电视节目都是经过视频处理后进行播放的。由于世界上各个国家对电视视频制定的标准不同，其制式也有一定的区别。各种制式的区别主要表现在帧速率、分辨率、信号带宽等方面，而现行的彩色电视制式有 NTSC、PAL 和 SECAM 三种。

- NTSC（National Television System Committee）：这种制式主要在美国、加拿大等

大部分西半球国家以及日本、韩国等地被采用。

- PAL(Phase Alternation Line):这种制式主要在中国、英国、澳大利亚、新西兰等地被采用。根据其中的细节可以进一步划分成G、I、D等制式,我国采用的是PAL-D。
- SECAM:这种制式主要在法国、东欧、中东等地被采用。这是按顺序传送与存储彩色信号的制式。

6. 视频画幅大小

数字视频作品的画幅大小决定了Premiere项目的宽度和高度。在Premiere中,画幅大小是以像素为单位进行计算的。像素是计算机监视器上能显示的最小元素。如果正在工作的项目使用的是DV影片,那么通常使用DV标准画幅大小720×480px,HDV视频摄像机可以录制1280×720px和1400×1080px大小的画幅,更昂贵的高清(HD)设备能以1920×1080px进行拍摄。

7. 像素比

像素比是指图像中的一个像素的宽度与高度之比,方形像素比为1.0(1∶1),矩形像素比则非1∶1。一般计算机像素为方形像素,电视像素为矩形像素。

PAL制规定画面宽高比为4∶3,而我国的制式PAL-D的分辨率为720×576,像素比为16∶15=1.067,也就是矩形像素。

8. 时间码

在视频编辑中,通常用时间码来识别和记录视频数据流中的每一帧,从一段视频的起始帧到终止帧,其间的每一帧都有一个唯一的时间码地址。根据动画和电视工程师协会SMPTE(Society of Motion Picture and Television Engineers)使用的时间码标准,其格式是:小时:分钟:秒:帧或hours:minutes:seconds:frames。一段长度为00:02:31:15的视频片段的播放时间为2分钟31秒15帧,如果以每秒30帧的速率播放,则播放时间为2分钟31.5秒。

9. 视频记录方式

视频记录方式有两种,分别是数字信号(Digital)记录方式和模拟信号(Analog)记录方式。

数字信号记录方式就是用二进制数记录数据内容,通常用于新型视频设备,如DV、DC、平板电脑和智能手机等。数字信号可以通过有线或无线方式进行传播,传输质量不受距离因素的影响。

模拟信号记录方式就是以连续的波形记录数据,通常用于传统视频设备。模拟信号可以通过有线或无线方式进行传播,传输质量随着距离的增加而衰减。

5.1.4 影视创作基础

一部优秀的作品是按照剧本将所拍摄的大量镜头素材，利用非线性编辑软件，并遵循一定的镜头语言和剪辑规律，经过选择、取舍、分解和组接，从而最终形成。

1. 镜头

在影视作品的前期拍摄中，镜头是指摄像机从启动到关闭期间，不间断拍摄的一段画面的总和。在后期编辑时，镜头可以指两个剪辑点间的一组画面。在前期拍摄中的镜头是影片组成的基本单位，也是非线性编辑的基础素材。非线性编辑软件能够对镜头的重新组接和裁剪编辑处理。

2. 景别

在拍摄过程中，根据剧本需求，拍摄不同的画面语言，这些画面语言就可以用景别来具体描述。景别是指由于摄影机与被摄体的距离不同，而造成被摄体在镜头画面中呈现出范围大小的区别。景别一般可分为五种，由近至远分别为特写、近景、中景、全景、远景，如图 5-2 所示。

图 5-2 景别示意图

3. 运动拍摄

除去静态拍摄的手法，运动拍摄也是常用的拍摄方式。运动拍摄，顾名思义就是指在一个镜头中通过移动摄像机机位，或者改变镜头焦距所进行的拍摄。通过这种拍摄方式所拍到的画面，称为运动画面。通常通过推、拉、摇、移、跟、升降摄像机和综合运动摄像机，从而形成推镜头、拉镜头、摇镜头、移镜头、跟镜头、升降镜头和综合运动镜头等运动镜头画面。

而在后期处理的非线性软件编辑过程中，可以通过缩放和位移等特效属性，模拟摄像机镜头运动，形成运动镜头画面效果。

4. 蒙太奇视频编辑艺术

蒙太奇产生于编剧的艺术构思，体现于导演的分镜头稿本，完成于后期编辑。蒙太奇作为影视作品的构成方式和独特的表现手段，贯穿于整个制作过程。

蒙太奇是法语 Montage 的译音，原是法语建筑学上的一个术语。该词的原意是安装、组合、构成。将蒙太奇运用于电影行业，成为一种独特的影视语言。它是电影、电视的基本结构手段、叙述方式，包括分镜头和镜头、场面、段落的安排与组合的全部艺术技巧。

5. 镜头组接

镜头之间的连接方式代表画面语言连贯，常用的镜头组接方式有“静接静”“动接动”等。“静接静”组接时，前一个镜头结尾停止的片刻叫“落幅”，后一个镜头运动前静止的片刻叫“起幅”，起幅与落幅时间间隔为 1～2s。

运动镜头和固定镜头组接，同样需要遵循“动接动”“静接静”的规律。当一个固定镜头要接一个运动镜头时，则运动镜头开始要有“起幅”。相反，一个运动镜头接一个固定镜头时，运动镜头要有“落幅”，否则画面就会给人一种跳动的视觉感。为了达到一些特殊效果，有时也会使用“静接动”或“动接静”的镜头。

5.2 Premiere 基础

5.2.1 Premiere 简介

1. Premiere 软件简介

Premiere Pro CC 是 Adobe 公司推出的一款非常优秀的非线性影视编辑软件，它融影视和声音处理为一体，功能强大、易于使用，能对影视、声音、动画、图片、文本进行编辑加工，并最终生成电影文件，为制作数字影视作品提供了完整的创作环境。不管是专业人士还是业余爱好者，使用 Premiere Pro CC 都可以编辑出自己满意的影视作品。Premiere Pro CC 是所有非线性交互式编辑软件中的佼佼者，Premiere 首创的时间线编辑和剪辑项目管理等概念，已经成为事实上的工业标准。用 Premiere Pro CC 可以进行非线性编辑，以及建立 Adobe Flash Video、QuickTime、Real Media 或者 Windows Media 影片。

2. Premiere Pro CC 的主要功能

(1) 影视和声音的剪辑。提供了多种编辑技术，使用非线性编辑功能，对影视和声音进行剪辑。

(2) 使用图片、影视片段等制作数字电影。

(3) 加入影视过渡效果。Premiere 提供了多种从一个素材到另一个素材的转场方法，可以从中选择转场效果，也可以自己创建新的转场效果。

(4) 多层影视合成。可以利用不同的视频轨道进行影视叠加,也可以创建文本和图形并叠加到当前影视素材中。

(5) 声音、影视的修整及同步。给声音、影视做各种调整,添加各种效果。调整声音、影视图像不同步的问题。

(6) 具有多种活动图像的特技处理功能。使用"运动"使任何静止或移动的图像沿某个路径移动,具有扭转、变焦、旋转和变形等效果,并提供了多种影视效果的设置。

(7) 导入数字摄影机中的影音段进行编辑。

(8) 格式转换。几乎可以处理任何格式,包括对 DV、HDV、Sony XDCAM、XDCAM EX、Panasonic P2 和 AVCHD 的原生支持。支持导入和导出 FLV、F4V、MPEG-2、QuickTime、Windows Media、AVI、BWF、AIFF、JPEG、PNG、PSD 和 TIFF 等。

Adobe Premiere Pro CC 以其优异的性能和广泛的应用,够满足各种用户的不同需求。用户可以利用它随心所欲地对各种影视图像和动画进行编辑,添加声音,创建网页上播放的动画并对影视格式进行转换等。

3. Premiere Pro CC 的主要特点

(1) 提供了多达 99 条的影视和声音轨道,以帧为精度精确编辑影视和声音并使其同步,极大简化了非线性编辑的过程。

(2) 提供了多种过渡和过滤效果,并可进行运动设置,从而可以实现在许多传统的编辑设备中无法实现的效果。

(3) 上百种声音、视频效果的参数调整、运动的设置、不透明度和转场等,都能够在 DV 显示器和计算机屏幕上实时显示出效果。实时的画面反馈,使用户能够快速地修改调整,提高了工作效率。

(4) 有着广泛的硬件支持,能够识别 avi、mov、mpg 和 wmv 等许多影视和图像文件,为用户制作节目提供了广泛选择素材的可能。它还可以将制作的节目直接刻录成 DV,生成流媒体形式或者回录到 DV 磁带。只要用户计算机中安装了相关的编码解码器,就能够输入、生成相关格式的文件。

5.2.2 Premiere Pro CC 的工作界面

Premiere Pro CC 工作界面

启动 Premiere Pro CC 后,其工作界面如图 5-3 所示。

Premiere 是具有交互式界面的软件,其工作界面中存在着多个工作组件。用户可以方便地通过菜单和面板相互配合使用,直观地完成影视编辑。Premiere Pro CC 的工作界面主要包括"项目"窗口、"时间线"窗口、"监视器"窗口、"工具栏"面板,以及"效果"面板、"效果控件"面板、"音频剪辑混合器"面板、"音频仪表"面板等工作组件。

1. "项目"窗口

"项目"窗口主要用于导入、存放和管理素材。编辑影片所用的全部素材应事先存放于项目窗口里,然后再调出使用。项目窗口的素材可以用列表和图标两种视图方式来显

图 5-3　Premiere Pro CC 工作界面

示，包括素材的缩略图、名称、格式、出入点等信息。也可以为素材分类、重命名或新建一些类型的素材。导入、新建素材后，所有的素材都存放在项目窗口里，用户可以随时查看和调用项目窗口中的所有素材。在项目窗口中双击某一素材可以打开素材监视器窗口。

2. “时间线”窗口

“时间线”窗口非线性编辑器的核心窗口，Premiere 以轨道的方式实施影视声音组接编辑素材，用户的编辑工作都需要在时间线窗口中完成。素材片段按照播放时间的先后顺序及合成的先后层顺序在时间线上从左至右、由上及下排列在各自的轨道上，可以使用各种编辑工具对这些素材进行编辑操作。

“时间线”窗口分为上下两个区域，上方为时间显示区，下方为轨道区。

时间显示区域是时间线窗口工作的基准，它包括时间标尺、时间编辑线滑块及工作区域。左上方的时间码显示的是时间编辑线滑块所处的位置。单击时间码，可以输入时间，使时间编辑线滑块自动停到指定的时间位置。也可以在时间栏中按住鼠标左键并水平拖动鼠标来改变时间，确定时间编辑线滑块的位置。时间码下方有“吸附”按钮（默认被激活），在时间线窗口轨道中移动素材片段的时候，可使素材片段边缘自动吸引对齐。

轨道是用来放置和编辑影视、声音素材的地方。用户可以对现有的轨道进行添加和删除操作，还可以将它们任意锁定、隐藏、扩展和收缩。在轨道的左侧是轨道控制面板，里面的按钮可以对轨道进行相关的控制设置。

3. "监视器"窗口

默认的监视器窗口由两个监视器组成。左边是素材"源"监视器，主要用来预览或剪裁项目窗口中选中的某一原始素材。右边是"节目"监视器，主要用来预览时间线窗口序列中已经编辑的素材(影片)，也是最终输出影视效果的预览窗口。在"素材源"窗口和"节目"窗口的下方，都有一系列按钮，两个窗口中的这些按钮基本相同，它们用于控制窗口的显示，并完成预览和剪辑的功能。

4. "工具栏"面板

"工具栏"面板中为用户编辑素材提供了具有各种功能的工具。

(1) 选择工具：使用该工具可以选择或移动素材，并可以调节素材关键帧、为素材设置入点和出点。

(2) 轨道选择工具：该工具选择单个轨道上从被选择的素材到该轨道结尾或开始处的所有素材。

(3) 波纹编辑工具：该工具调整一个素材的长度，不影响轨道上其他素材的长度。使用该工具时，将光标移动到需要调整的素材的边缘，然后按住鼠标左键，向左或向右拖动鼠标，整个素材的长度将发生相应的改变，而与该素材相邻的素材的长度并不变。

(4) 滚动编辑工具：该工具用来同时调节某个素材和其相邻的素材长度，以保持两个素材的总长度不变。使用该工具时，将鼠标移动到需要调整的素材的边缘，然后按住鼠标左键，向左或者向右拖动鼠标。如果某个素材增加了一定的长度，那么相邻的素材就会减小相应的长度。使用该工具在两素材之间调整后，整体的长度不变，只是一段素材的长度变长，另一段素材的长度变短。

(5) 比率伸缩工具：用该工具可以调整素材的播放速度。使用该工具时，将鼠标移动到需要调整的素材边缘，拖动鼠标，选定素材的播放速度将会随之改变。拉长整个素材会减慢播放速度，反之，则会加快播放速度。

(6) 剃刀工具：该工具将一个素材切成两个或多个分离的素材。使用时，将光标移动到素材的分离点处，然后单击鼠标左键，原素材即被分离。

(7) 内滑工具：该工具用来改变前一素材的出点和后一素材的入点，但不影响轨道上其他素材。使用该工具时，把鼠标移动到需要改变的素材上，按住鼠标左键，然后拖动鼠标，前一素材的出点、后一素材的入点以及拖动的素材在整个项目中的入点和出点位置将随之改变，而被拖动的素材的长度和整个项目的长度不变。

(8) 外滑工具：该工具用来改变某一素材的入点和出点，保持选定素材长度不变。使用该工具的时候，将光标移动到需要调整的素材上，按住鼠标左键，然后拖动鼠标，素材的出点和入点也将随之变化，其他素材的出点和入点不变。

(9) 钢笔工具：该工具用来设置素材的关键帧。

(10) 手形工具：该工具用来滚动时间线中窗口的内容，以便于编辑一些较长的素材。使用该工具时，将鼠标移动到时间线窗口，然后按住鼠标左键并拖动，可以滚动时间线窗口到需要编辑的位置。

(11) 缩放工具：该工具用来调节片段显示的时间间隔。使用放大工具可以缩小时间单位，使用缩小工具(按住 Alt 键)可以放大时间单位。该工具可以画方框，然后将方框选定的素材充满时间线窗口，时间单位也发生相应的变化。

5. “效果”面板

“效果”面板通常位于工作界面的左下角。如果没有出现，可以执行“窗口”|“效果”命令，将其打开，如图 5-4 所示。在“效果”面板中，放了 Premiere Pro CC 自带的各种声音、视频效果和视频过渡效果，以及预置的效果。可以方便地为时间线窗口中的各种素材片段添加效果。按照特殊效果类别分为五个文件夹，而每一大类又细分为很多小类。如果安装了第三方效果插件，也会出现在该面板相应类别的文件夹下。

6. “效果控件”面板

“效果控件”面板显示了“时间线”窗口中选中的素材所采用的一系列特技效果，可以方便地对各种特技效果进行具体设置，以达到更好的效果，如图 5-5 所示。在 Premiere Pro CC 中，“效果控件”面板的功能更加丰富和完善，“运动”效果和“不透明度”的效果设置，基本上都在该面板中完成。在该面板中，可以使用基于关键帧的技术来设置“运动”效果和“不透明度”效果，还能够进行过渡效果的设置。“效果控件”面板的左边用于显示和设置各种效果，右边用于显示“时间线”窗口中选定素材所在的轨道或者选定过渡效果相关的轨道。

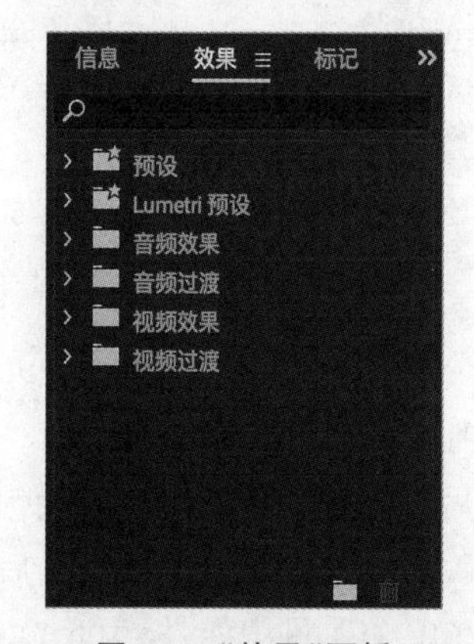

图 5-4 “效果”面板

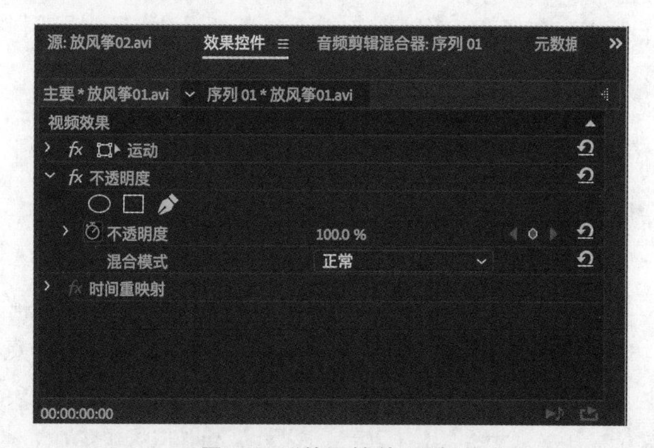

图 5-5 “效果控件”面板

7. “音频剪辑混合器”面板

在 Premiere Pro CC 中，可以对声音的大小和音阶进行调整。调整既可以在“音频剪辑混合器”面板中进行，也可以在“音频剪辑混合器”面板中进行。“音频剪辑混合器”面板如图 5-6 所示。“音频剪辑混合器”面板是 Premiere 一个非常方便好用的工具。在该面板中，可以方便地调节每个轨道声音的音量、均衡/摇摆等。Premiere Pro CC 支持 5.1 环绕立体声，所以，在“调音台”面板中，还可以进行环绕立体声的调节。

8. “音频仪表”面板

“音频仪表” 面板如图 5-7 所示，显示混合声道输出音量大小。当音量超出了安全范围时，在柱状顶端会显示红色警告，可以及时调整声音的增益，以免损伤声音设备。

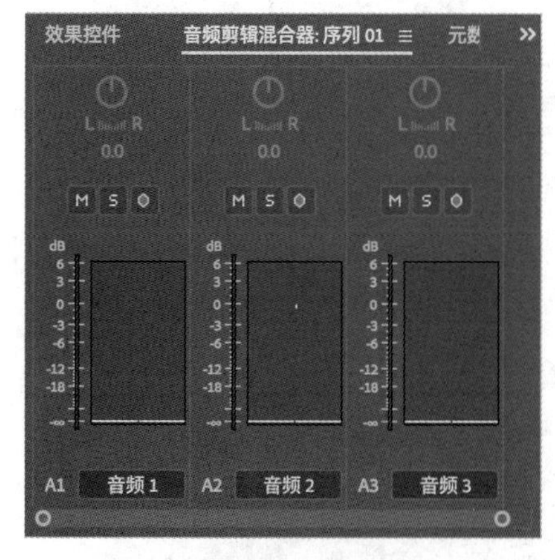

图 5-6 “音频剪辑混合器”面板

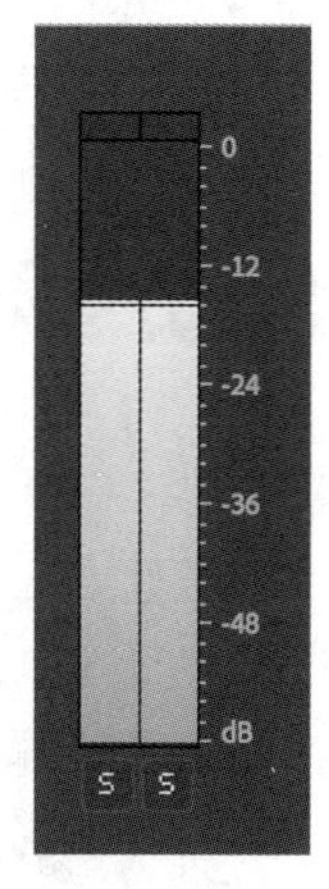

图 5-7 “音频仪表”面板

5.2.3 Premiere Pro CC 的工作流程

用 Premiere Pro CS4 制作数字影片，一般的流程为：首先创建一个“项目文件”，再对拍摄的素材进行采集，存入计算机，然后再将素材导入到项目窗口中，通过剪辑并在时间线窗口中进行装配、组接素材，还要为素材添加特技、字幕，再配好解说、添加音乐、音效，最后把所有编辑好的素材合成影片，导出影视文件。

下面通过制作“风筝专题片”，介绍创建数字影片的过程。

1. 创建项目

创建项目是编辑制作影片的第一步，用户应该按照影片的制作需求，配置好项目设置以便编辑工作顺利进行。

(1) 启动 Premiere Pro CC，弹出“开始”对话框，如图 5-8 所示。

(2) 单击“新建项目”，弹出“新建项目”对话框，如图 5-9 所示。在“常规”选项卡中的“视频”栏里的“显示格式”设置为“时间码”，“音频”栏里的“显示格式”设置为“音频采样”，“捕捉”栏里的“捕捉格式”设置为 DV。在“位置”栏里，设置项目保存的盘符和文件夹名，在“名称”栏里填写制作的影片片名。在“暂存盘”及“收录设置”选项卡中，保持默认状态。

(3) 在“新建项目”对话框中单击“确定”按钮，弹出“新建序列”对话框，如图 5-10 所示。在“序列预设”选项卡的“可用预设”项目组里，单击 DV-PAL 文件夹前的小三角辗转

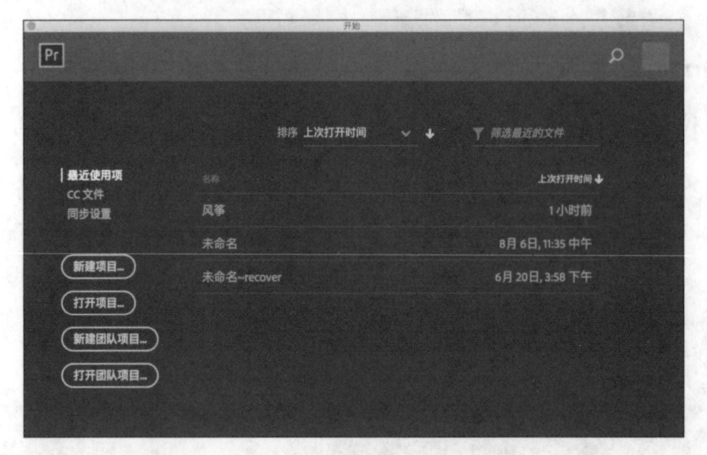

图 5-8 “开始”对话框

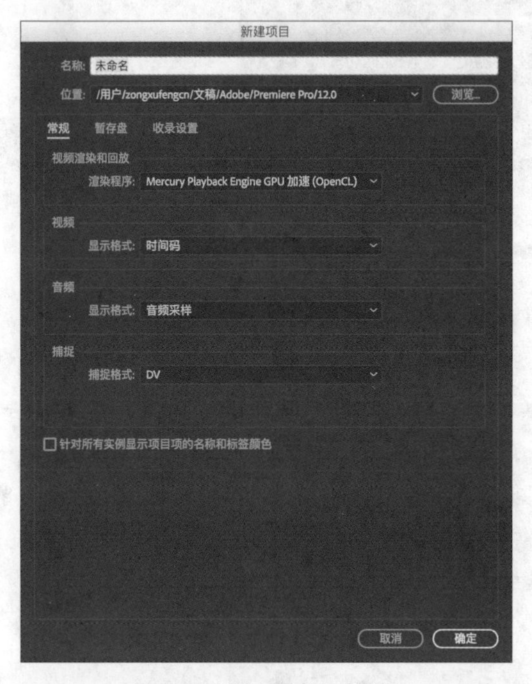

图 5-9 “新建项目”对话框

按钮,选择“标准 48kHz”,在“设置”选项卡和“轨道”选项卡里为默认状态,然后在“序列名称”文本框中填写序列名称。单击“确定”按钮后,就进入了 Adobe Premiere Pro CC 非线性编辑工作界面。

2. 导入素材

Premiere Pro CC 不仅可以通过捕捉的方式获取拍摄的素材,还可以通过导入的方式获取计算机硬盘里的素材文件。这些素材文件包括多种格式的图片、声音、影视、动画序列等。一次既可以导入单个素材文件,也可以同时导入多个素材文件,还可以导入包括素

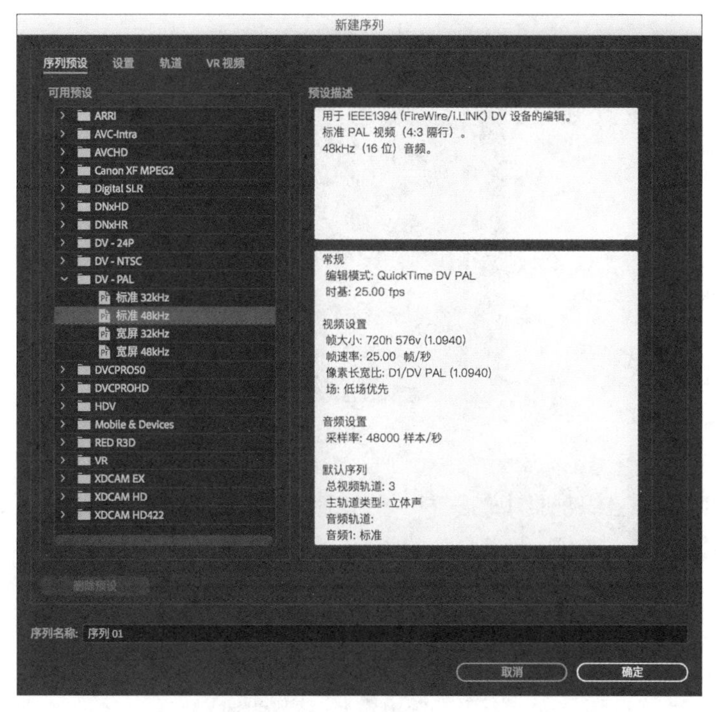

图 5-10 "新建序列"对话框

材的文件夹，甚至还可以导入一个已经建立的项目文件。

执行"文件"|"导入"命令，弹出导入对话框，如图 5-11 所示。选择编辑所需要的素材文件，单击"导入"按钮后，就可以在 Premiere Pro CC"项目"窗口中看到所要的素材文件，如图 5-12 所示。

图 5-11 "导入"对话框

图 5-12 “项目”窗口

“项目”窗口用于组织项目中的素材。导入素材时，它们就被添加到文件区域中，每一个文件名的前面有一个图标，表明文件的类型。

3. 组接素材

(1) 在“项目”窗口中选择“放风筝 01.avi”素材，把它拖动到“时间线”窗口的 V1 轨道上，如图 5-13 所示。

图 5-13 把“项目”窗口中的素材拖动到“时间线”窗口

(2) 选择“放风筝 02.avi”素材，将其拖动到“时间线”窗口中，放在“放风筝 01.avi”素材的后面。同样地，将“放风筝 03.avi”素材拖动到“放风筝 02.avi”素材的后面。这样就将这 3 个影视片段组接在一起，如图 5-14 所示。

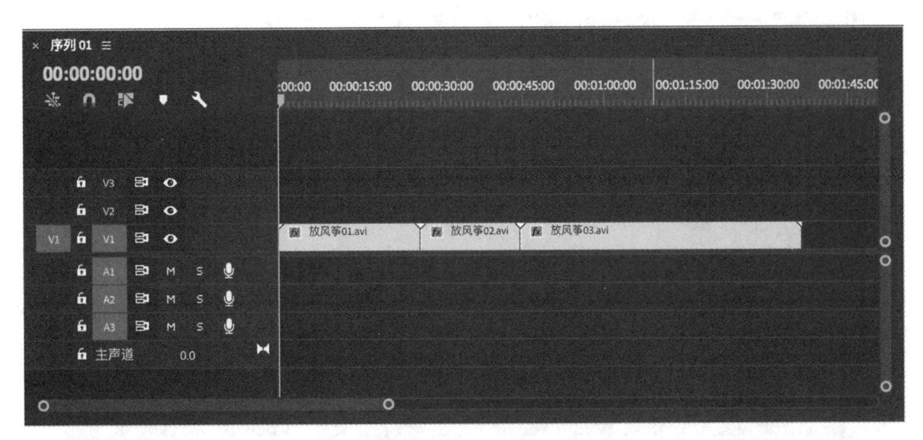

图 5-14　组接素材

4. 预览影片

在创建和编辑一个影视节目的过程中，需要对创建或编辑的结果进行预览，Premiere提供了多种不同的预览方式。常用的方式有使用播放按钮和使用时间线标尺两种。

1）使用播放按钮预览影片

在 Premiere 中，可通过“素材源”监视器窗口和“节目”监视器窗口来预览素材及编辑的内容。利用“素材源”窗口，可以从中预览并剪裁一个素材，然后把它插入“时间线”窗口中，“素材源”窗口可以同时存储多个素材，但是一次却只能预览和剪裁一个素材；在任何时候“节目”窗口都会显示“时间线”窗口当前的素材序列，所以可以利用“时间线”窗口预览整个影视节目。单击选中“素材源”窗口或“节目”窗口（该窗口会出现蓝色边框），单击“播放”按钮▶，或按空格键，其窗口中就会播放素材或影片。

2）使用时间线标尺预览剪辑

将鼠标指针放在“时间线”窗口上端的标尺栏上向右拖动，这时“时间线”窗口中的时间线标尺会伴随预览的进行一起移动，在“节目”窗口内就会显示时间线标尺所在帧（当前帧）的内容。除了从左往右拖动鼠标预览影片，还可以从右往左拖动鼠标实现倒放预览。

5. 渲染输出

渲染指的是在编辑期间将效果与素材合并。在时间线上制作完成影片后，还需要将其整体合成输出，以视频文件的格式保存在计算机硬盘里。影片的输出方式包括输出为常见的视频格式文件及“输出到磁带”“输出到 EDL”“输出到 OMF”等。

（1）在时间线上确定需要输出与渲染的时间范围，可以通过节目监视器窗口上的“标记入点”与“标记出点”按钮来设置时间线上所编辑节目的开始点和结束点，以确定渲染。输出的时间范围，如图 5-15 所示，如果不设置输出范围，则默认输出的时间范围是整个工作区范围。

（2）选择菜单栏中的“文件”|“导出”|“媒体”选项（组合键为 Ctrl＋M），弹出“导出设置”对话框，根据需求进行导出设置。设置完成后，单击“导出”按钮即可完成输出。

图 5-15 节目监视器窗口设置出入点

(3) 输出时要注意输出视频的格式,上传到视频网站的视频一般选择 FLV 格式,AVI 格式相对较清晰,但非常占用空间。可以选择格式为“H.264”,导出的是高清的 MPEG-4 格式视频,文件比 AVI 格式视频小很多,如图 5-16 所示。

图 5-16 “导出设置”对话框

5.3 编辑技术

因为在获取的素材中,总有一些实际的影视节目不需要的部分,所以在组接素材之后，需要对其进行裁剪、调整等编辑。在 Premiere 中，可以用不同的方式和工具对影视素材进行编辑及调整。

5.3.1 基本编辑

1. 在“时间线”窗口中裁剪素材

（1）打开项目文件“风筝.prproj”，在“时间线”中拖动标尺，以便于移动时间线标尺定位“放风筝 01.avi”素材的实际开始的帧（入点）。移动时间线标尺时，“节目”窗口将显示素材的每一帧画面，为了更精确一些，可以使用“节目”窗口下的“前进帧”按钮和“后退帧”按钮前进或后退一帧，也可以单击位置编码（“节目”窗口下左边一组数字），直接输入时间。最后，时间线标尺定位，标记“放风筝 01.avi”素材的入点，如图 5-17 所示。将裁剪其前面额外的部分。

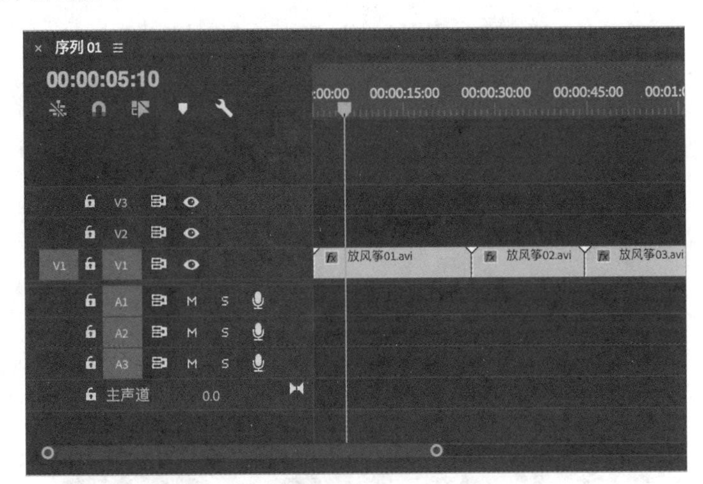

图 5-17 标记“放风筝 01.avi”素材的入点

（2）使用“工具”面板中的选择工具，将指针移动到“放风筝 01.avi”素材的左边缘上，指针会变为形状。向右拖动指针直到它与时间线标尺对齐为止。这样就裁剪了“放风筝 01.avi”素材，并与时间线标尺对齐，如图 5-18 所示。若需要去除素材末端额外的镜头，可以用类似的方法进行裁剪。

2. 在“素材源”监视器窗口中裁剪素材

在“时间线”窗口中可以很容易地进行简单裁剪。在“素材源”监视器窗口中提供了一些附加的编辑工具，也可以很容易地做比较复杂的编辑。

（1）双击“时间线”窗口中的“放风筝 02.avi”素材，使它显示在素材“源”监视器窗口中，以便对其两端进行裁剪。

（2）拖动素材“源”监视器窗口下边的往复式滑块，或者使用“前进帧”按钮和“后退帧”按钮来显示去除额外镜头后的“放风筝 02.avi”素材的第一帧，单击“素材源”

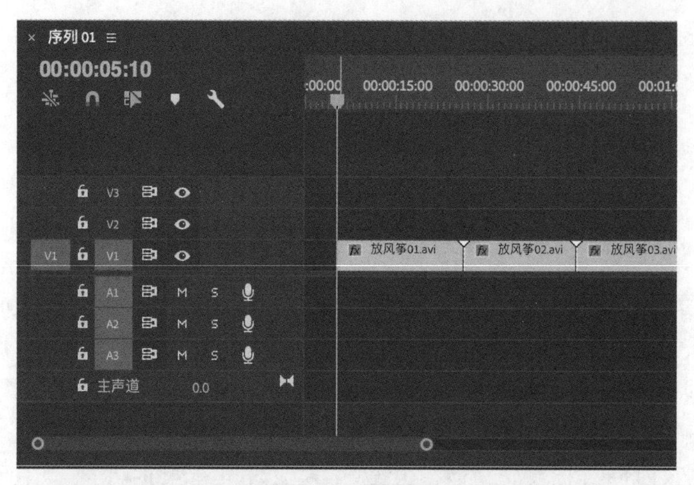

图 5-18　裁剪素材并与时间线标尺对齐

图 5-19　设置入点

监视器窗口下边的“标记入”按钮 设置入点，如图 5-19 所示。

(3) 以同样的方法将滑动块定位在去除额外镜头后的素材的最后一帧，单击“标记出”按钮 设置出点，如图 5-20 所示。

此时，“放风筝 01.avi”素材和“放风筝 02.avi”素材都被裁剪为设置的入点和出点之间的部分，裁剪后素材之间会留有一些间隙，如图 5-21 所示。

可以对素材进行移动，去掉这些空隙。使用工具面板中的选择工具可以移动一个素材；而使用工具面板中的向前选择轨道工具可以在一个轨道中选择任意素材右侧的所有素材，进行移动。去掉空隙的素材如图 5-22 所示。

3. 在素材“源”监视器窗口中预裁剪素材

前面介绍了把素材先添加到“时间线”窗口，然后再进行裁剪。也可以在把素材添加到“时间线”窗口之前先利用素材“源”窗口进行预裁剪。

图 5-20　设置出点

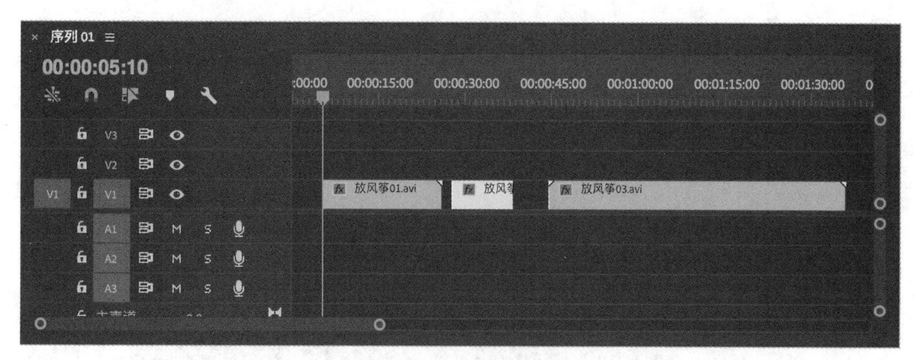

图 5-21　裁剪后素材之间留有一些间隙

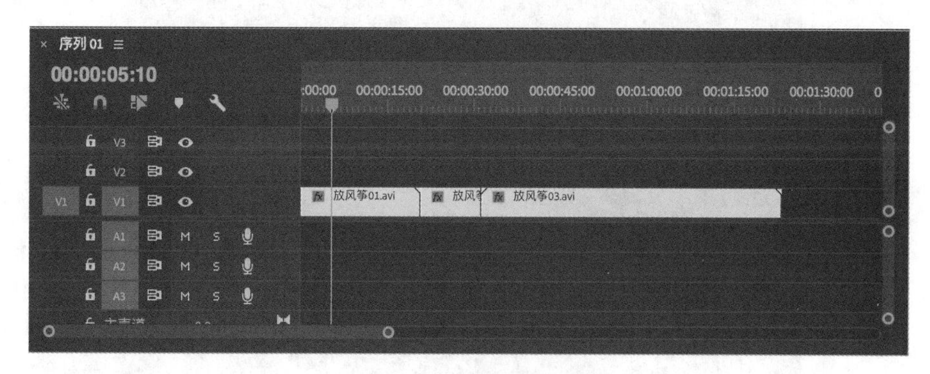

图 5-22　去掉素材间的空隙

在素材“源”窗口面板的右下端的两个按钮和，分别是“插入”按钮和“覆盖”按钮，表示两种将裁剪好的素材添加到 Timeline 窗口的方法。“覆盖”按钮可把一个素材放置到时间线标尺处，并替换时间线标尺右侧现存素材相应的一部分；而“插入”按钮在特定的时间线标尺处插入素材，插入点右侧的素材向右移动。

5.3.2 调整素材

在“时间线”窗口中放置大量的素材后，通常需要调整素材片段之间的入点和出点。Premiere 提供了一些调整素材的编辑工具和方法，如用滚动编辑工具和波纹编辑工具调整以及应用“修整”窗口调整。

1. 滚动编辑

选择滚动编辑工具，当拖动当前选定素材的边缘时，增加的帧数会在相邻的素材中减去，同样，当前素材减少的帧数会在相邻的素材中增加，最终保持整个影片的持续时间不变。

2. 波纹编辑

选择波纹编辑工具，可以调整一个素材的入点或出点。当拖动当前选定素材的边缘(入点或出点)移动时，会使该素材的持续时间改变，其右边的素材也随之移动，相邻素材的持续时间不变。因为选定素材的持续时间改变，所以最终保持整个影片的持续时间发生变化。

在执行滚动编辑和波纹编辑时，在“节目”窗口中会出现两个画面，如图 5-23 所示。左面的画面显示前面素材的出点，右面的画面显示后面素材的入点，可以非常直观地在窗口当中看到编辑的结果，以便对素材片段之间剪接点进行调整。

图 5-23 在“节目”窗口会出现两个画面

需要说明的是，在执行滚动编辑和波纹编辑时，素材长度不能超过它捕捉或者输入时的原长度，用户只能从当前项目的素材中恢复先前裁剪的帧。

5.4 视频过渡

我们将素材进行剪辑和组接，需要在某些镜头或素材之间进行过渡。影视的过渡也称为切换，分为硬切换和软切换两种。硬切换也称无技巧切换，即一个素材结束时立即换成另一个素材；而软切换也称为有技巧切换，即一个素材以某种特殊效果逐渐转换为另一个素材，以达到某些特殊的过渡效果，有技巧切换如果使用得好，会给影片增色不少，大大增强艺术感染力。

1. 视频过渡的类型

在 Premiere Pro CC 中提供了 30 多种影视过渡效果，按类型分别存放在 8 个子文件夹中。打开 Premiere Pro CC 后，单击“效果”标签，打开“效果”选项卡，单击“视频过渡”文件夹前的小三角辗转按钮，展开视频过渡的子文件夹。单击视频过渡子文件夹前的小三角辗转按钮，可以展开各子文件夹里的多种视频过渡效果。“效果”面板及展开后如图 5-24 所示。

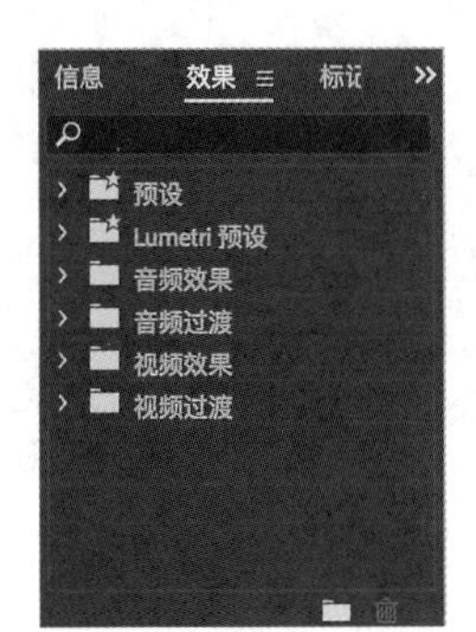

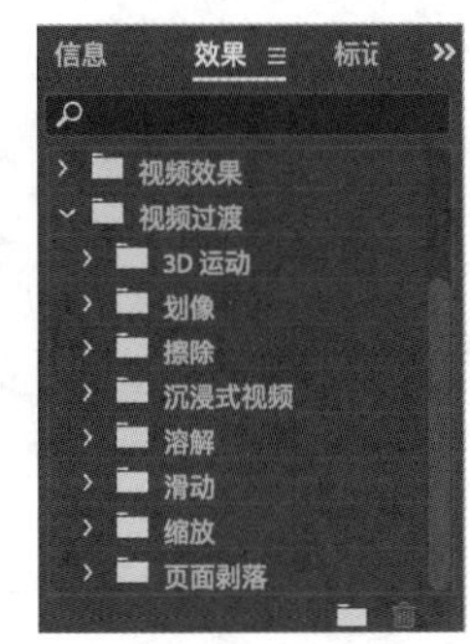

图 5-24 “效果”面板及展开

也可以利用查找栏，填写需要使用的过渡效果名称，该过渡效果会快捷地出现在“效果”面板中。

2. 添加视频过渡

一般情况下，过渡是在同一轨道上的两个相邻素材之间使用。当然，也可以单独为一个素材施加过渡，这时候，素材与其轨道下方的素材之间进行过渡，但是轨道下方的素材只是作为背景使用，并不能被过渡所控制。

(1) 将“效果”面板展开后，在“视频过渡”文件夹的“划像”子文件夹中，用鼠标左键按住“圆划像”，拖动到时间线窗口序列中需要添加过渡的相邻两段素材之间的连接处再释放，在素材的交界处上方出现了应用过渡后的标识，表示“圆划像”效果被应用，如图 5-25 所示。

(2) 在过渡的区域内拖动编辑线，或者按空格键，可以在“节目”视窗中观看视频过渡

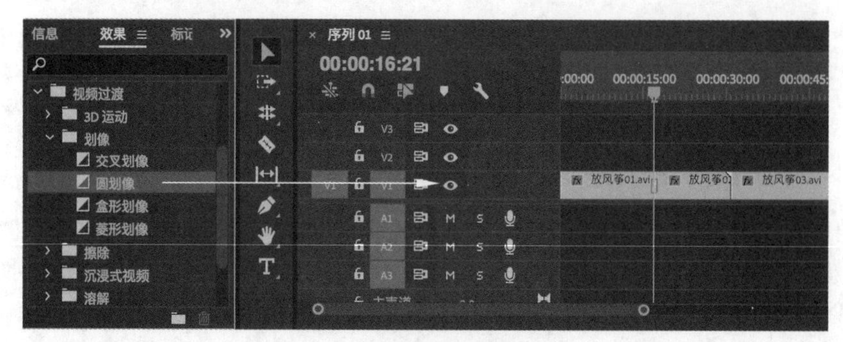

图 5-25　添加视频过渡效果

效果。“圆划像”的过渡效果如图 5-26 所示。

图 5-26　“圆划像”的过渡效果

3. 改变过渡设置

为影片添加过渡后，可改变过渡的长度。最简单的方法是在序列中选中过渡标识，并拖动过渡标识边缘即可。还可以在“效果控件”面板中对过渡进行进一步的调整。在序列中单击过渡标识，并在监视器窗口素材视窗中单击“效果控件”标签，打开“效果控件”面板，如图 5-27 所示。

1）调整过渡区域

在“效果控件”面板中，可以看到素材 A 和素材 B 分别放置在上下两层，两层的中间是过渡标识，其两层间的重叠区域是可调整过渡的范围。

在该时间线区域里，使用以下四种方式可以调整过渡区域。

- 将鼠标放在素材 A 或 B 上，按住鼠标左键拖动，即可移动素材的位置，改变过渡的影响区域，即改变了素材 A 或 B 的过渡点的位置。
- 鼠标放在过渡标识的边缘，按住鼠标左键拖动，即可改变过渡区域的范围，即过渡的时间长度。
- 将鼠标放在过渡标识中的过渡线上或素材 B 下方的小三角上，按住鼠标左键拖动，即可改变过渡区域的位置，并且过渡线随过渡区域一起改变。
- 将鼠标放在过渡标识上，按住鼠标左键拖动，也可改变过渡区域的位置，但过渡线在时间轴上的位置不会改变。

在“效果控件”面板中，可以通过“对齐”栏的下拉列表选择过渡对齐方式来改变过渡线在过渡区域中的位置。

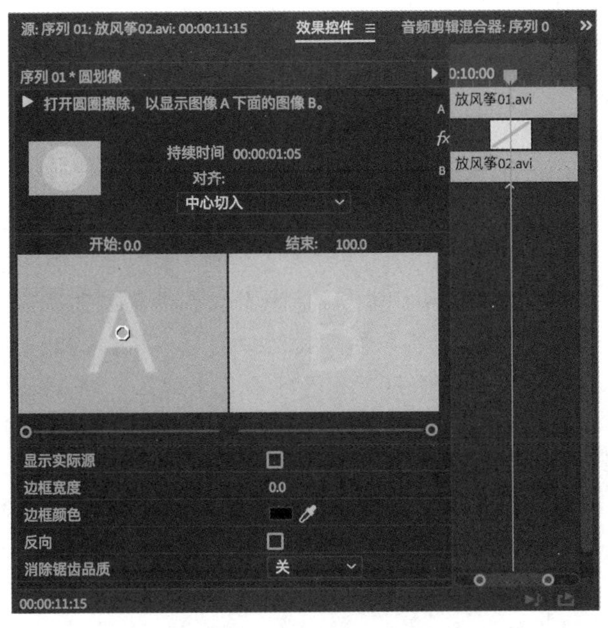

图 5-27 “效果控件”面板

2）设置过渡

在“效果控件”面板左边的过渡设置栏中，可以对过渡做进一步的设置。在默认情况下，过渡都是由素材 A 到素材 B 过渡完成的，过渡开始为“0.0”，结束为“100.0”。要改变过渡的开始和结束状态，可以拖动其 A、B 视窗下的两个小三角滑块，也可以在开始的“0.0”或结束的“100.0”处用鼠标拖动改变其数字来实现。对于某些有方向性的过渡来说，可以单击小视窗四周的小三角来改变过渡的方向。

4. 默认视频过渡效果

在默认状态下，Premiere Pro CC 会使用“交叉叠化(标准)”作为默认视频过渡效果，默认过渡标以蓝色轮廓线。如果经常性地使用其他某个视频过渡效果，可将其设置为默认视频过渡：在该过渡效果上右击，选择弹出的“将所选过渡设置为默认过渡”，如图 5-28 所示。

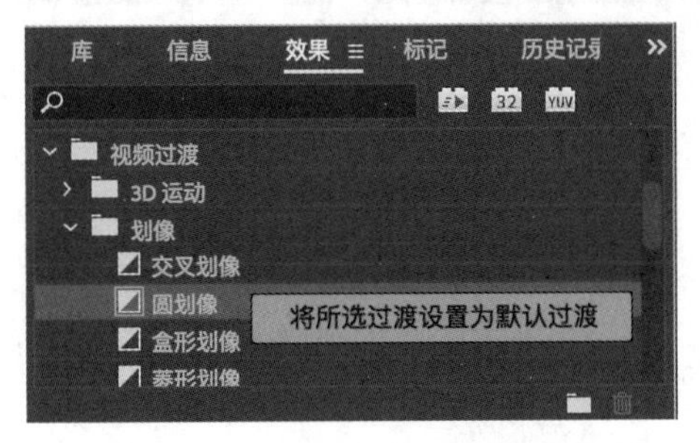

图 5-28 设置为默认过渡效果

要添加默认转场特技，将时间线标尺置于两个素材相连接的位置，执行“序列”|“应用视频过渡”命令，或按 Ctrl+D 组合键，则默认转场就自动添加到“时间线”窗口中的时间线标尺处。

5.5 视频效果

视频效果

视频效果类似于 Photoshop 中的滤镜，是为影视作品添加艺术效果的重要手段。它能够改变素材的颜色和曝光量、修补原始素材的缺陷，可以键控和叠加画面，可以变化声音、扭曲图像，可以为影片添加粒子和光照等各种艺术效果。在 Premiere Pro CC 中，可以根据需要为影片添加各种视频效果，同一个效果可以同时应用到多个素材上，在一个素材上也可以添加多个视频效果。

Premiere Pro CC 提供了 130 多个视频效果，这些效果放置在“效果”面板中的“视频效果”文件夹的 19 个子文件夹中。其中，“键控”子文件夹中放置有电视节目制作中广泛应用的抠像等功能的效果，如图 5-29 所示。

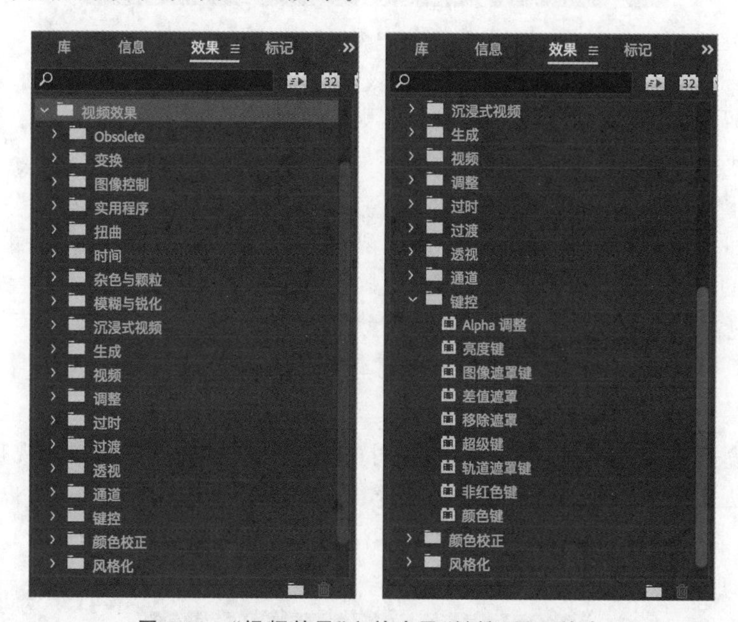

图 5-29 “视频效果”文件夹及“键控”子文件夹

下面通过变换及键控的实例，讲解视频效果的应用。

1. 创建分割屏幕

分割屏幕就是在屏幕的一部分中显示一个素材的一部分，而另一素材的部分在剩下的屏幕中显示，可以通过“变换”子文件夹中的“裁剪”视频效果来实现。

(1) 将编辑线定位在时间线的开始位置，在“素材源”窗口中对“视频 01.avi”进行预裁剪，单击“插入”按钮将其插入 V1 轨道，然后将“视频 03.avi”从“项目”窗口拖动到“时间线”窗口的 V2 轨道，并进行适当的裁剪，使“视频 03.avi”素材与“视频 01.avi”素材对齐，这样，两个素材就形成了叠加，如图 5-30 所示。

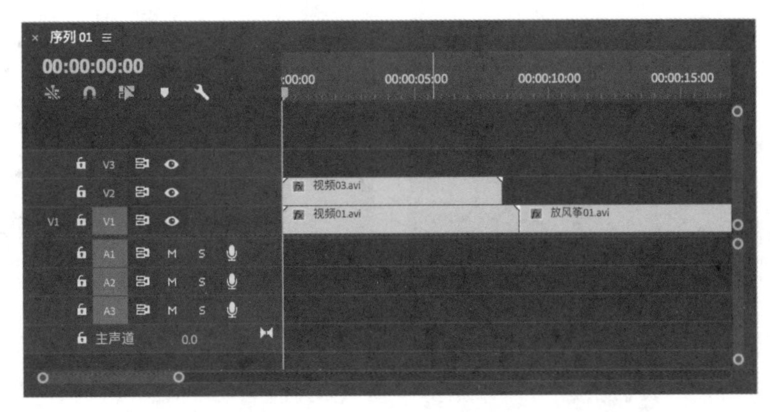

图 5-30 “视频 03.avi”素材与“视频 01.avi”素材叠加

(2) 通过播放可以看到，“视频 03.avi”素材不透明，在其下方的“视频 01.avi”素材不显示。

(3) 在“效果”面板的“视频效果”文件夹的“变换”子文件夹中选择“裁剪”效果，将其拖动到“时间线”窗口“视频 03. avi”素材上。

(4) 打开“效果控件”选项卡，单击选中“裁剪”，在“节目”监视器窗口中影视的四角，分别出现一个控制柄，如图 5-31 所示。

图 5-31 单击选中“裁剪”出现控制柄

(5) 将“节目”监视器窗口中右面的两个控制柄向上拖动到合适的位置播放，就可以看到左右的分割屏幕效果，如图 5-32 所示。

可以创建垂直、水平以及其他形状的分割屏幕效果，如果多个素材叠加，还可以创建出多重的分割屏幕效果。

2. 色键抠像效果

色键抠像是通过比较目标的颜色差别来完成透明，其中最常用的是蓝屏键抠像。蓝屏键抠像可以使影视素材的蓝色背景透明，由于蓝色不会干扰皮肤的色调，因而非常受欢

图 5-32　分割屏幕

迎。例如,电视台的天气预报节目录制时,广播员在蓝色背景前拍摄,播放时再加上卫星云图背景。但这要求广播员身上不能穿戴蓝色的衣物,否则这些衣物在播放时将透明。

在此选了一段带有蓝色背景的“风筝.avi”素材,介绍色键抠像的方法。

(1) 将“风筝.avi”和“富华.jpg”素材导入“项目”窗口,然后将“富华.jpg”素材拖到素材“源”窗口,单击“插入”按钮将其插入“时间线”窗口 V1 轨道的开始位置。静态图像默认的持续时间为 5s。可以使用裁剪工具拖动该素材的一端,调整持续时间;也可以执行“素材”|“速度/持续时间”命令,设置一个新的持续时间。

(2) 将“风筝.avi”素材拖动到 V3 轨道的开始位置,如图 5-33 所示。

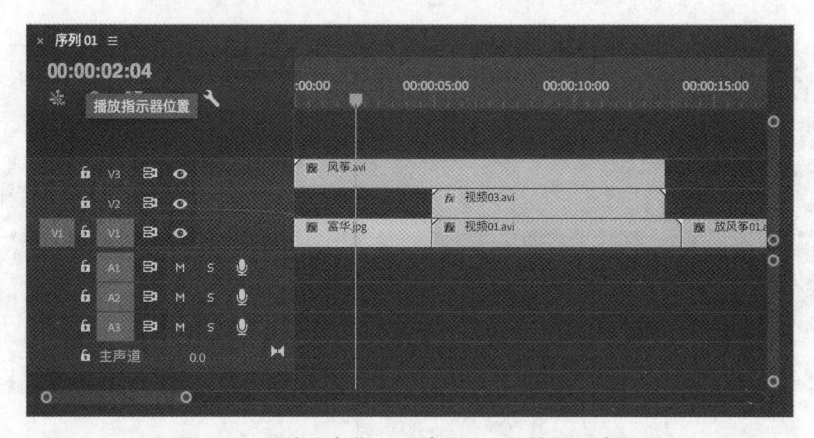

图 5-33　添加“富华.jpg”素材和“风筝.avi”素材

(3) 在“效果”面板的“视频效果”文件夹的“键控”子文件夹中选择“颜色键”效果,将其拖动到“时间线”窗口“风筝. avi”素材上。

(4) 在“效果控件”面板中选择“主要颜色”选项的吸管,在监视器窗口中选择要去掉的颜色,并调整“颜色容差”选项的值,如图 5-34 所示。

(5) 应用颜色键抠像的效果如图 5-35 所示。

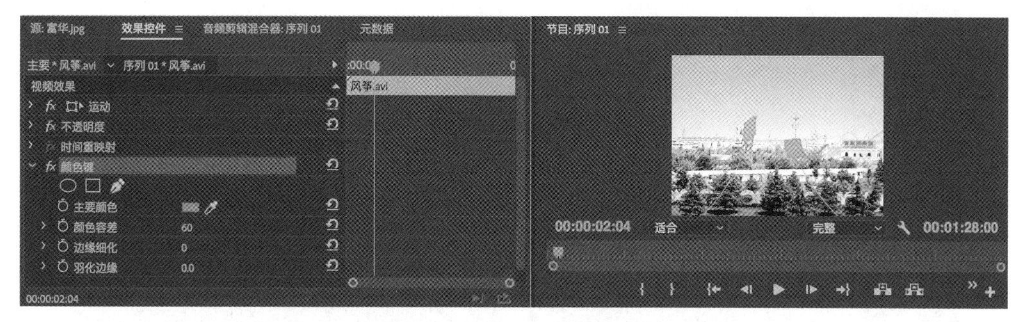

图 5-34 调整“颜色键”中“颜色容差”选项的值

“风筝.avi”素材

“富华.jpg”素材

抠像效果

图 5-35 应用颜色键抠像的效果

5.6 字幕设计

在数字影片的制作中，常常需要制作片头片尾以及对白、歌词的提示等字幕信息。在 Premiere Pro CC 中，字幕制作有单独的系统统一字幕设计窗口。在这个窗口里，可以制作出各种常用字幕类型，不但可以制作普通的文本字幕，还可以制作简单的图形字幕。除了用 Premiere 创建字幕，也可以使用图形或者字幕应用软件创建字幕，并将其保存为与 Premiere 兼容的格式，如 Photoshop(.psd)以及 Illustrator(.ai 或.eps)格式等。

Premiere Pro CC 的字幕添加相对于旧版本有很大的变化，字幕变成了图形层。

(1) 选择工具箱中的“文字”工具，在“节目”窗口中单击，在“时间线”窗口就产生了“图形”层，然后输入字符“风筝”，如图 5-36 所示。

(2) 执行“窗口”|“基本图形”命令，打开“基本图形”面板，在其中的“编辑”选项卡中设置文字的位置、大小、字体、颜色等参数，如图 5-37 所示。

也可以采用如下步骤添加字幕。

(1) 执行“文件”|“新建”|“字幕”命令，在弹出的“新建字幕”对话框，选择开放式字幕，帧率根据素材和需求进行选择，如图 5-38 所示，然后单击“确定”按钮。

(2) 已经新建好了字幕层，把字幕层拖动到时间线上。双击字幕层，进入字幕编辑状态，“字幕”窗口如图 5-39 所示。

(3) 在“字幕”窗口输入“风筝”，调整字幕字体和大小、位置、颜色等，设置字幕入点的

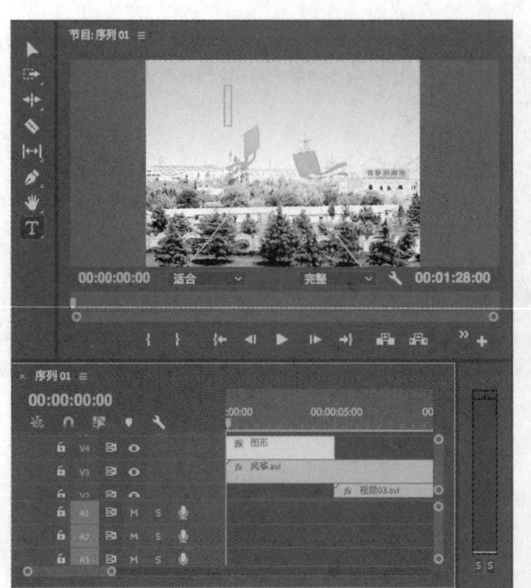

图 5-36　在图形层输入文字

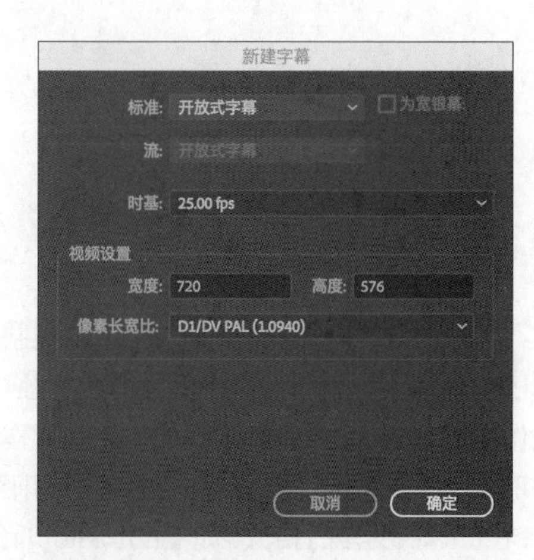

图 5-37　在“基本形状”面板中设置文字的参数　　图 5-38　Premiere CC“新建字幕”对话框

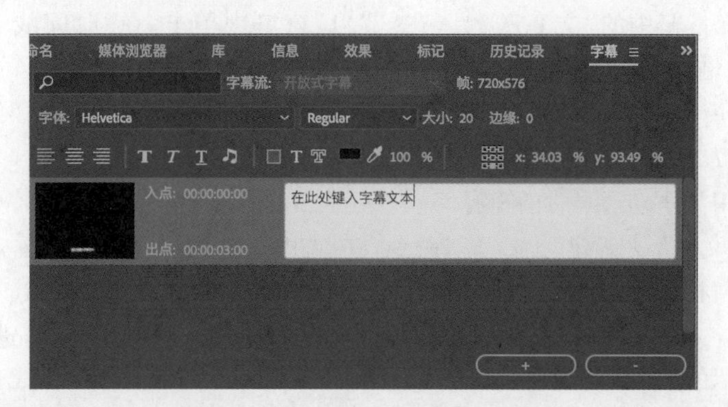

图 5-39　Premiere CC“字幕”窗口

时间和出点的时间，也就是字幕的出现时间和消失时间。工作界面如图 5-40 所示。

图 5-40　添加字幕工作界面

5.7　运 动 效 果

Premiere Pro CC 使用“效果控件”面板来实现素材对象的动画效果。这些动画效果是利用关键帧创建的，通过关键帧设置不同的动态属性，然后再利用在关键帧之间自动创建插补帧，就可以创建平滑的运动效果。下面通过片头的制作介绍运动的设置。

1. 为“富华.jpg”设置摇镜头效果

“富华.jpg”素材是一张宽幅的图片，可以从右往左移动它的位置，产生摇镜头的效果。为了方便观察运动效果，可先分别单击去掉 V3 和 V4 轨道左边的小眼睛，使这两个轨道的视频隐藏。然后再设置“富华.jpg”素材的运动效果。

(1) 在“时间线”窗口中单击选中“富华.jpg”素材，并将时间线标尺移动到“富华.jpg”素材的开始帧位置。

(2) 在“效果控件”面板中单击“运动”选项，并单击其前面的小三角形将其展开，单击“位置”前面的“过渡动画”按钮，则在编辑线处自动产生一个关键帧标志。设置“位置”的坐标值为 915.0，292.0，如图 5-41 所示。这样就设置了起始关键帧。

(3) 将编辑线移动到“富华.jpg”素材的结束帧位置，然后单击“关键帧”按钮插入关键帧，设置“位置”的坐标值为 −195.0，292.0，如图 5-42 所示。这样就设置了结束关键帧。

(4) 播放摇镜头的效果如图 5-43 所示。

图 5-41　设置起始关键帧

图 5-42　设置结束关键帧

图 5-43　摇镜头效果

2. 创建“风筝”字幕逐渐变大的效果

（1）分别单击显示 V3 和 V4 轨道左边的小眼睛，使这两个轨道的视频恢复显示状态。

（2）在“时间线”窗口选定“风筝”字幕素材，在“效果控件”面板的“运动”选项下单击“缩放比例”前面的“过渡动画”按钮，产生一个关键帧标志。设置“缩放比例”的值为10，如图 5-44 所示。

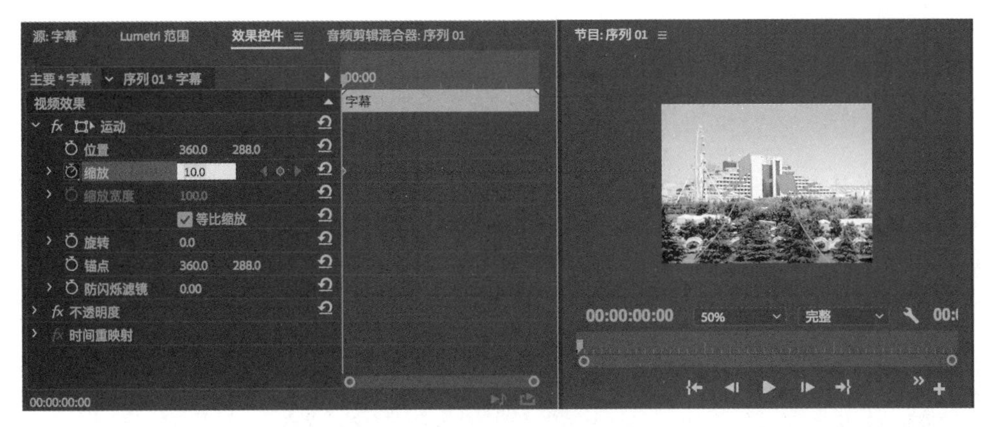

图 5-44　设置缩放的起始关键帧

(3) 将编辑线移动到“风筝”字幕素材的 00:00:02:15 处,然后单击“关键帧”按钮 插入关键帧,并设置“缩放比例”的值为 100,如图 5-45 所示。这样就设置好了“风筝”字幕逐渐变大的动画。

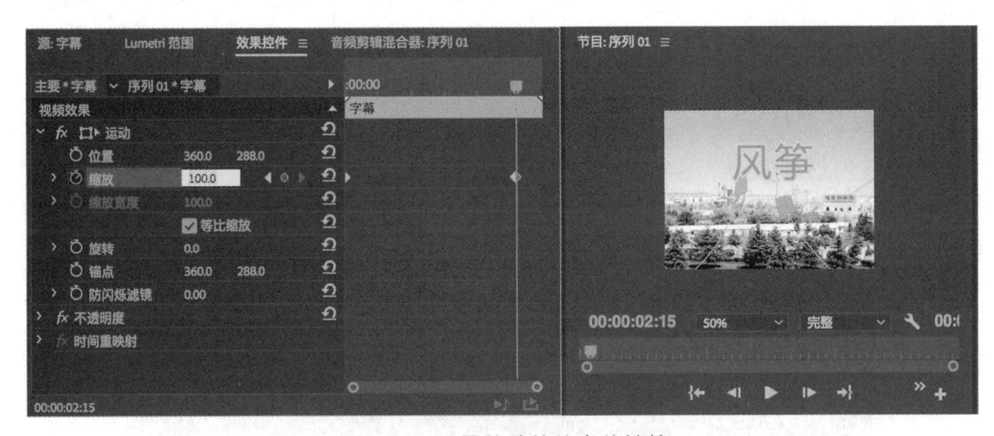

图 5-45　设置缩放的结束关键帧

(4) 保存项目文件。

经过上述设置,在影片的片头产生了一边摇镜头,一边从小到大出现字幕的效果。其过程如图 5-46 所示。

图 5-46　片头动画效果

5.8 音频处理

数字电影是综合的艺术,包括声音和画面的结合,视觉艺术和听觉艺术在影视艺术中是相辅相成的。对于一部完整的影片来说,声音具有重要的作用,无论是同期声还是后期的配音配乐,都是一部影片不可或缺的。

声音的来源包括影视采集同步加入的声音、从 CD-ROM 中获取的或从网上下载的音乐或声音效果、利用声卡和外部设备单独录制的声音信息。Premiere Pro CC 支持多种格式的声音素材,包括.wav、.avi、.mov、.mp3 等。其中最常用的有.wav 和.mp3,多数 Wave 声音采用 44.1kHz/16b 标准。

1. 添加声音

在“项目”窗口可以看到,每一个素材文件前面都有一个图标。前面用到的影视素材不含有声音,其图标为;同时含有影视和声音素材的图标为,称为复合素材;而纯声音素材的图标是。Premiere Pro CC 中具有 3 种类型的声音:单声道、立体声和 5.1 环绕立体声。

1) 添加复合素材

将时间线标尺定位在“放风筝 01.avi”的开始处,将“风筝传奇 1.mpg”素材导入“项目”窗口,然后将其拖到素材“源”窗口,单击“插入”按钮将其插入到“时间线”窗口。该素材的影视部分就插入到 V1 轨道,而声音部分则插入到 A1 轨道,如图 5-47 所示。

图 5-47 添加复合素材

2) 添加声音素材

添加声音素材同添加影视素材的方法相同。将“音乐.mp3”素材导入“项目”窗口,然后将其拖到“时间线”窗口的 A2 轨道,如图 5-48 所示。把这段声音作为影片的背景音乐。

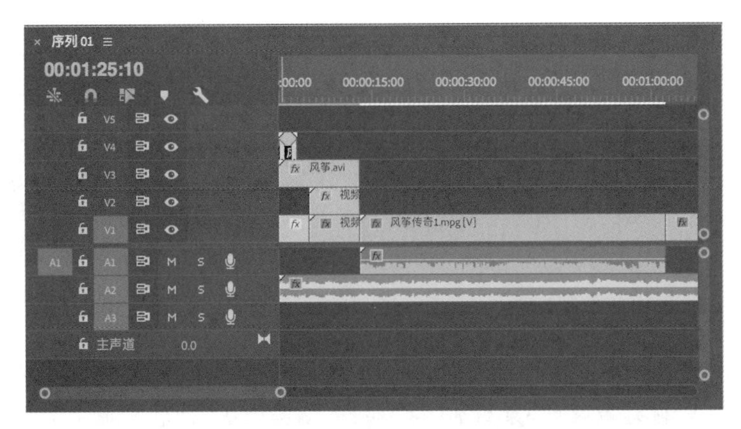

图 5-48　添加声音素材

2. 复合素材的声音编辑

声音素材的剪辑与影视的剪辑类似。对于复合素材，影视和声音之间具有链接关系，设定入点/出点、移动位置、剪切编辑等操作都是同步进行的，无法随意改变它们之间的相对位置。要单独编辑其中的影视素材或声音素材，需要解除它们之间的链接关系，取消同步模式。

单击选中复合素材“风筝传奇 1.mpg”，执行“剪辑”|“取消链接”命令，然后设置声音部分的出点，如图 5-49 所示。

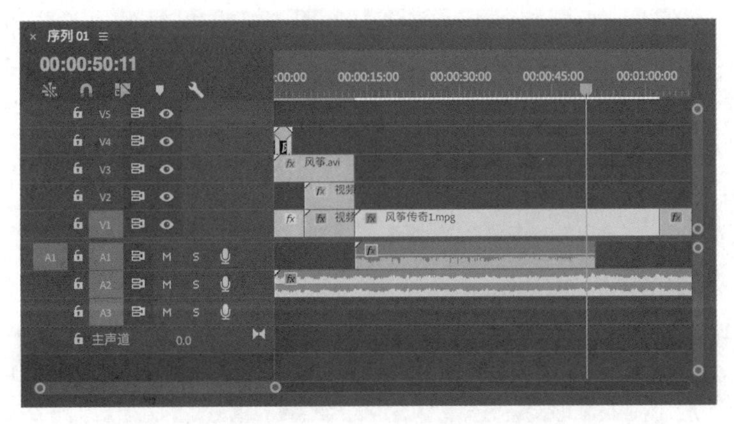

图 5-49　设置“风筝传奇 1.mpg”素材声音部分的出点

编辑完成后，为了保证影像和声音的同步，可以选中这两部分素材，再执行“剪辑”|“链接”命令将它们链接起来。

3. 声音的音量调整

如果声音素材的音量太大或太小，可以对其进行调整。

(1) 在“时间线”窗口中右击“风筝传奇 1.mpg”，在弹出的快捷菜单中选择“音频增益”，打开“音频增益”对话框，如图 5-50 所示。

(2) 在“音频增益”对话框的“设置增益为”选项中输入－96～96 中的任意数值，表示音频增益的声音大小(dB)。大于 0 的值会放大素材的增益，使其声音变大；小于 0 的值则会削弱素材的增益，使其声音变小。

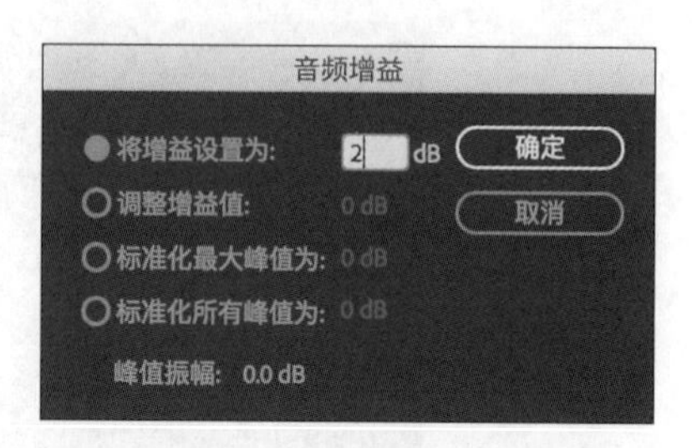

图 5-50 “音频增益”对话框

4. 声音淡化

在 Premiere Pro CC 中，可以通过声音淡化器调节调制声音电平。对声音的调节分为素材调节和轨道调节。对素材调节时，声音的改变仅对当前的声音素材有效，删除素材后，调节效果就消失了；而轨道调节，仅对当前声音轨道进行调节，所有在当前声音轨道上的声音素材都会在调节范围内受到影响。通常声音淡化器初始状态为中音量，相当于音量表中的 0dB。

前面给影片添加了背景音乐，在与“风筝传奇 1.mpg”声音重叠的部分，其背景音乐应该减弱，这可以利用淡化控制线精确制定素材持续时间以及各时间点的音量变化。

(1) 在“时间线”窗口中单击 A2 轨道中的素材，然后打开“效果控件”窗口，单击 fx 音量左侧的三角形按钮▶，将音量展开，将会出现一条灰色的淡化控制线。

(2) 将时间线标尺移动到要添加关键帧的位置，单击“添加关键帧”按钮◎，在淡化控制线上创建关键帧，通过上下拖动关键帧句柄就可以改变声音素材在关键帧位置的音量大小。淡化控制线的设置如图 5-51 所示。

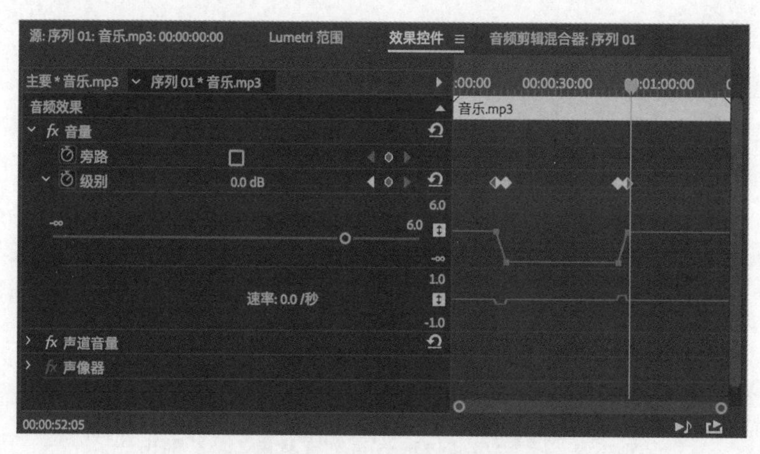

图 5-51 淡化控制线的设置

5.9 影片输出

在“时间线”窗口中完成了数字影片的编辑工作，就可以将影片输出。在 Premiere Pro CC 中，可以完成各种格式作品的导出，也可以将作品导出至其他媒体介质中，还可以直接录制成 CD、VCD 和 DVD 光盘等。

Premiere Pro CC 中有关影片输出的命令都放置在“文件”|“导出”命令的级联菜单中,其中“媒体”命令最为常用。

(1) 执行“文件”|“导出”|“媒体”命令,打开“导出设置”对话框,如图 5-52 所示。“导出设置”对话框的左面部分为“预览”窗口,该窗口包含“源”和“输出”两个选项,在“源”选项中可对最终要输出的作品进行裁剪和设置,而“输出”选项可以预览最终的导出效果;对话框的右面部分为“导出设置”窗口,可以对要导出作品的格式等参数进行设置。

图 5-52 “导出设置”对话框

(2) 在“导出设置”对话框中,单击打开“格式”下拉列表,如图 5-53 所示,可以从中选择输出文件的格式。最常用的格式为 MP4 音影视文件格式,当然也可以导出为单独的图像、影视或声音文件。

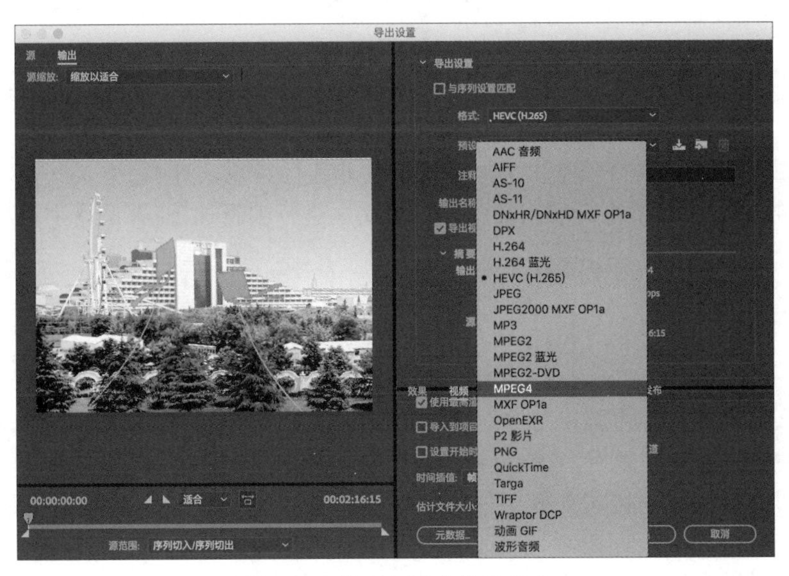

图 5-53 选择导出文件的格式

(3) 单击“输出名称”选项,弹出“另存为”对话框,输入输出文件的名称,如图 5-54 所示。单击系统默认的输出路径和名称,可以选择要保存的路径和文件名称。然后单击“存储”按钮。

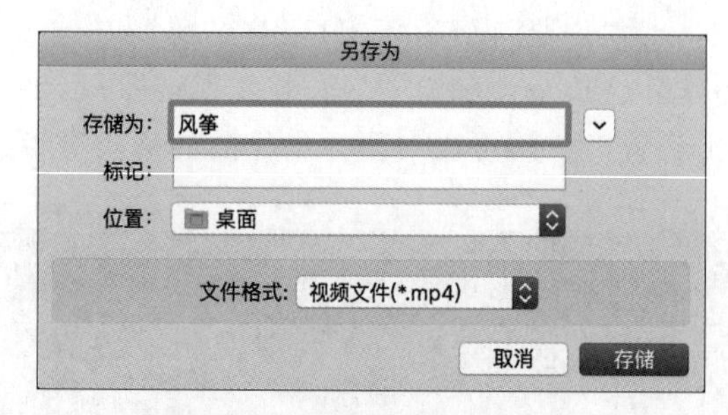

图 5-54　输入输出文件的名称

(4) 完成整个导出设置后,单击“导出”按钮,便可进行文件的渲染和导出。其过程如图 5-55 所示。

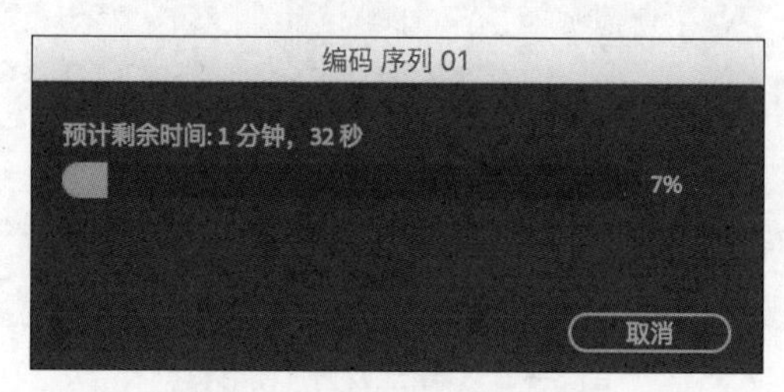

图 5-55　文件的渲染和导出

小　结

本章首先介绍了影视的基本概念、数字化的原理、编码标准、常用的文件格式。然后通过实例介绍了用 Premiere Pro CC 制作数字影视的方法。

Premiere 是 Adobe 公司推出的非常优秀的非线性编辑软件,它可以配合硬件进行影视的捕获和输出,能对影视、声音、动画、图片、文本进行编辑加工,并最终生成电影文件。

习　题

1. 什么是影视? 简述影视图像的数字化过程。

2. 请对模拟影视和数字影视进行比较。

3. 常用的电视信号制式有哪几种? 各自有哪些技术指标? 我国的电视信号使用哪种制式?

4. 数字影视有哪些常见的文件格式? 各有什么特点?

5. 获取影视素材的方法有哪些？

6. 从光盘上获取一段影视素材，分别将其转换为.mpg 文件和.avi 文件。

7. Premiere Pro CC 有哪些基本功能？

8. 将两个影视素材进行剪辑，并加上适当的转场效果，并对转场效果进行预览。

9. 对一段影视添加声音，并对声音效果进行适当的设置。

10. 自己设计制作一个较为完整的数字影片，包括片头、片尾的字幕、转场效果、叠加效果、运动效果等常用的效果。然后输出为不同格式的影视文件。

第6章

二维动画制作(Animate)

本章学习目标

- 了解动画的原理、动画的特点及应用领域。
- 掌握Animate软件的基本操作方法。
- 掌握动画制作的基础知识及制作流程。
- 掌握各种不同动画类型的制作方法。

6.1 动画制作基础知识

6.1.1 动画的相关概念

1. 动画

动画是一种通过将一组连续画面以一定的速度播放而展现出连续动态效果的技术。动画不仅可以表现运动的过程,也可以表现如变形、色彩及光的强弱变化等过程。

动画与运动是分不开的,可以说运动是动画的本质,动画是运动的艺术。一般说来,动画是一种生成一系列相关动态画面的处理方法,其中的每一幅与前一幅略有不同。动画的基本原理与电影、电视一样,都是视觉原理,即人类具有“视觉暂留”的特性,就是说人的眼睛看到一幅画或一个物体后,在1/24s内不会消失。利用这一原理,在一幅画还没有消失前播放出下一幅画,就会给人造成一种流畅的视觉变化效果。如果以每秒低于24幅画面的速度拍摄播放,就会出现停顿现象。

要实现动画的效果,必须要满足以下几个条件。

(1) 有多个画面,而且画面内容是连续的。

(2) 这些画面之间内容存在差异与变化。

(3) 画面表现的动作必须是连续的,即后一幅画面是前一幅画面的继续。

(4) 这些画面按照一定的速度播放。

2. 帧

动画是由若干内容上连续的画面所组成的。其中,每一幅静止的画面就称为“帧”。帧是动画的基本单位,相当于电影胶片上的一格镜头。

3. 帧频

在1s时间内播放的帧数称为“帧频”,通常用fps(frames per second)表示。帧频太小,动画看起来不够流畅;帧频太大,动画的细节容易变模糊。

4. 关键帧与过渡帧

在制作动画时,要表现运动或变化,至少要给出前后两个不同的关键状态,而中间状态的变化和衔接可以由计算机计算填充。这些表示关键状态的帧称为“关键帧”。在两个关键帧之间,由计算机自动完成的过渡画面,称为“过渡帧”。

6.1.2 计算机动画的制作过程

(1) 剧本创作。动画剧本与真人表演的故事片剧本有很大不同。在故事片剧本中,“对话”是很重要的,而动画影片中则尽量避复杂的“对话”,更注重于用画面表现视觉动作,激发人们的想象。

(2) 制作声音对白和背景音乐。若需要动作与音乐匹配,音响录音必须在动画画面绘制之前进行。

(3) 关键帧的生成。关键帧及背景画面可以用摄像机、扫描仪等实现数字化输入,也可以用软件直接绘制。计算机技术支持随时存储、检索、修改和删除任意画面,一步即可完成传统动画制作中的角色设计及原画创作等几个步骤,大大改进了传统动画绘制画面的制作过程。

(4) 过渡帧的生成。利用计算机对两幅关键帧进行插值计算,自动生成过渡,这是计算机辅助动画的主要优点之一。这不仅使得画面精确、流畅,而且将动画制作人员从烦琐的重复劳动中解放出来。

(5) 着色。计算机动画辅助着色取代了乏味、昂贵的手工着色。用计算机描线、着色,界线准确,不需晾干,不会窜色,改变方便,而且不因层数多少而影响颜色,速度快,更不需要为前后色彩的变化而头疼。动画软件一般都会提供许多绘画颜料效果,如喷笔、调色板等,这很接近传统的绘画技术。

(6) 预演。在生成和制作特技效果之前,可以直接在计算机屏幕上演示草图或原画,检查播放过程中的动画和时限以便及时发现并修改问题。

(7) 后期制作。完成动画各片段的连接、排序、剪辑及音响效果的同步等。

6.2 Animate 基础

6.2.1 Animate 简介

1. Animate 软件简介

Animate 是当今二维动画设计的主流制作软件，它的前身是 Flash，是由 Adobe 公司开发的。2015 年 12 月 1 日，Adobe 将动画制作软件 Flash Professional CC 2015 升级并改名为 Animate CC 2015.5。Animate 在支持 SWF 文件的基础上，加入了 HTML5 创作工具，为网页开发者提供更适应现有网页应用的音频、图片、视频、动画等创作支持。Animate 与 Flash 的区别就是一个新版本，一个旧版本。

2. Animate 应用领域

1）网络广告

全球有超过 6 亿在线用户安装了 Flash Player，这使得浏览者可以直接欣赏二维动画，而不需要下载和安装插件。目前越来越多的企业已经转向使用 Animate 动画技术制作网络广告，以便获得更好的效果。另外，二维动画可以针对不同人群，用生动、可信的形式对产品特殊功能和用途进行富有吸引力的宣传，可在互联网、卖场、展销会播放，也可由销售人员在向客户推荐产品时进行辅助播放，降低讲解难度。

2）电视领域

二维动画在电视领域的应用也十分广泛，像电视宣传片、小朋友看的动画片都是在电视领域中的应用。

3）App 使用演绎

二维动画可以模拟还原手机操作场景，详细介绍每款 App 的操作和功能，简单明了地表达 App 各项功能和使用方法。

4）企业宣传

- 企业创意宣传。用以展示一家企业的文化和品牌，提升企业自身的形象。详细描述企业的发展、文化、产品、市场、人才、愿景的叙述短片；也可以是以形象为主的短片，通过一些象征性的事物，反映企业的整体形象。
- 业务模式展示。通过二维动画视频短小精悍的优势，简述公司的业务模式，有利于客户迅速了解公司，增加客户对公司的认可和信任，可以清晰生动地向广大投资者展示企业的投资价值。
- 产品创意介绍。企业在使用动画视频介绍产品时，会加深受众的理解和接受，减少了受众看说明书的时间，提高了效率。动画视频可以详细演示产品的使用功能、应用范围、使用方法等，比说明书更易理解，学习产品功能更方便，且能提高企业形象。

- 企业课件动画。把一些优秀的培训课件制作成二维动画，可以用于跨地区的企业集团培训，提高培训效率和培训效果，起到“四两拨千斤”的作用。

5）教学领域

随着多媒体教学的普及，二维动画技术越来越广泛地被应用于课件制作中，使得课件功能更加完善，内容更加丰富。

6）游戏领域

Animate 强大的交互功能搭配其优良的动画能力，使得它能够在游戏领域中占有一席之地。使用 Animate 中的影片剪辑、按钮、图形元件进行动画制作，再结合动作脚本的运用，就能制作出精致的二维动画游戏。由于它能够减少游戏中电影片段所占的数据量，因此可以节省更多的空间。

6.2.2 Animate CC 的文件格式与特点

Animate 有两种常用文件格式：fla 格式和 swf 格式。其中，fla 格式是 Animate 的源程序格式，打开文件能看到 Animate 的图层、库、时间轴和舞台，用户可以对动画进行编辑修改。swf 格式是 Animate 打包后的格式，这种格式的动画文件只用于播放，看不到源程序，不能对动画进行编辑和修改。网页中插入的 Animate 文件都是 swf 格式。

Animate 作为一款多媒体动画制作软件，优势是非常明显的，它具有以下特点。

（1）矢量绘图。使用矢量图的最大特点在于无论是放大还是缩小，画面永远都会保持清晰，不会出现类似位图的锯齿现象。

（2）生成的文件体积小，适合在网络上进行传播和播放，一般几十 MB 的源文件输出后只有几 MB。

（3）图层管理使操作更加简单便捷。例如，制作人物动画时，可以将人的头部、身体、四肢放到不同的图层上分别制作动画，这样可以有效避免所有图形元件都在同一个图层内所出现的制作、修改费时费力的问题。

6.2.3 Animate 工作界面

Adobe Animate 2019 启动后，首先显示的是开始页，如图 6-1 所示，通过它可以让我们随意选择从哪个项目开始工作，轻易访问最常用的操作。

开始页分为以下三部分。

（1）打开。在下方可以查看和打开最近使用过的文档。单击“打开”命令，将显示“打开文件”对话框，从中选择要打开的文件。

（2）新建。从该部分中可以看到，在 Adobe Animate 2019 中可以创建多种类型文件，包括：角色动画、社交、游戏、教育、广告、Web、高级。每种类型文件都可以选择预设尺寸或通过“详细信息”自定义尺寸。

（3）示例文件。该部分列出了 Adobe Animate 2019 中已有的动画文件，单击其中某个文件，即可进入源文件中进行学习或编辑。

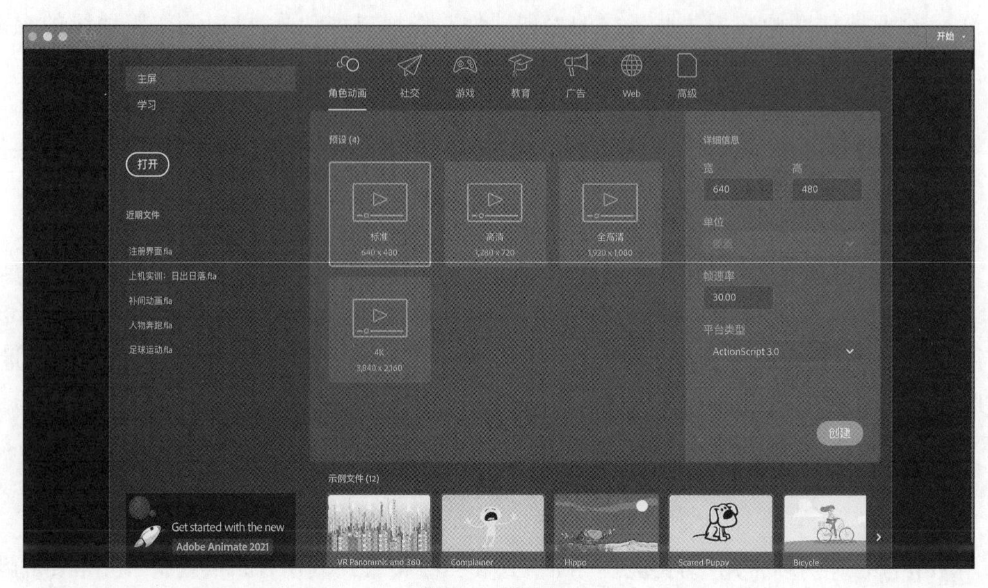

图 6-1　开始页

单击新建"角色动画"|预设"标准"按钮，即可创建 ActionScript 3.0 项目，进入 Adobe Animate 2019 的用户界面。Adobe Animate 2019 的主界面由菜单栏、场景、舞台、时间轴、功能面板组和工具箱等组成，如图 6-2 所示。

图 6-2　Adobe Animate 2019 工作界面

1. 菜单栏

菜单栏包括文件、编辑、视图、插入、修改、文本、命令、控制、调试、窗口和帮助共 11 组主菜单，Animate 中的大部分操作都可以通过菜单栏实现。

2. 场景和舞台

在当前编辑的动画窗口中，动画内容编辑的整个区域是场景，可以在整个场景内进行图形的绘制和编辑工作，但是最终仅显示场景中白色区域中的内容，这个区域称为舞台，而舞台之外的灰色区域的内容是不显示的。

3. 工具栏

Adobe Animate 2019 的工具箱位于窗口的右侧，在工具箱里，主要包括各种常用编辑工具。工具箱面板默认将所有功能按钮竖排起来，如果觉得这样的排列在使用时不方便，也可以向左拖动工具箱面板的边框，扩大工具箱。下面分别对工具箱中的各个工具做简要介绍。

“选择工具”：用于选择各种对象。

“部分选择工具”：可以通过选择对象来显示对象的锚点，通过调整对象的锚点或调整杆改变对象的外形。

“任意变形工具”：用于对选定的对象进行形状的改变，可以旋转和缩放元件，也可以对元件进行扭曲、封套变形。该工具为多选按钮，在按钮上方按住左键，会打开选项组，可选择“任意变形工具”或“渐变变形工具”。

“渐变变形工具”：主要对位图填充和渐变填充进行变形。

“3D 旋转工具”：用于将对象沿 x、y、z 轴任意旋转。

“3D 平移工具”：用于将对象沿 x、y、z 轴任意移动。

“套索工具”：用于选择不规则的物件，被操作的对象必须处于“打散”状态。

“钢笔工具”：主要用于编辑锚点，可以增加或删除锚点。该工具也包含一个选项组，里面还包括“添加锚点工具”、“删除锚点工具”、“转换锚点工具”。

“文本工具”：用于输入和编辑文本对象。

“线条工具”：用于绘制矢量直线。

“矩形工具”：用于绘制普通矩形，也可绘制圆形转角的矩形。该工具包含一个选项组，里面有“基本矩形工具”。

“椭圆工具”：用于绘制普通椭圆，该工具包含一个选项组，里面有“基本椭圆工具”。“基本矩形工具”和“基本椭圆工具”除了绘制形状外，还允许用户以可视化方式调整形状的属性。

“多角星形工具”：用于绘制多边形或多角星形。

“铅笔工具”：用于绘制任意线条，使用起来就像用铅笔在纸上作画一样。

“画笔工具”：功能和“铅笔工具”类似，使用起来就像用毛笔在纸上作画一样。

“骨骼工具”：可以向元件实例和形状添加骨骼。

“绑定工具”：可以调整形状对象的各个骨骼和控制点之间的关系。

“颜料桶工具”：用于填充对象的内部颜色，结合“墨水瓶工具”使用，可以对整个对象填充颜色。

“墨水瓶工具”：主要用于填充对象的外边框颜色，被操作的对象必须处于“打散”状态。

“滴管工具”：用于吸取指定位置的颜色，再将其填充到目标对象。

“橡皮刷工具”：用于擦除对象，被操作的对象必须处于“打散”状态。

“手形工具”：用于移动舞台，调整舞台的可见区域。

“缩放工具”：用于调整舞台的显示比例，可以放大或者缩小舞台。

默认情况下，将光标移至工具按钮上方，停留片刻，便会显示相应的工具提示，其中包含工具的名称和快捷键。要选择该工具，只需在英文输入状态下按下相应的快捷键即可。

4. “时间轴”面板

Adobe Animate 2019“时间轴”面板位于舞台下方，用来安排动画内容的空间顺序和时间顺序，是控制影片流程的重要手段，也是动画和影视类软件中的重要概念。

5. 功能面板组

功能面板组是 Adobe Animate 2019 中各种面板的集合。面板可以帮助查看、组织和更改文档中的对象。面板中的选项控制着元件、实例、颜色、类型、帧和其他对象的特征。要打开某个面板，只需在“窗口”菜单中选择面板名称对应的命令即可。

大多数的面板带有选项菜单，单击面板右上角的按钮，可以打开该菜单，通过相应的菜单命令可以实现更多的附加功能。

6.2.4 Animate 基本操作

1. 新建 Animate 文件

Animate 基本操作

打开 Adobe Animate 2019 应用程序，然后在开始页上单击“角色动画”|“标准”按钮，即可新建支持 ActionScript 3.0 脚本语言的 Animate 文件。如果 Adobe Animate 2019 已经打开，则可执行“文件”|“新建”(快捷键 Ctrl＋N)命令，打开“新建文档”对话框，如图 6-3 所示，选择“角色动画”|“标准”选项，然后单击“确定”按钮。

2. 设置文档属性

Adobe Animate 2019 舞台默认尺寸是 640×480px，默认背景颜色是白色。执行“修改”|“文档”命令，出现“文档设置”对话框，如图 6-4 所示，单击“舞台颜色”按钮，可以在拾色器中选择新的背景颜色，这里设置背景颜色为浅灰色。同时，还可以在此修改舞台尺寸和动画播放的帧频等。

3. 制作图形对象

下面通过一个实例的制作过程，了解 Animate 的基本操作。本例制作了一个如图 6-5 所示的图形对象。

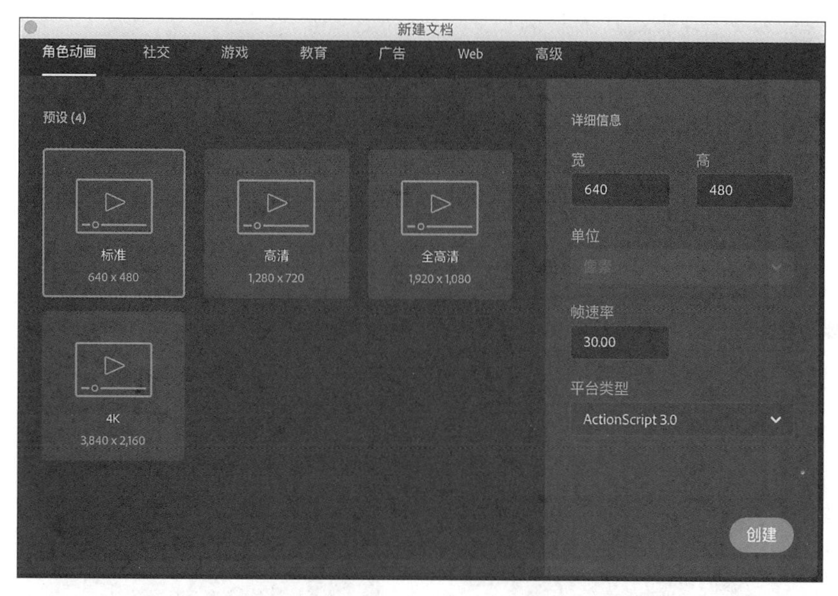

图 6-3　通过“新建文档”对话框创建文件

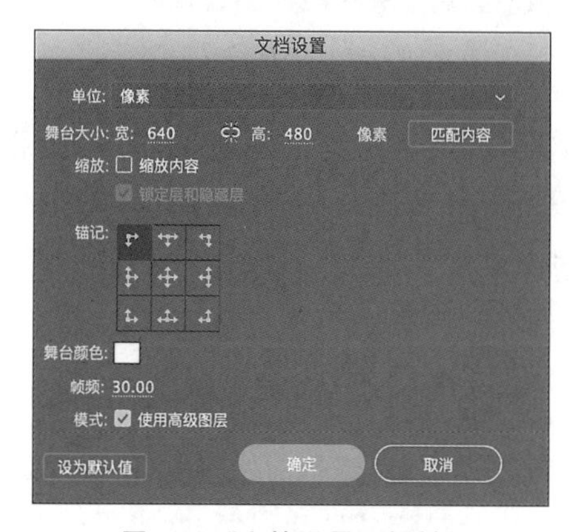

图 6-4　“文档设置”对话框

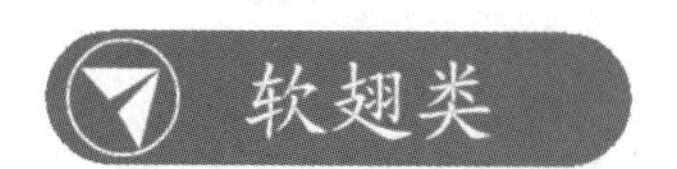

图 6-5　制作的图形对象

图 6-6　基本矩形工具的“属性”面板

（1）在工具箱中单击选中“基本矩形工具”，设置填充颜色为橘黄色，笔触颜色为无色，在舞台上拖动鼠标绘制矩形，并在“属性”面板中设置矩形的宽度和高度分别是 180 和 40，如图 6-6 和图 6-7 所示。

图 6-7　绘制的矩形

（2）在工具箱中选择“选择工具”选择矩形，此时矩形 4 角分别出现形状调节点，拖动某个形状调节点，改变矩形的边角半径，使之变为半圆形，如图 6-8 所示。

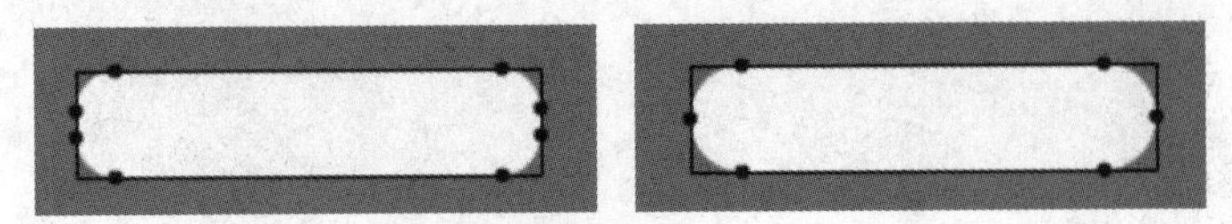

图 6-8　调节矩形的边角半径

(3) 在工具箱中选择“多角星形工具”，并在其“属性”面板上单击“选项”按钮 选项... ，出现“工具设置”对话框，设置要绘制的多边形的边数为 3，如图 6-9 所示。

(4) 设置填充颜色为白色，笔触颜色为无色，在工具箱中单击“对象绘制”按钮，在舞台上拖动鼠标绘制三角形，如图 6-10 所示。

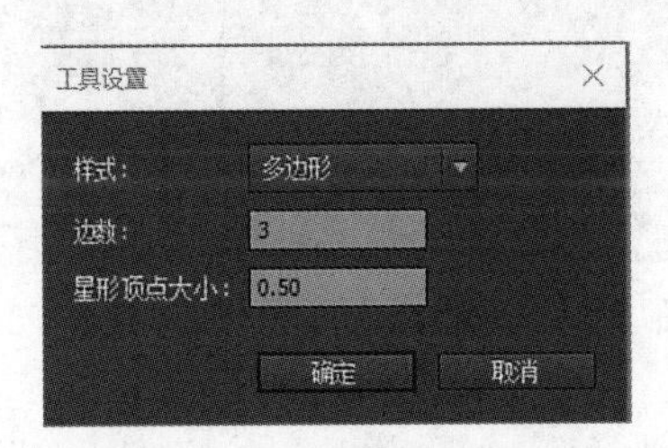

图 6-9　“工具设置”对话框

图 6-10　绘制三角形

说明：Adobe Animate 2019 有两种绘图模式，一种是普通绘图模式，另一种是“对象绘制”模式。使用普通绘图模式绘图时，重叠的图形会自动进行合并，位于下方的图形将被上方的图形覆盖，当移开上方的图形时，下方图形的重叠部分将被剪裁；而使用“对象绘制”模式绘图时，产生的图形是一个独立的对象，它们互不影响。

(5) 利用工具箱中“部分选择工具”调整三角形的顶点，改变三角形的形状，如图 6-11 所示。

(6) 在工具箱中选择“选择工具”选择三角形，先执行“编辑”|“复制”命令以及“编辑”|“粘贴到中心位置”命令复制一个三角形，然后执行“修改”|“变形”|“水平翻转”命令将复制的三角形做水平翻转，最后选择工具箱中的“任意变形工具”，将该三角形旋转并移动到适当的位置，如图 6-12 所示。

图 6-11　改变三角形的形状

图 6-12　复制、翻转、旋转并移动三角形

(7) 在工具箱中选择“椭圆工具”，设置填充颜色为无色，笔触颜色为白色，配合 Shift 键，绘制一个圆形，如图 6-13 所示。

(8) 选择这两个三角形和圆形，执行“修改”|“组合”命令，将其组合成一个对象，再选

择工具箱中的“任意变形工具”，将该对象调整大小，并移动到合适位置上，如图 6-14 所示。

图 6-13　绘制圆形

图 6-14　调整对象

(9) 在工具箱中选择“文本工具”，设置文本填充颜色为白色，字体为楷体，字大小为 26，输入文字“软翅类”，如图 6-15 所示。至此，图形对象制作完毕。

图 6-15　输入文字

4. Animate 文件的保存、导出及发布

(1) 保存 Animate 文件。对于新建的 Animate 文件，建立完成需要保存。执行“文件”|“保存”命令，出现“另存为”对话框，如图 6-16 所示。输入文件名，单击“保存”按钮，可保存为 FLA 格式的文件。

(2) 导出 Animate 文件。执行“文件”|“导出”|“导出图像”命令，出现“导出影片”对话框，如图 6-17 所示，可导出 SWF、AI、JPG、GIF、PNG 等格式的文件。本示例因为是绘制了一个图形，所以可导出为 PNG 格式的文件。另外，也可以执行“文件”|“导出”|“导出影片”命令，导出 SWF、AVI、MOV 等格式的文件。

图 6-16　“另存为”对话框

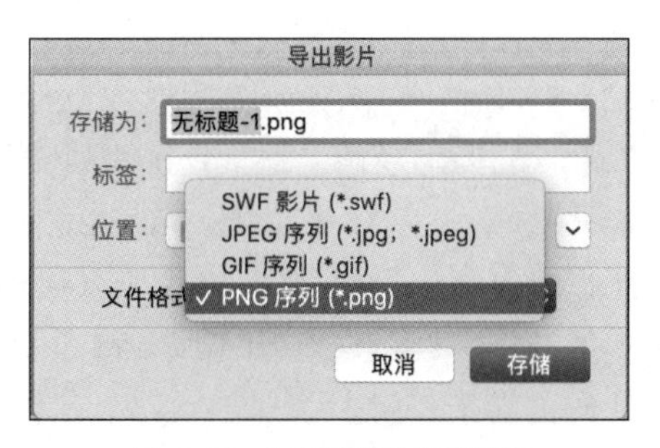

图 6-17　“导出影片”对话框

(3) 发布 Animate 文件。先执行“文件”|“发布设置”命令，出现“发布设置”对话框，如图 6-18 所示，进行格式的选择和参数的设置，然后执行“文件”|“发布”命令，可将其发布为 SWF、HTML、EXE 等格式的文件。

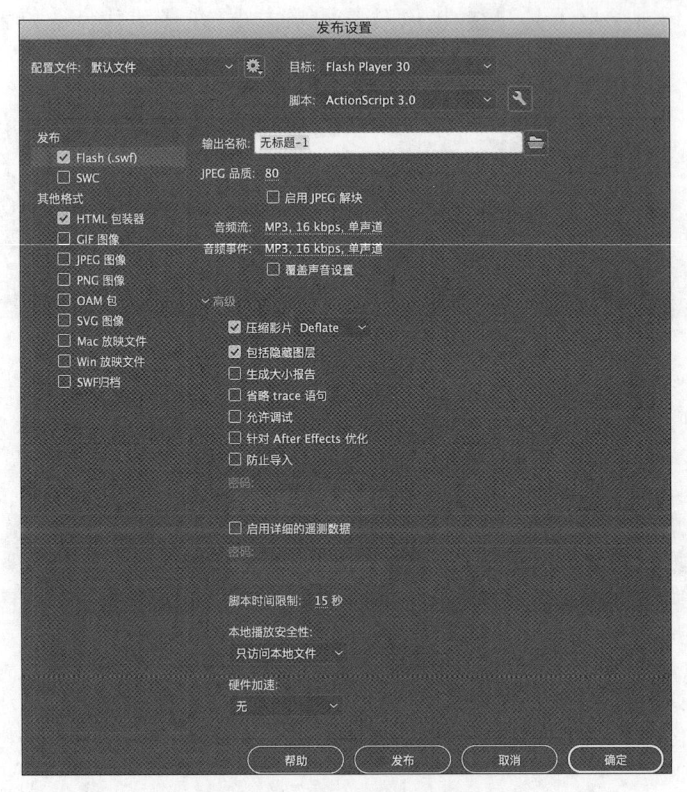

图 6-18 “发布设置”对话框

5. 常用的 Animate 文件格式

Adobe Animate 2019 支持多种文件格式,良好的格式兼容性使得用 Animate 设计的动画可以满足不同软硬件环境和场合的要求。常用的 Animate 文件格式如下。

(1) FLA 格式。FLA 格式是 Animate 的源文件,可以在 Animate 中打开和编辑的文件。

(2) SWF 格式。SWF 格式是 FLA 文件发布后的格式,也就是通常所说的“Animate 影片”或“Animate 动画”。SWF 格式的文件可以直接使用 Flash 播放器播放。

(3) AS 格式。AS 格式是 Animate 的 ActionScript 脚本文件,这种文件的最大优点就是可以重复使用。例如,可以将所有代码放在独立的 AS 文件中,如果其他项目要使用到类似的功能,只需直接调用这个 AS 文件中的代码即可。这样可以大大提高开发效率,减少代码的冗余程度。

(4) FLV 格式。FLV 格式是 FLASHVIDEO 的简称,FLV 是一种新的视频流媒体格式。由于它形成的文件极小、加载速度极快,使得网络观看影视文件成为可能,它的出现有效地解决了影视文件导入 Animate 后,使导出的 SWF 文件体积庞大,不能在网络上很好地使用等缺点。

(5) AIR 格式。用户使用 AIR 应用程序的方式和传统桌面程序是一样的,当运行时环境安装好后，AIR 程序就可以像其他桌面程序一样运行了，可以在没有安装 Flash 播放器的机器上观看。

6.2.5　Animate 动画的构成

Animate 动画通常由场景、时间轴、帧、图层、对象等元素构成，每种元素承担了一定的功能，它们与 Animate 动画设计是密不可分的。

1. 场景

从 Animate 的角度来说，可以把场景看作舞台上所有静态和动态的背景、对象的集合，所有动画内容都会在场景中显示。一个 Animate 动画可由一个场景组成，也可由多个场景组成。一般简单的动画只需一个场景即可，但是一些复杂的动画，例如交互式的动画、设计多个主题的动画，通常需要建立多个场景进行设计，

2. 时间轴

时间轴是 Animate 的设计核心，如图 6-19 所示。时间轴左边是“层”操作区，动画在排列上的先后顺序用层来设定。时间轴右边是“帧”操作区，动画在时间上出现的先后顺序用帧来设定。时间轴中有一个红色的播放头，用来标识当前帧的位置。时间轴会随时间在图层与帧中组织并控制文件内容。

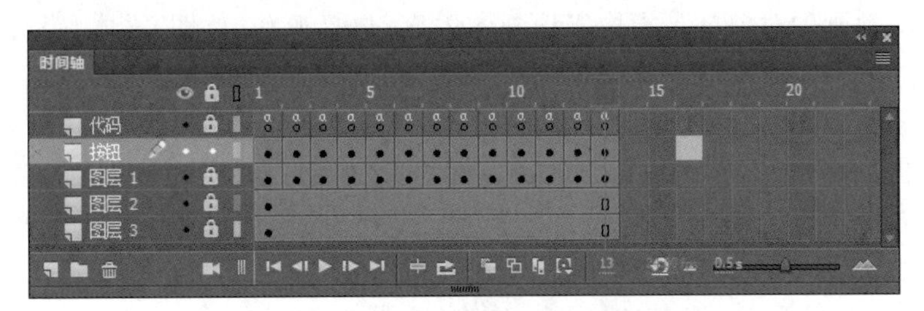

图 6-19　Adobe Animate 2019 的时间轴

3. 帧

帧是 Animate 动画中的最小单位，类似于电影胶片中的小格画面，不同内容的帧串联组成了运动的动画。在时间轴中使用帧来组织和控制文档的内容。在时间轴中放置帧的顺序将决定最终内容中的显示顺序。动画的播放速度称为帧频，以每秒播放的帧数（fps）为单位。

Animate 中包括各种不同的帧，起着不同的作用。帧的种类大致有：关键帧、空白关键帧、补间帧、属性关键帧和动作帧等。

（1）关键帧：是一个对内容的改变起决定作用的帧，时间轴关键帧上标有黑色圆点，关键帧之间的画面由计算机根据关键帧的信息自动计算生成。

（2）空白关键帧：是画面为空白的关键帧，时间轴空白关键帧上标有空心圆点，在空

白关键帧引入对象或绘制对象,即转变为关键帧。

(3) 补间帧:创建动画时两个关键帧之间自动生成的帧。

(4) 属性关键帧:是在补间范围中为补间目标对象显示定义一个或多个属性值的帧,时间轴属性关键帧上标有黑色菱形。

(5) 动作帧:用于指定某种行为,在帧上有一个小写字母 a。

(6) 空白帧:时间轴上没有任何内容的帧。

4. 图层

如果说帧是时间上的概念,那么图层就是空间上的概念。图层就像一张张透明胶片,每张透明胶片上都有内容,将所有的透明胶片按照一定顺序重叠起来,就构成了整体画面。同样,Animate 图层中放置了组成 Animate 动画的所有对象,图层重叠起来构成了 Animate 影片,改变图层的排列顺序和属性可以改变影片的最终显示效果。

Animate 图层有 4 种类型:普通图层、运动引导层、遮罩层和文件夹图层。

- 普通图层:用来创建一般性动画,绘制和编辑对象。
- 运动引导层:用来绘制移动路径,使被引导层中的对象沿绘制的路径运动。
- 遮罩层:用来控制被遮罩层内容的显示。

文件夹图层:用来组织图层,文件夹中可以包含层,也可以包含文件夹。

5. 对象

Animate 动画的对象就是指构成动画的内容,包括形状、位图、文本、声音、影视以及元件等。通过在 Animate 中导入或创建这些对象,然后在时间轴中排列它们,就可以定义它们在 Flash 动画中扮演的角色及其变化。

(1) 形状:形状是一种可以在 Animate 中创建的图形对象,它属于矢量图形格式,形状对象在进行放大和缩小时,都不会产生失真。此外,矢量图形还具有体积小的特点,这也是 Flash 动画得以广泛传播的主要原因之一。

(2) 位图:Animate 支持位图图像的导入,允许将位图导入舞台或库面板中。将位图导入 Flash 时,该位图可以修改,并可用各种方式在 Animate 文档中使用它。执行"修改"|"位图"|"转换位图为矢量图"命令,可以将位图转换为矢量图形。

(3) 文本:文本就是 Animate 中显示的文字。Animate 中的文本对象包括静态文本、动态文本和输入文本。静态文本的内容和外观在创建时已经确定,并且不会发生改变;动态文本的内容并不确定,可在运行时动态更新,通常是将动态文本的字段实例设置为一个 ActionScript 变量,通过更改变量的值就可以更改文本内容;输入文本的内容在动画播放时由用户输入,使用户和 Animate 动画进行交互。

(4) 声音:Animate 提供多种使用声音的方式,可以使声音独立于时间轴连续播放,或使用时间轴将动画与音轨保持同步。另外,还可以向按钮添加声音,使按钮具有更强的互动性,甚至通过声音淡入淡出还可以使音轨更加优美。Animate 常用的声音格式包括 WAV 和 MP3 两种。

(5) 影视:Animate 支持影视播放,允许导入其他应用程序中的影视剪辑。Animate

支持多种影视格式，包括MOV、AVI、MPG、MPEG、DV、DVI、ASF、WMV、FLV等。可以将影视导入舞台或库中，以及对导入的影视进行编辑，设置影视的部署方式，影视播放组件的外观，也可以对导入的影视进行压缩，在清晰度和文件大小之间进行取舍。

（6）元件：元件是存放在库中可以重复使用的对象，每个元件都有一个唯一的时间轴、舞台以及相关的图层。

6.2.6 库、元件与实例

1. 库

Animate文件中的“库”存储了在Animate创作环境中创建或在文件中导入的媒体资源，包括元件、位图、影视、声音等。

2. 元件与实例

元件是存放在库中可以重复使用的对象。可以在Animate中创建元件，也可以将图片、文字、声音、影视、动画等转换成元件存放在库中。把一个元件从库中拖到舞台后产生的元件副本便生成一个实例，实例具有元件的一切特点。

Animate有图形元件、按钮元件和影片剪辑元件3种。

- 图形元件：又分为静态图形元件和动态图形元件。其中，动态图形元件在库面板中带有播放按钮，生成动态图形的实例时要在时间轴给出足够的帧数，才能显示元件的动态效果。
- 按钮元件：用于创建交互按钮，响应标准的鼠标事件。每个按钮元件由4个帧组成，代表4种状态，应先定义按钮在各状态时的图形，然后再给按钮元件的实例分配动作。
- 影片剪辑元件：用来制作独立于主场景的动画片段，可以包括交互性控制、声音和其他电影剪辑的实例。

下面通过一个例子熟悉一下元件和实例。

（1）执行“插入”|“新建元件”命令，出现“创建新元件”对话框，如图6-20所示。

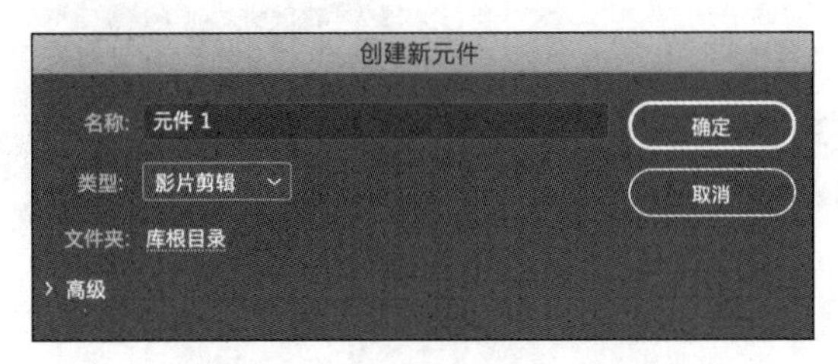

图6-20 “创建新元件”对话框

（2）单击“确定”按钮，进入创建元件的界面。设置填充颜色为红色，笔触颜色为无色，绘制一个圆形，则在“库”中显示一个元件“元件1”（默认名称），如图6-21所示。

（3）单击“场景1”，回到场景中，将“库”中的“元件1”拖动到舞台上两次，便产生两个

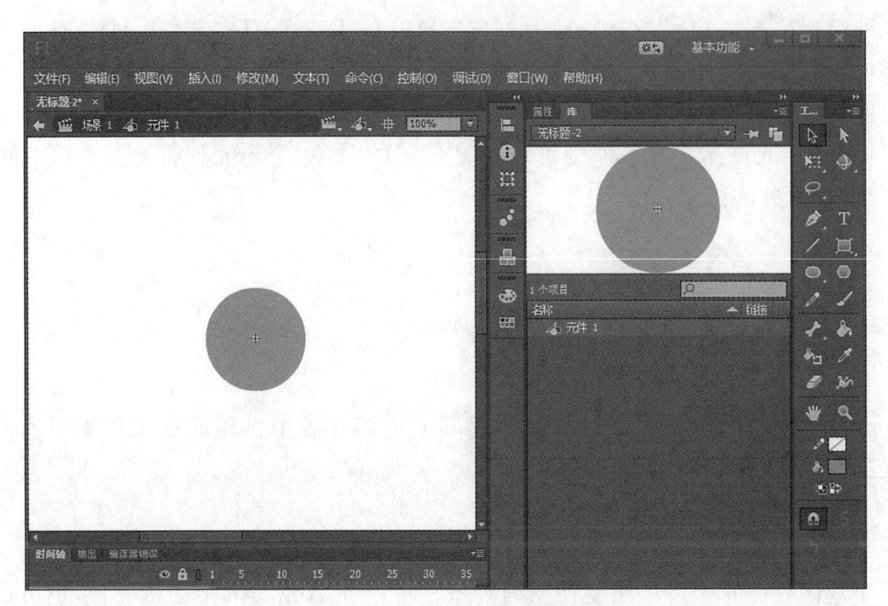

图 6-21　创建新元件

实例，如图 6-22 所示。

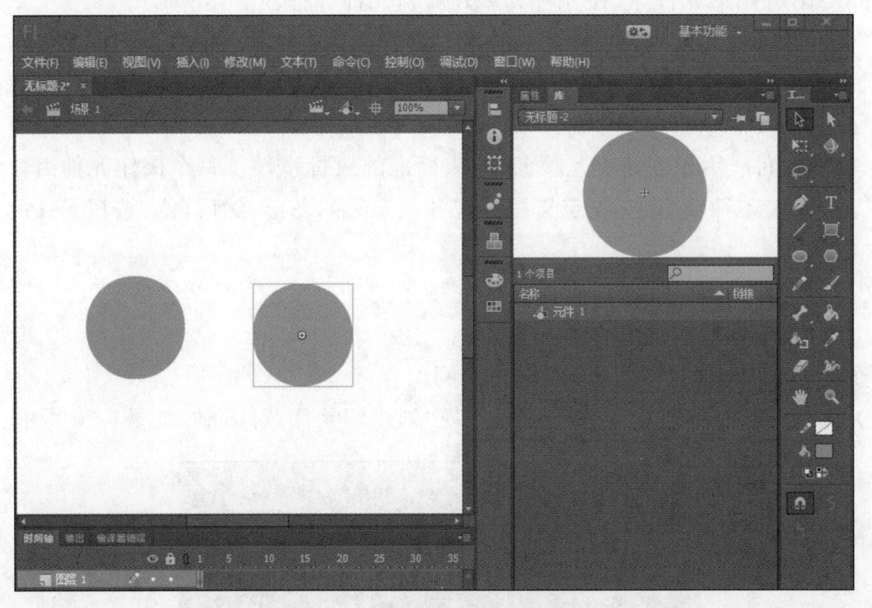

图 6-22　"元件 1"的两个实例

(4) 双击"库"中的"元件 1"，进入元件的编辑界面，改变"元件 1"的形状，返回"场景 1"即可发现，舞台中的两个实例都随之发生改变，如图 6-23 所示。

(5) 在舞台上用"任意变形工具"对其中的一个实例进行缩小和旋转操作，发现这个实例发生了变化，而元件则没有改变，如图 6-24 所示。

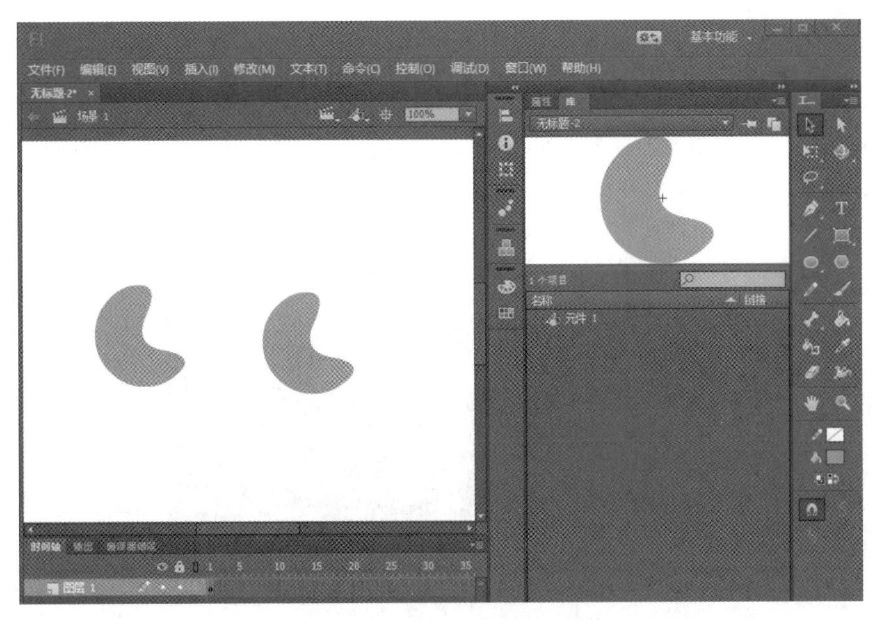

图 6-23　修改元件会影响实例

图 6-24　修改实例不会影响元件

3. Animate 元件的特点

(1) 一个元件可以创建多个实例,系统只计算一个实例的长度,可以缩小文件。

(2) 浏览动画时由元件产生的实例只需下载一次,加快播放速度。

(3) 每个元件都有自己的时间轴、场景、层、注册点。

（4）修改元件，所有该元件的实例都被更新。反之，对实例的修改不影响元件。

4. 创建按钮元件

下面创建一组按钮元件，当按钮弹起的时候，按钮上的文字为黑色，当鼠标指针经过按钮的时候，按钮上的文字为白色。

（1）执行“插入”|“新建元件”命令，在弹出的“创建新元件”对话框中填入元件的名称为“btn_1”，选择元件的类型为“按钮”，如图 6-25 所示。

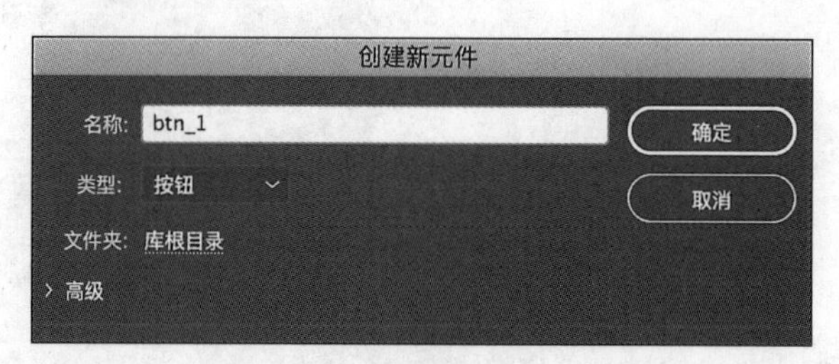

图 6-25 “创建新元件”对话框

（2）单击“确定”按钮进入元件“btn_1”的编辑状态。将“图层 1”重命名为“背景”，确认播放头位于时间轴的第 1 帧，即“弹起”帧，在舞台上绘制按钮的背景图案，然后在第 4 帧（“点击”帧）插入帧。这样就制作了按钮的背景，如图 6-26 所示。

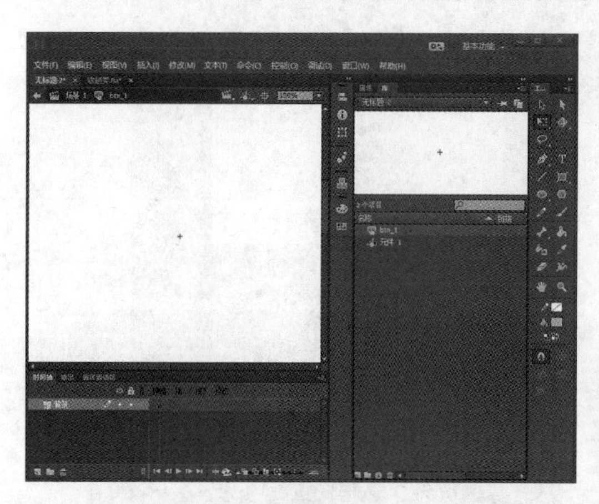
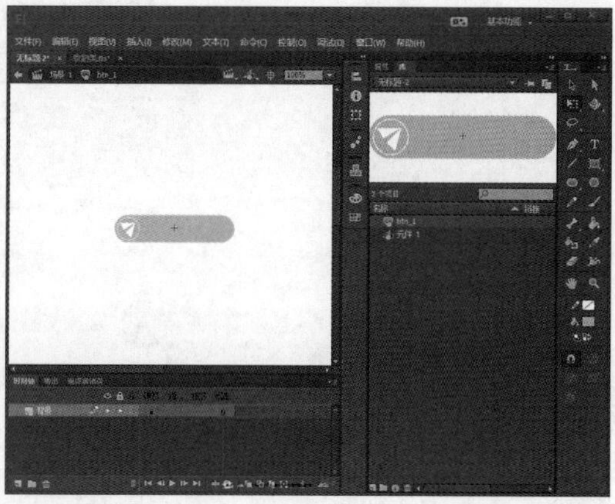

图 6-26 制作按钮的背景

（3）在“背景”层的上方建立“文字”层，在第 1 帧输入文字“软翅类”，颜色为黑色，如图 6-27 所示。

（4）在第 2 帧（“指针经过”帧）插入关键帧，将其中的文字颜色改为白色，如图 6-28 所示。至此，按钮元件“btn_1”制作完成，当按钮弹起时，上面的文字为黑色，当指针经过按钮时，上面的文字则变为白色。

（5）在“库”中单击选中“btn_1”元件，单击“库”面板右上角的按钮，在打开的菜单中选择“直接复制”命令，出现“直接复制元件”对话框，填入新元件的名称为“btn_2”，如图 6-29 所示，单击“确定”按钮，则生成与“btn_1”元件完全一样的“btn_2”元件。

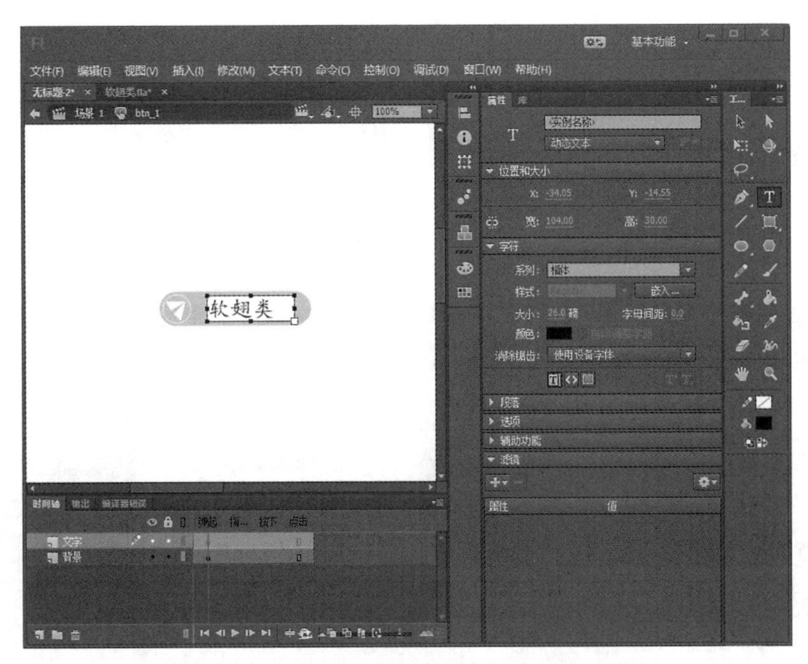

图 6-27　在“文字”层第 1 帧输入文字并设为黑色

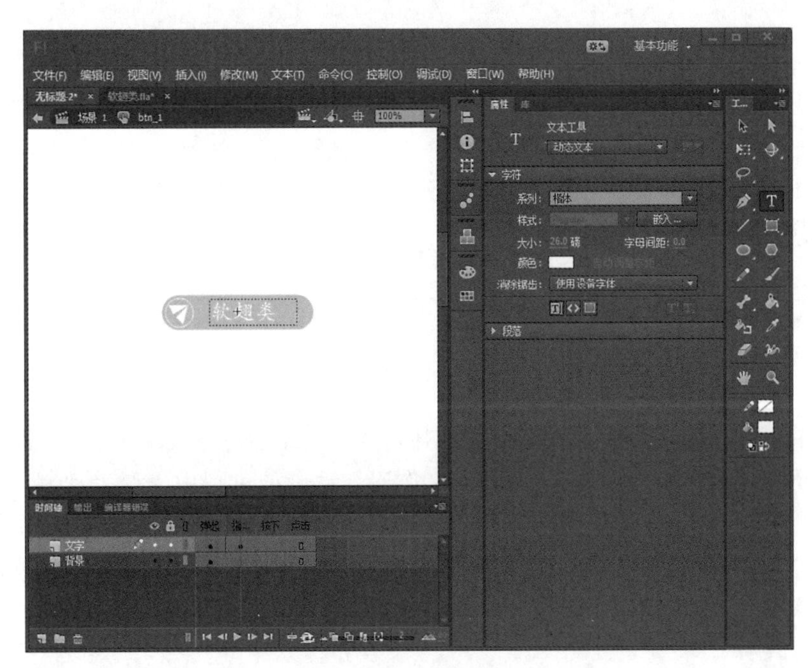

图 6-28　在第 2 帧将文字颜色改为白色

（6）分别将第 1 帧和第 2 帧上的文字“软翅类”改为“硬翅类”，如图 6-30 所示。这样就制作了一个新按钮。

（7）重复步骤(5)～(6)，可制作一系列类似的按钮。

图 6-29 “直接复制元件”对话框

图 6-30 分别修改第 1 帧和第 2 帧上的文字

6.3 Animate 基本动画制作

Animate 支持逐帧动画、补间动画、传统补间、补间形状以及动画预设等多种类型的动画，为创建动画提供了极大的方便。

6.3.1 逐帧动画

逐帧动画是动画中最基本的类型，它与传统的动画制作方法类似，制作原理是在连续的关键帧中分解动画，即每一帧中的内容不同，然后连续播放形成动画。

逐帧动画的制作原理很简单，但是在制作逐帧动画的过程中需要手动制作每一个关键帧中的内容，并且要注意每一帧图形的变化，否则就不能达到自然、流畅的动画效果，因此工作量极大，动画文件也较大，并且要求设计人员有比较强的逻辑思维和一定的绘画功底。逐帧动画具有非常大的灵活性，适合表现一些细腻的动画，例如，3D 效果、面部表情、走路和转身等。

逐帧动画不仅可以通过在每个帧上绘制内容来实现，也可以通过导入不同格式的图像来创建动画，如 JPEG、PNG、GIF 等格式。

下面用导入图像的方式来创建制作人物奔跑的逐帧动画。本实例制作一个人物奔跑的动画，在制作过程中主要控制逐帧动画的开始帧，然后导入相应的素材图像，调整多个帧的位置，完成动画制作，如图 6-31 所示。

图 6-31　调整多个帧的位置

(1) 新建一个空白文档，将图层一重命名为“背景”，复制背景，如图 6-32 所示。

图 6-32　复制背景

(2) 新建图层，命名为“人物”，放在图层“背景”上方，选中图层人物的第一帧执行“文件”|“导入”|“导入到舞台”命令，如图 6-33 所示。

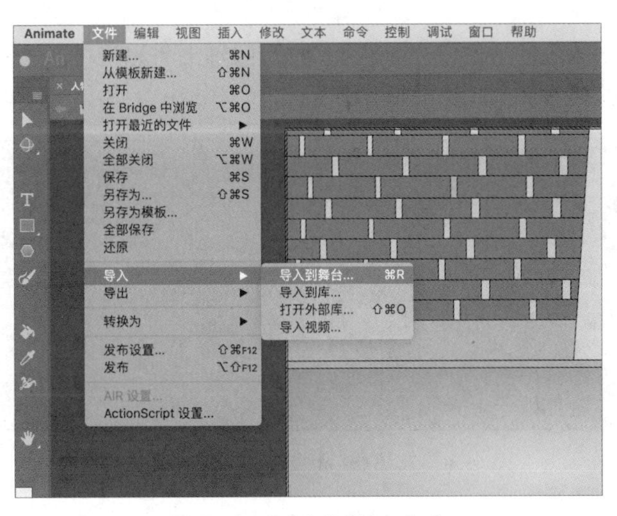

图 6-33　将“人物”导入舞台

（3）在弹出的导入对话框中，选择要导入的序列图像，如图 6-34 所示。

图 6-34　选择要导入的序列图像

（4）选择好图像之后，单击“打开”按钮弹出提示框，如图 6-35 所示。提示是否以图像序列导入图像。

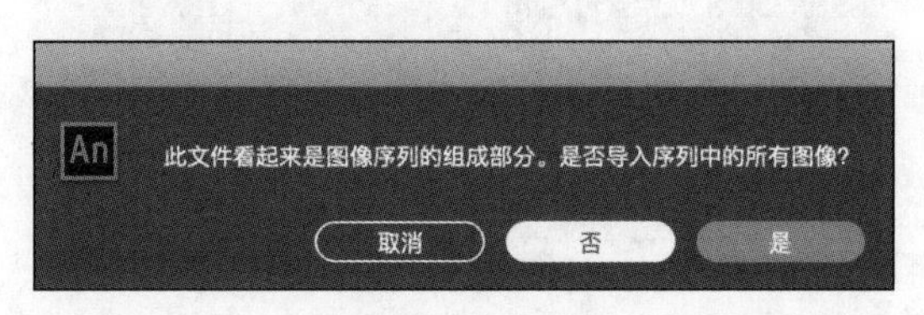

图 6-35　提示框

（5）单击“是”按钮，将图像序列导入，此时时间轴上将以连续关键帧显示。随后在图层“背景”的第 20 帧插入帧，如图 6-36 所示。

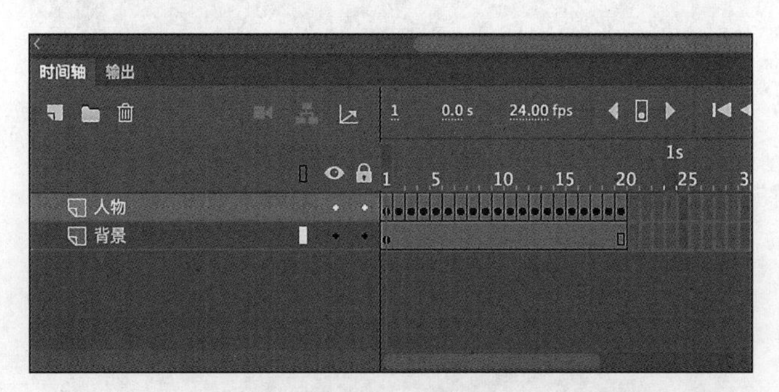

图 6-36　在图层“背景”的第 20 帧插入帧

（6）利用“绘图纸外观功能”可将多帧显示，对齐导入的图像，效果如图 6-37 所示。

（7）保存文档，按 Ctrl+Enter 组合键测试影片，欣赏逐帧动画人物奔跑的最终效果，如图 6-38 所示。

图 6-37 利用“绘图纸外观功能”多帧显示

图 6-38 逐帧动画人物奔跑的最终效果

下面用逐帧动画的方法制作一个文字书写效果的动画。

(1) 新建一个 Animate 文件，将背景素材导入到舞台中，如图 6-39 所示。

图 6-39 将背景素材导入到舞台

(2) 选择“文本工具”，在舞台上输入“快乐随行”字样，执行两次“修改”|“分离”命令(或按两次 Ctrl+B 组合键分离文本)，将文本分离，如图 6-40 所示。

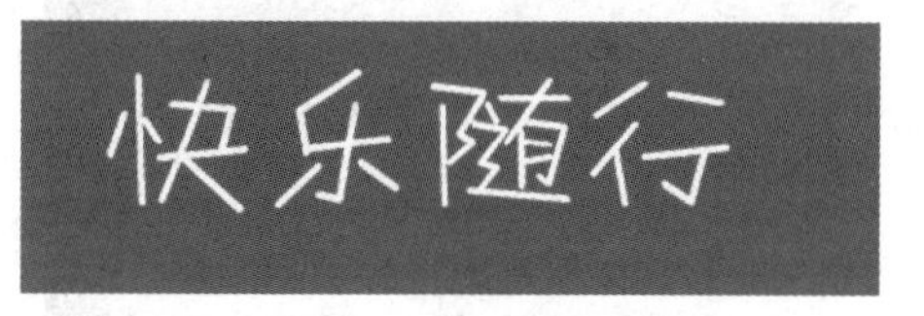

图 6-40 “快乐随行”字样

(3) 选择时间轴的第 2 帧，插入一个关键帧，选择“橡皮刷工具”，将“行”字最后的提手部分擦除，用同样的方法，逐个插入关键帧，按顺序将“随”“乐”“快”几个字逐渐擦掉，这时的时间轴如图 6-41 所示。

图 6-41 将字体删除后的时间轴

（4）选中时间轴上的所有帧，执行“修改”|“时间轴”|“翻转帧”命令，将各帧的顺序翻转，如图 6-42 所示。

图 6-42 翻转帧

（5）执行“控制”|“测试影片”命令，可以看到逐个出现文字并在文字下画线的效果，如图 6-43 所示。

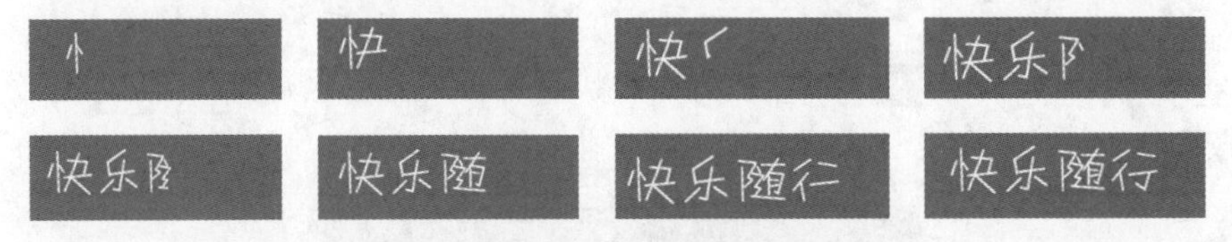

图 6-43 逐帧动画的效果

说明：如果对文字再执行一次“修改”|“分离”命令，对每一个文字逐渐擦除，然后再进行翻转帧，可制作一个显示文字书写过程的逐帧动画。

6.3.2 补间动画

补间是通过为一个帧中的对象属性指定一个值，并为另一个帧中的相同属性指定另一个值创建的动画。Animate 会计算这两个帧之间该属性的值，从而在两个帧之间插入补间属性帧。使用补间动画可设置对象的位置和 Alpha 透明度等属性，对于由对象的连续运动或变形构成的动画很有用。另外，补间动画在时间轴中显示为连续的帧范围，默认情况下可以作为单个对象进行选择。

补间动画的补间范围是时间轴中的一组帧，它在舞台上对应的对象的一个或多个属性可以随着时间而改变。在每个补间范围中，只能对舞台上的一个对象进行动画处理，此对象称为补间范围的目标对象。

属性关键帧是在补间范围中为补间目标对象显示定义一个或多个属性值的帧。用户定义的每个属性都有它自己的属性关键帧。

在 Animate 中，可补间的对象类型包括影片剪辑、图形和按钮元件以及文本字段。

下面用补间动画的方法制作一个飞机沿路径飞行的动画。

(1) 新建一个 Animate 文件，选中第一帧，在舞台上绘制纸飞机并填充颜色，如图 6-44 所示。

图 6-44　在舞台上绘制纸飞机并填充颜色

(2) 将飞机移至舞台的左下角，然后执行“修改”|“转换为元件”命令，将其转换为元件，选中第 1 帧右击，在快捷菜单中选择“创建补间动画”命令，如图 6-45 所示。

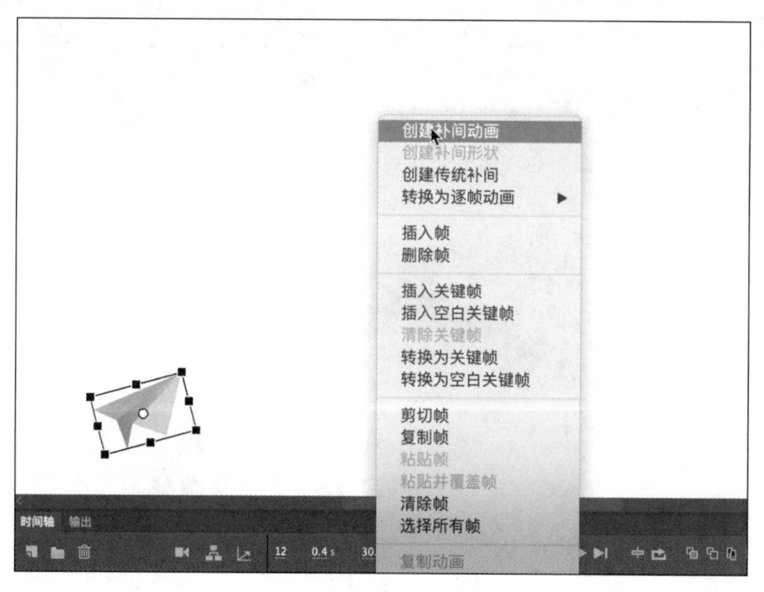

图 6-45　创建补间动画

(3) 在时间轴上可见补间范围为黄色背景的一组帧，表示已经创建补间动画，将光标移至补间范围右侧，变为双向箭头时，拖曳鼠标即可调整补间范围，如图 6-46 所示。

(4) 选中第 2 帧，在舞台上移动元件实例，显示移动的路径，根据相同的方法为补间范围内其他帧创建运动路径，根据需要调整元件实例纸飞机的运动轨迹，如图 6-47 所示。

(5) 为了更好地查看纸飞机运动过程中的情况，可单击“时间轴”面板中的“绘图纸外

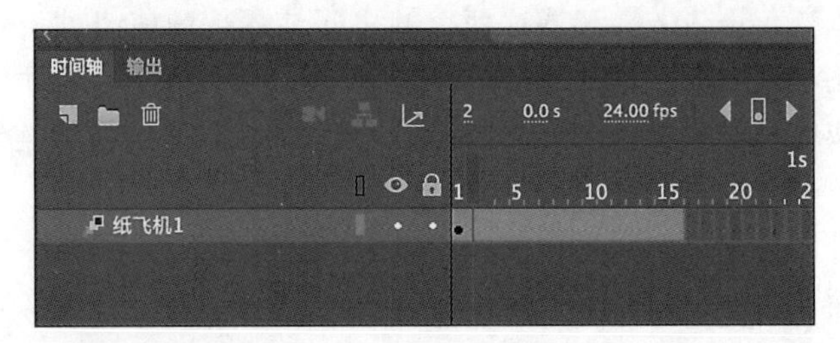

图 6-46　调整补间范围

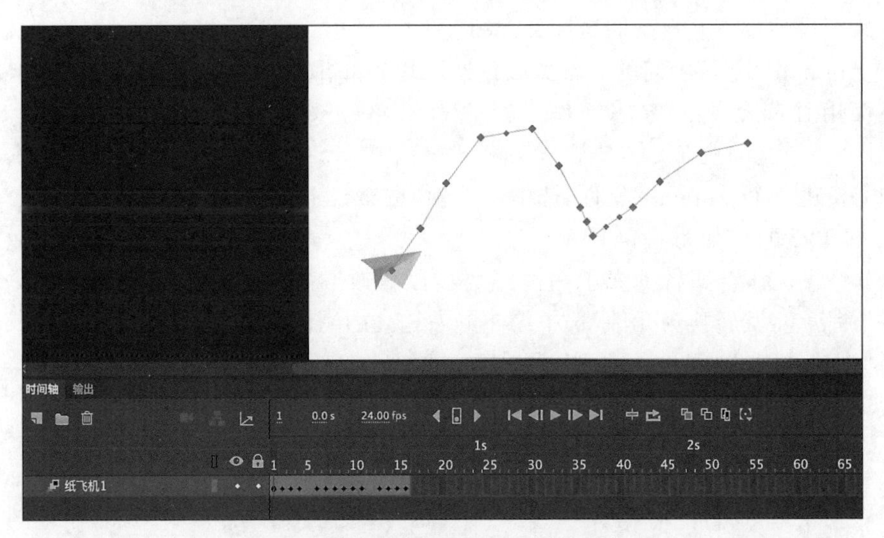

图 6-47　调整元件实例纸飞机的运动轨迹

观”按钮，调整范围，如图 6-48 所示。

图 6-48　绘图纸外观

下面用补间动画的方法制作足球运动的动画。

(1) 新建空白文档。

(2) 将背景素材和制作好的图形“football.png”导入，并放在舞台左侧的工作区中，如图 6-49 所示。将该图形转换为图形元件。

(3) 右击时间轴的第 70 帧，在出现的快捷菜单中选择“插入帧”命令，右击第 1～70 帧中的任意一帧，在出现的快捷菜单中选择“创建补间动画”命令创建补间动画。

图 6-49　将图形 football.png 导入工作区

（4）单击将播放头定位于第 70 帧，将图形元件的实例拖动到舞台右下角的适当位置，则在舞台上沿着拖动的方向出现一条直线，即补间运动路径，直线上还有一些点，每一个点代表一帧。用“任意变形工具”改变图形的大小及方向，如图 6-50 所示。在改变了图形的位置及大小等属性的同时，在时间轴第 70 帧会出现一个黑色的菱形，如图 6-51 所示，表示这是一个属性关键帧。

图 6-50　改变图形的位置、大小和方向

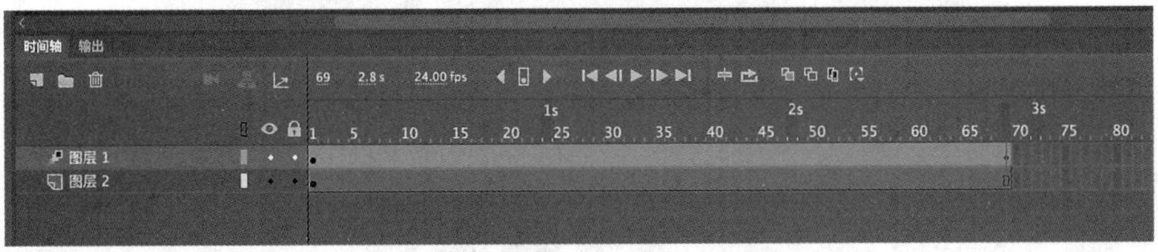

图 6-51　第 70 帧成为属性关键帧

（5）用“选择工具”调整补间的运动路径，如图 6-52 所示。

（6）分别在第 30 帧、第 50 帧、第 60 帧、第 65 帧，调整足球的轨迹，这样第 30 帧、第 50 帧、第 60 帧和第 65 帧都成为属性关键帧，如图 6-53 所示。

（7）至此，补间动画制作完成，动画的过程如图 6-54 所示。

（8）执行“控制”|“播放”命令，可以看到足球图形沿路径飞入的动画效果，如图 6-55 所示。

图 6-52　调整补间的运动路径

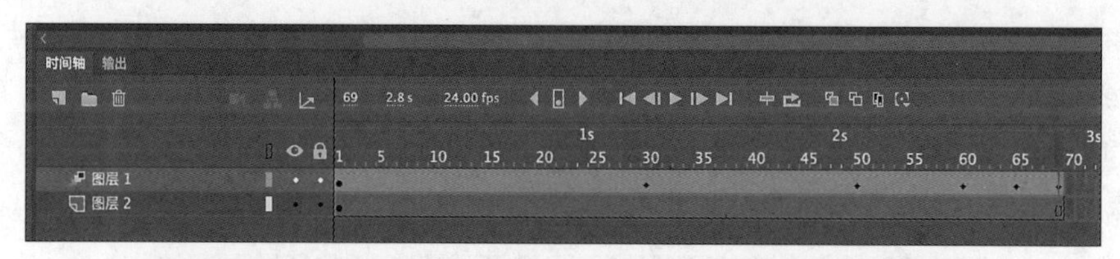

图 6-53　第 30 帧、第 50 帧、第 60 帧和第 65 帧成为属性关键帧

图 6-54　动画的过程

图 6-55　动画的测试效果

传统补间动画

6.3.3　传统补间动画

传统补间与补间动画类似，创建起来比补间动画复杂，但可以实现一些补间动画不能

实现的特定效果。传统补间动画是利用动画对象起始帧和结束帧建立补间，创建动画的过程是先确定起始帧和结束帧的位置，然后创建动画。在这个过程中，Animate 将自动完成起始帧与结束帧之间的过渡动画。起始帧和结束帧都是关键帧。

在 Animate 中引入补间动画，功能强大且易于创建，它提供了更多的补间控制，而传统补间提供了一些用户可能希望使用的某些特定功能。

传统补间和补间动画之间的主要差异如下。

- 传统补间使用关键帧，关键帧是显示对象的新实例的帧。补间动画只能具有一个与之关联的对象实例，并使用属性关键帧而不是关键帧。
- 补间动画在整个补间范围上由一个目标对象组成。
- 补间动画和传统补间都只允许对特定类型的对象进行补间。若应用补间动画，则在创建补间时会将所有不允许的对象类型转换为影片剪辑，而应用传统补间会将这些对象类型转换为图形元件。
- 补间动画会将文本视为可补间的类型，而不会将文本对象转换为影片剪辑。传统补间会将文本对象转换为图形元件。
- 在补间动画范围上不允许帧脚本。传统补间则允许帧脚本。
- 可以在时间轴中对补间动画范围进行拉伸和调整大小，并将它们视为单个对象。
- 若要在补间动画范围中选择单个帧，必须按住 Ctrl 键，然后单击帧。
- 可以使用补间动画来为 3D 对象创建动画效果，而传统补间无法创建。
- 只有补间动画才能保存为动画预设。
- 对于补间动画，无法交换元件或设置属性关键帧中显示的图形元件的帧数，而传统补间可以实现这些功能。

6.3.4 形状补间动画

补间形状动画可以实现两个形状之间的相互转换，是常用于制作图形变化的动画类型，即在一个关键帧中绘制形状，然后在另一个关键帧中更改形状，Animate 根据两个形状之间的帧数量和形状来创建中间的补间部分，可以实现形状、大小、位置和颜色的变化。

创建补间形状动画还需要满足以下条件。

- 在一个形状补间动画中，至少要有两个关键帧。
- 两个关键帧中的对象必须是可编辑的图形，如果是其他类型的对象，则必须将其转换为可编辑的图形。
- 两个关键帧中的图形必须有一些变化，否则制作出的动画将没有动作变化的效果。

下面用补间形状动画来制作一个卡通上衣变成卡通头像的动画效果。

例如，在第 1 帧中绘制一朵卡通上衣，在第 20 帧插入空白关键帧，绘制一个卡通头像，右击第 1～20 帧中的任意一帧，在出现的快捷菜单中选择“创建补间形状”命令，Animate 会自动在第 1～20 帧之间插入形状来创建动画，这样就可以在播放补间形状动画中，看到形状逐渐过渡的过程，从而形成形状变化的动画，动画的变化轨迹如图 6-56

所示。

执行“控制”|“播放”命令，可以看到从卡通上衣变成卡通头像的动画效果，如图 6-57 所示。

图 6-56 补间形状动画的变化轨迹

图 6-57 补间形状动画的测试效果

补间形状可以实现两个形状之间的大小、颜色、形状和位置的相互变化。这种动画类型只能使用形状对象作为形状补间动画的元素，其他对象（例如实例、元件、文本、组合等）必须先分离成形状才能应用到补间形状动画。

6.3.5 播放与测试动画

播放与测试影片是 Animate 创作过程中不可或缺的环节，可以在播放过程中观察动画的效果，找出其中不尽如人意的地方并加以改正。

1. 播放动画

执行“控制”|“播放”命令（或者按 Enter 键），将在播放头指示的当前帧开始播放动画。要暂停播放场景，可以按 Esc 键，或单击时间轴中的任意帧即可。播放场景时，播放

头按照预设的帧速在时间轴中移动，顺序显示各帧内容产生动画效果。默认情况下，动画在播放到最后一帧后停止。如果想重复播放，可以在菜单栏执行“控制”|“循环播放”命令，动画结束后将从第一帧开始继续播放。通过播放器测试影片播放动画不支持按钮元件和脚本语言的交互功能，无法使用按钮，也无法交互控制影片。

2. 测试动画

执行“控制”|“测试影片”|“测试”命令，可打开播放器来测试影片。通过播放器测试影片时，Animate 会自动生成 SWF 文件，并且将 SWF 动画文件放置在当前 Animate 文件所在的文件夹中，然后在播放器中打开影片，并附加相关的测试功能。如果只想测试当前场景，则可以在菜单栏执行“控制”|“测试场景”命令。

6.4 引导层与运动引导层动画

引导层与运动引导层动画

6.4.1 普通引导层

普通引导层主要用于为其他图层提供辅助绘图和绘图定位，而在播放动画时是不会显示普通引导层的内容。本节介绍普通引导层的基本操作。

1. 创建普通引导层

在 Animate CC 中，和创建图层不同，用户只能将普通图层转换为普通引导层。选中任意图层并右击，在快捷菜单中选择“引导层”命令，如图 6-58 所示。或者打开“图层属性”对话框，选择“引导层”单选按钮，单击“确定”按钮，如图 6-59 所示。

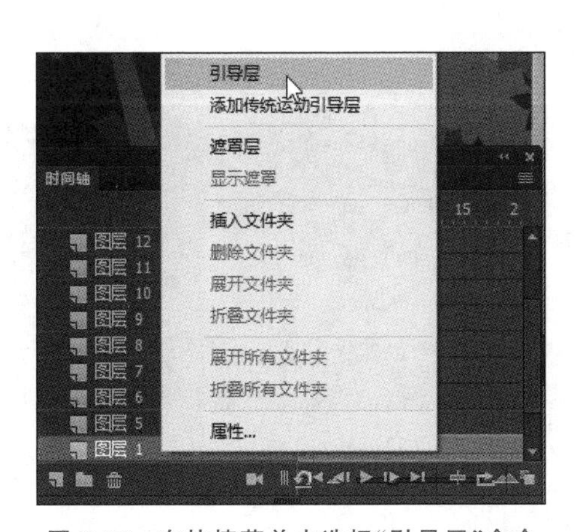

图 6-58 在快捷菜单中选择“引导层”命令

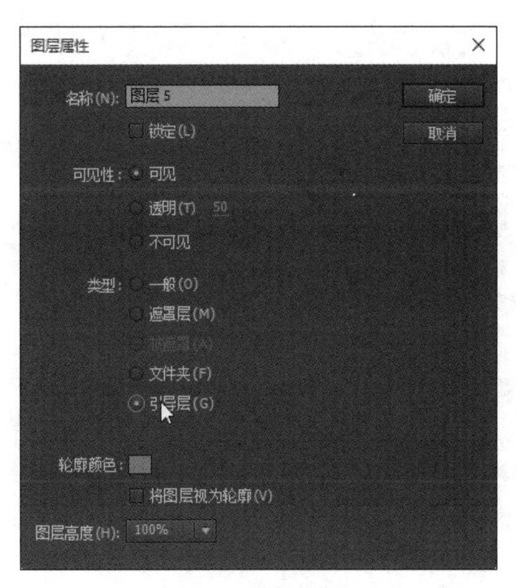

图 6-59 在“图层属性”中选择“引导层”

选中的图层转换为普通引导层，如图 6-60 所示。

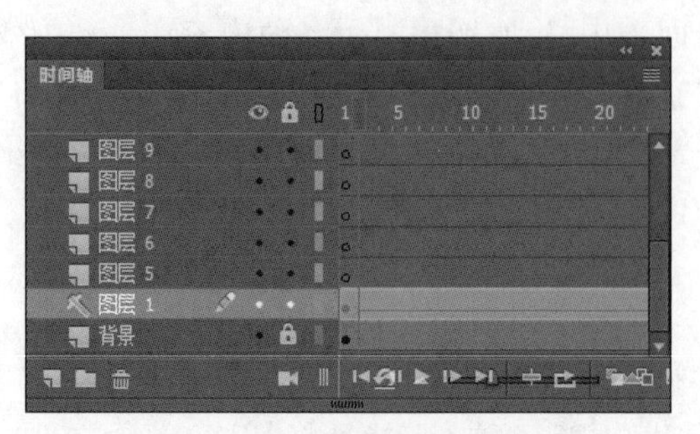

图 6-60　图层转换为普通引导层

2. 将普通引导层转换为普通图层

如果需要播放动画时将普通引导层内容显示出来，只需将其转换为普通图层即可。选中普通引导层并右击，在快捷菜单中选择“引导层”命令，或者在“图层属性”对话框中选中“一般”单选按钮，单击“确定”按钮，即可完成转换。

6.4.2　运动引导层动画

运动引导层动画是一种图层特效动画，它是使对象沿着特定的轨迹进行运动的动画，这个特定的轨迹又称为固定的路径或运动引导线。在运动引导层动画制作中至少需要两种图层，一个是位于上方的用于绘制运动轨迹的运动引导层；一个是位于下方的运动对象所处的图层，运动引导层是起辅助作用的图层，在最终生成的动画中将不会显示出来。

首先，创建运动引导层。在“时间轴”面板中选择需要添加运动引导层的图层右击，在快捷菜单中选择“添加传统运动引导层”命令，如图 6-61 所示。即可完成为选中的图层添加运动引导层，在该图层上方出现“引导层”，如图 6-62 所示。

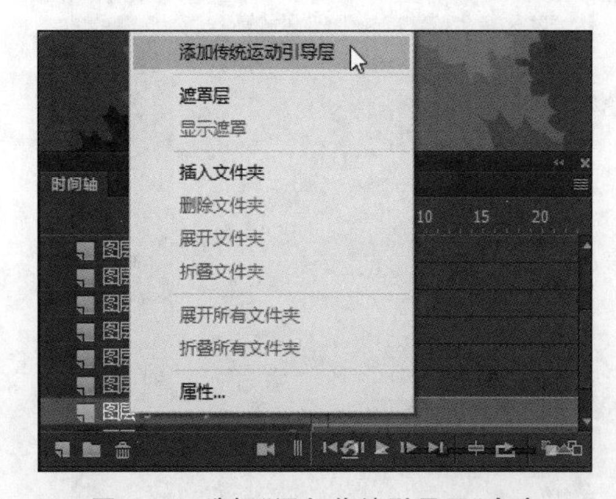

图 6-61　选择“添加传统引导层”命令

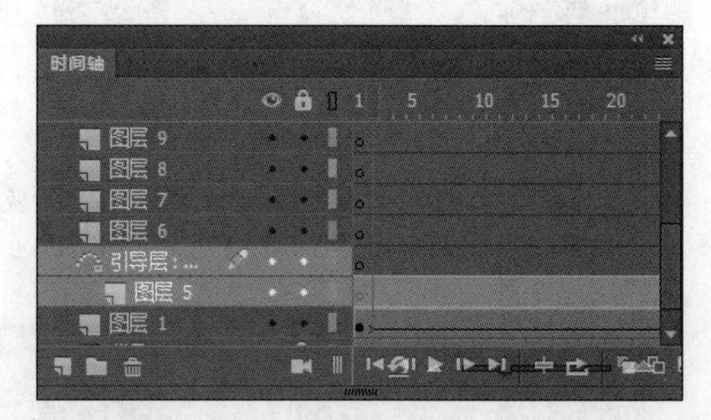

图 6-62　完成“添加传统引导层”

然后，应用运动引导层制作动画。

下面介绍如何应用运动引导层制作动画效果，具体方法如下。

(1) 在“时间轴”面板中选中“图层 1”并右击，在快捷菜单中选择“添加传统运动引导层”命令，如图 6-63 所示。

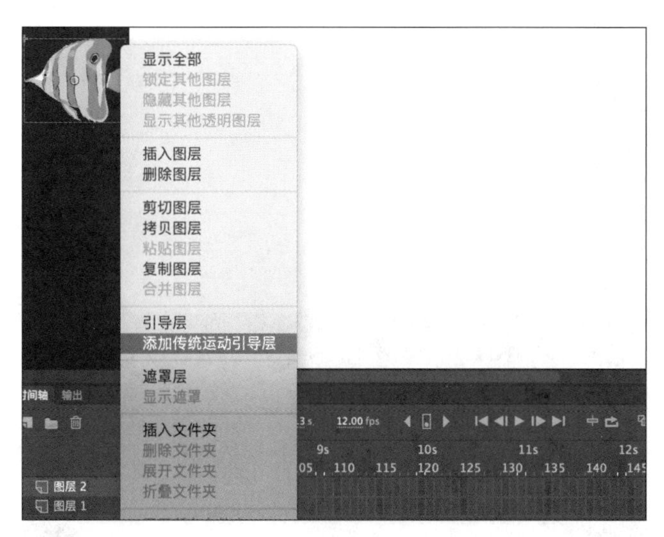

图 6-63　选择“添加传统运动引导层”命令

(2) 在运动引导层，使用铅笔工具绘制一条曲线，在第 20 帧插入普通帧，如图 6-64 所示。

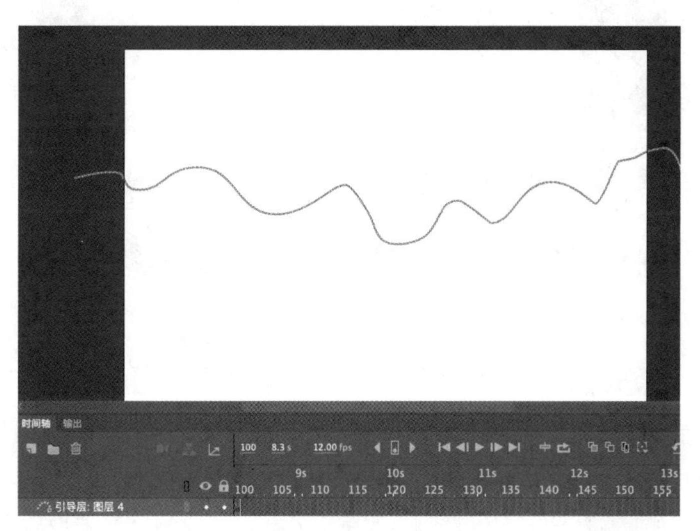

图 6-64　绘制引导路径

(3) 选中“图层 1”的第 1 帧，打开“库”面板，将“风筝”元件拖曳至舞台中，并移至曲线的右侧端点，如图 6-65 所示。

(4) 在图层 1 第 20 帧插入关键帧，将舞台上的风筝移至曲线的左侧端点上，如图 6-66 所示。

(5) 选中第 1 帧，并右击，在快捷菜单中选择“创建传统补间”命令，效果如图 6-67 所示。

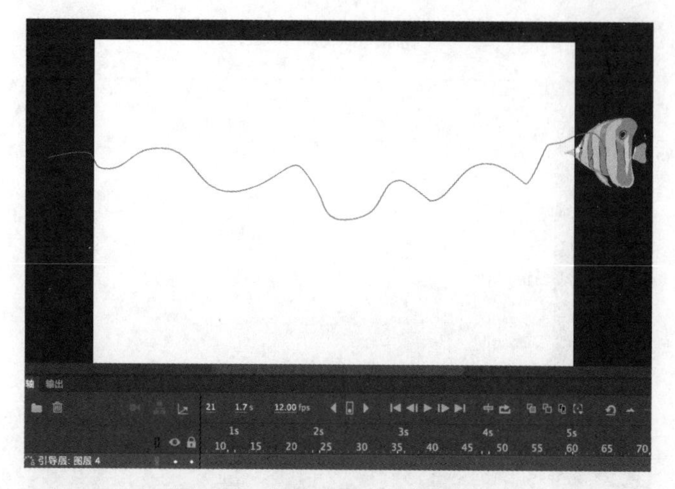

图 6-65　拖动对象至路径起始点

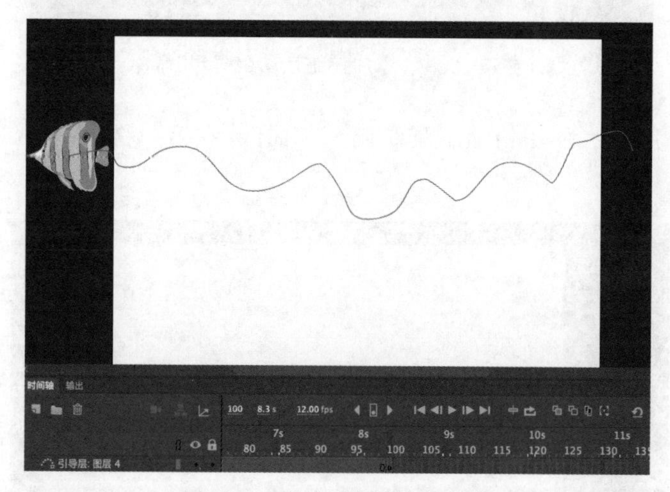

图 6-66　拖动对象至路径末端

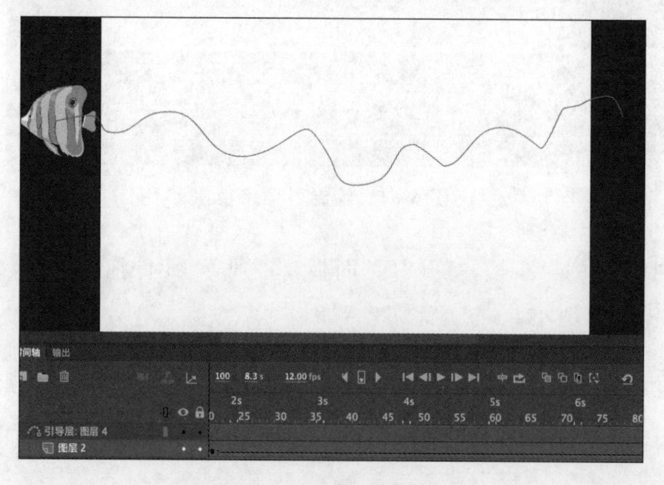

图 6-67　创建传统补间

（6）新建图层，并拖至最下端，至此，运动引导层动画制作完成，图 6-68 为第 5 帧效果。

图 6-68　完成效果

说明：利用引导层制作对象沿引导线运动需要满足以下 3 个要求。

- 对象已经为其开始关键帧和结束关键帧之间创建补间动画。
- 对象的中心必须放置在引导线上。
- 对象不可以是形状。

6.5 遮罩动画

遮罩动画

遮罩动画是通过创建遮罩层制作的动画，是重要的动画类型之一。使用遮罩动画可以制作丰富多彩的动画效果，如字幕变化、图形切换等。

1. 遮罩层

遮罩层像是不透明的图层，只有通过遮罩层中的对象才能看到下面的内容。创建遮罩动画需要有两个图层，一个是遮罩层，一个是被遮罩层。遮罩层决定遮罩动画显示的形状和轮廓，被遮罩层决定动画显示的内容。

2. 创建遮罩层

在“时间轴”面板中选择需要创建遮罩层的图层并右击，在快捷菜单中选择“遮罩层”命令，如图 6-69 所示。

选中的图层转换为遮罩层，下方图层自动转换为被遮罩层，效果如图 6-70 所示。

3. 将遮罩层转换为普通图层

在“时间轴”面板中选择遮罩层并右击，在快捷菜单中选择“遮罩层”命令，即可转换为普通图层。若编辑图层内的对象，单击“锁定或解除锁定所有图层”按钮。

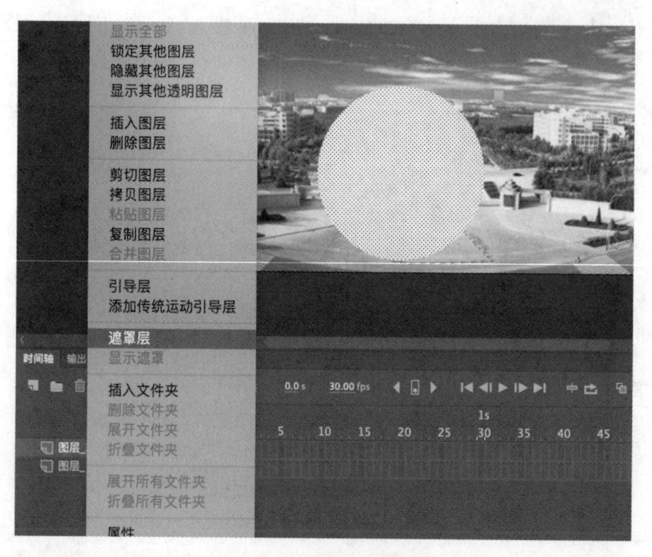

图 6-69　创建遮罩层

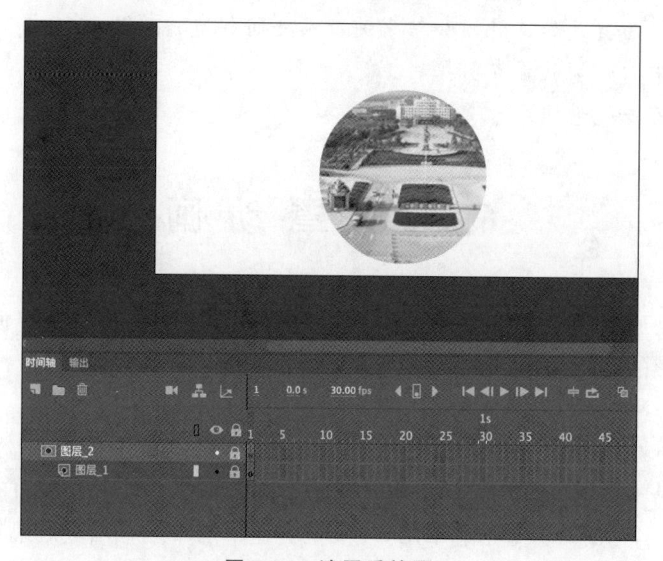

图 6-70　遮罩后效果

下面通过一个例子了解遮罩层以及创建遮罩动画的方法。

(1) 新建文档,执行"文件"|"导入"|"导入到舞台"命令,将图片导入舞台,并调整图片适合舞台大小,如图 6-71 所示。

(2) 执行"插入"|"新建元件"命令,在弹出的"创建新元件"对话框中输入元件名称"水波纹",设置"类型"为"影片剪辑",如图 6-72 所示,然后单击"确定"按钮创建影片剪辑。

(3) 进入影片剪辑编辑窗口,使用椭圆工具,在"属性"面板中将笔触设置为 2.5,然后在编辑窗口中绘制一个椭圆轮廓,如图 6-73 所示。

图 6-71　导入图片

图 6-72　“创建新元件”对话框

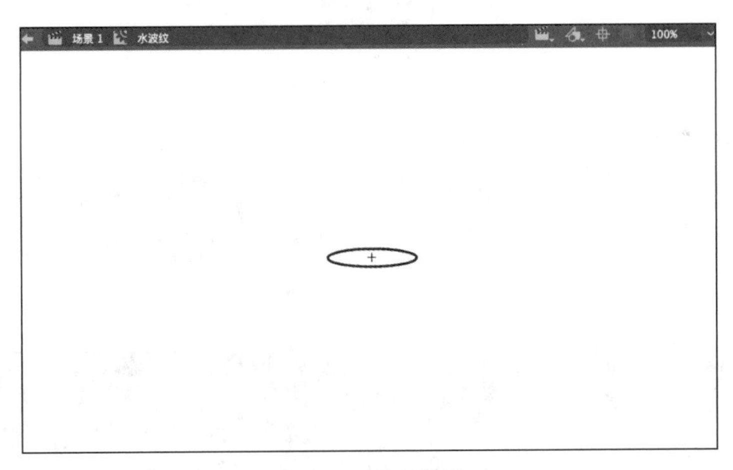

图 6-73　绘制椭圆

(4) 在图层 1 的第 40 帧插入关键帧，使用任意变形工具将椭圆放大，如图 6-74 所示。

(5) 在第 1～40 帧之间选择任意一帧，单击鼠标右键，执行“创建补间形状”命令，如图 6-75 所示，创建形状补间动画。

(6) 新建图层 2，在图层 2 的第 5 帧插入空白关键帧。复制图层 1 的所有帧，并粘贴到图层 2 的第 5 帧。再新建图层 3，粘贴到图层 3 的第 10 帧。使用相同的方法新建 10 个图层，在新图层上每隔 5 帧粘贴一次。完成此操作之后时间轴显示如图 6-76 所示。影片

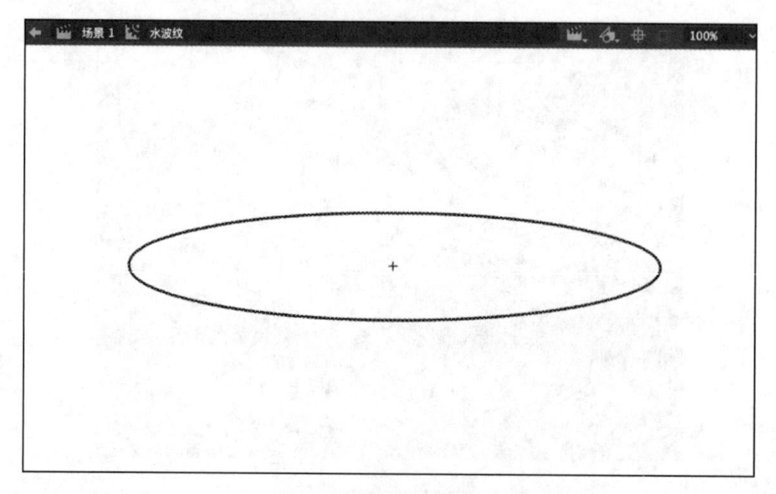

图 6-74　调整椭圆大小

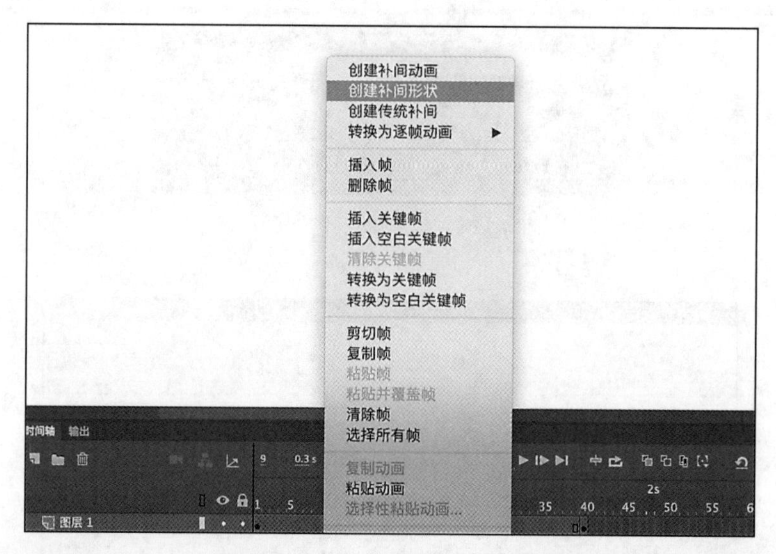

图 6-75　执行“创建补间形状”命令

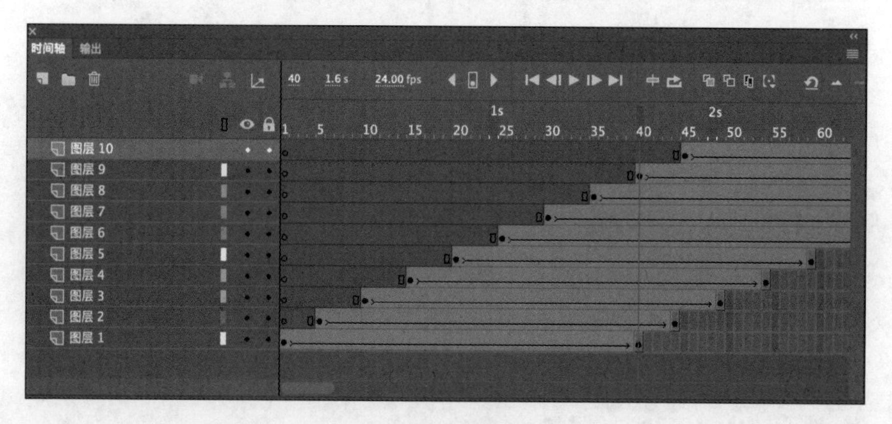

图 6-76　时间轴

剪辑窗口显示如图 6-77 所示。

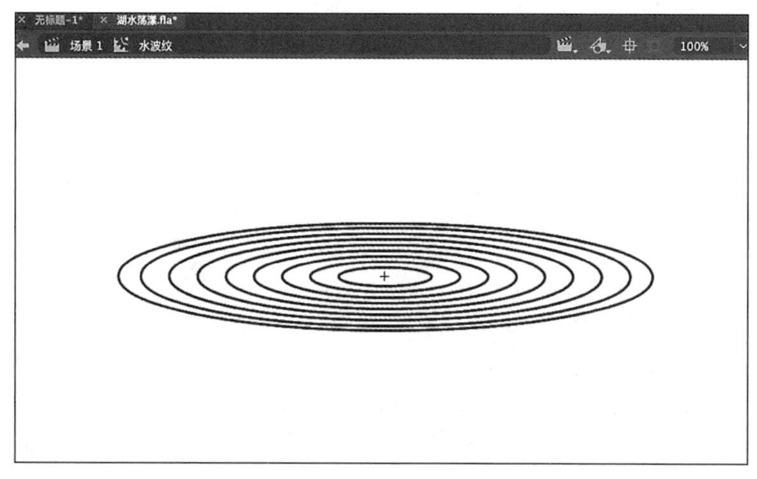

图 6-77 "水波纹"影片剪辑

(7) 返回舞台,新建图层 2,复制图层 1 的第 1 帧,粘贴到图层 2 上(目的是为了复制背景图)。

(8) 将图层 1 隐藏,选择图层 2 上的图片,执行"修改"|"分离"命令,如图 6-78 所示,将位图分离。

(9) 使用选择工具,选择图像的上半部分,将其删除,然后选择任意变形工具,将图像未删除部分放大并向上移动几个像素,如图 6-79 所示。

图 6-78 执行"分离"命令

图 6-79 删除图像

(10) 新建图层"遮罩",选中该图层的第 1 帧,然后从"库"面板中将影片剪辑"水波纹"拖入到舞台中,如图 6-80 所示。

(11) 选中图层"遮罩",单击鼠标右键,执行"遮罩层"命令,如图 6-81 所示,将其转换为遮罩层。

图 6-80　将影片剪辑“水波纹”拖入舞台

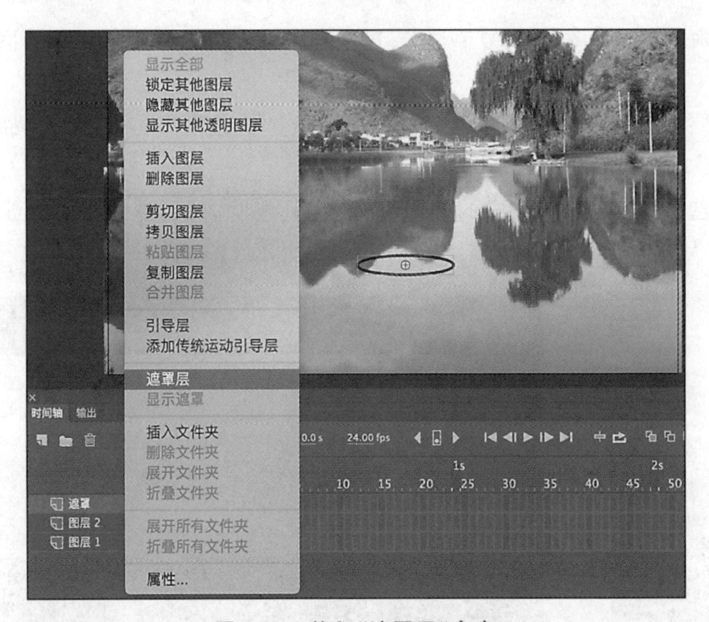

图 6-81　执行“遮罩层”命令

(12) 将文档命名为“湖水荡漾”保存，然后按 Ctrl+Enter 组合键测试影片，欣赏湖水荡漾的最终效果，如图 6-82 所示。

遮罩层上的遮罩项目可以是填充形状、文字对象、图形元件的实例或影片剪辑。可以将多个图层组织在一个遮罩层下创建复杂的效果。

对于用作遮罩的填充形状，可以使用补间形状；对于类型对象、图形实例或影片剪辑，可以使用补间动画。另外，当使用影片剪辑实例作为遮罩时，可以让遮罩沿着运动路径运动。一个遮罩层只能包含一个遮罩项目，并且遮罩层不能应用在按钮元件内部，也不能将一个遮罩应用于另一个遮罩。

图 6-82　最终效果

小　结

本章首先介绍了动画的基本概念、二维动画的主要技术与制作方法，然后分别通过实例介绍了二维动画的制作方法。

Animate 是二维动画制作软件，它已无可争议地成为最优秀的交互动画制作工具之一，Animate 使用矢量图形制作动画，具有缩放不失真、文件体积小、适合在网上传输等特点，已成为交互式矢量动画的标准。

习　题

1. 简述二维动画的特点。
2. 简述二维动画的主要应用领域。
3. 简述补间动画和传统补间动画的区别。
4. 简述运动引导层和遮罩层的使用方法。
5. 制作一个显示文字书写过程的动画。
6. 运用遮罩制作两幅图片进行切换的动画。

第7章

多媒体作品创作(PowerPoint)

本章学习目标

- 了解多媒体作品的基本模式。
- 理解创意设计的基本理念。
- 掌握用 PowerPoint 制作多媒体作品的基本思路。
- 掌握用 PowerPoint 制作演示文稿的基本方法。
- 掌握 PowerPoint 中多媒体素材的应用、动画效果的制作和交互方式的设置。

7.1 多媒体作品创作基础

多媒体作品可以让用户参与,用户可以通过操作去控制整个过程。交互性是多媒体作品与影视作品等其他作品的主要区别。多媒体作品是通过硬件和软件及用户的参与这三项来共同实现的。

7.1.1 多媒体作品的基本模式

多媒体作品不论应用在什么领域,不外乎以下 3 种基本模式。

1. 示教型模式

示教型模式的多媒体产品主要用于教学、会议、商业宣传、影视广告和旅游指南等场合。该模式具有如下特点。

(1) 具有外向性。以展示、演播、阐述、宣讲等形式向使用者、观众或听众展开。

(2) 具有很强的专业性和行业特点。例如,用于教学的产品注重概念的解答、现象的阐述、定义和定理的强调等内容;而会议演讲则侧重于会议内容简介、观点的阐述和论证等。

(3) 具有简单而有效的操控性。使用者不需要进行专门培训,就可轻松运用多媒体产品。

(4) 适合大屏幕投影。作品界面色彩的设计与搭配充分考虑银幕投影的特点，其输出分辨率符合投影机的技术指标。

(5) 产品通常配有教材或广告印刷品。

2. 交互型模式

交互型模式的多媒体作品主要用于自学，安装到计算机中以后，使用者与计算机以对话形式进行交互式操作。该作品具有如下特点。

(1) 具有双向性。一方面作品向使用者展示多媒体信息；另一方面由使用者向作品提问或进行控制，即产品与使用者之间互相作用。

(2) 具有众多而有效的操作形式。使用者需简单地学习有关使用方法。

(3) 多采用自学类型，使用者在家中即可使用。

(4) 显示模式适合计算机显示器，以标准模式显示多媒体信息。

(5) 界面色彩的设计与搭配比较自由，以清晰、美观为主。

(6) 配有大量习题或提问，使用者可有选择地进行解答。若回答有误，将识别错误并公布答案和得分。

(7) 具有很强的通用性，通常采用商品化包装，并附有使用说明书。

3. 混合型模式

混合型模式介于示教型模式和交互型模式之间，兼备二者特点。混合型模式的显著特征是功能齐全、数据量大。混合型模式的作品在制作上也有其特点，主要表现在以下几个方面。

(1) 按照主题划分存储单元。例如，一片光盘一个主题，尽管光盘装载的信息量并未饱和。

(2) 作品可根据需要装配不同的功能模块，以实现不同的功能。

(3) 根据使用环境的不同，定制不同版本的产品。

7.1.2 多媒体创意设计

多媒体技术是一门科学，多媒体制作是一种计算机专业知识，多媒体创意则是一个涉及美学、实用工程学和心理学的问题。原先，人们往往注重解决最基本、最现实的问题，对创意设计并不重视。但随着社会的发展、科学技术的进步和人们对美、对功能的追求，创意设计的作用和影响越来越不可忽视，所谓“七分创意、三分做”，形象地说明了创意的重要性。

1. 创意设计的作用

多媒体创意设计是制作多媒体作品最重要的一环，是一门综合学科。其主要作用如下。

(1) 作品更趋合理化。程序运行速度快、可靠，界面设计合理，操作简便而舒适。

(2) 表现手段多样化。多媒体信息的显示富于变化,并且同媒体间的关系协调,错落有致。

(3) 风格个性化。作品不落俗套,具有强烈的个性。

(4) 表现内容科学化。多媒体作品提供的信息要符合科学规律,阐述要准确、明了,概念要清晰、严谨。

(5) 作品商品化。作品开发的目的是为了应用,在创意设计中,商品化设计的比重很大。没有完美的商品化设计,就得不到消费者应有的重视。

2. 创意设计的具体体现

多媒体创意设计工作繁多而细致,主要表现在以下几个方面。

(1) 在平面设计理念的指导下,加工和修饰所有平面素材,例如图片、文字、界面等。

(2) 文字措辞具有感染力和说服力,语言流畅、准确。

(3) 动画造型逼真、动作流畅、色彩丰富、画面调度专业化。

(4) 声音具有个性,音乐风格幽雅,编辑和加工符合乐理规律。

(5) 界面亲切、友好,画面背景和前景色彩庄重、大方,搭配协调。

(6) 提示语言礼貌、生动,文字的字体、字号与颜色适宜。

(7) 操作模式尽量符合人们的习惯。

3. 创意设计的实施

在进行创意设计时,主要完成技术设计、功能设计和美学设计 3 个方面的工作。

(1) 技术设计是指利用计算机技术实现多媒体功能的设计。其内容包括:规划技术细节,设计实施方法,对技术难点提出解决方案。

(2) 功能设计是指利用多媒体技术规划和实现面向对象的控制手段。主要内容包括:规划多媒体产品的功能类型和数量,完成菜单结构设计和按钮功能设计,实现系统功能调用和数据共享,避免功能重叠和交叉调用,处理系统错误,增加附加功能,改善产品形象。

(3) 美学设计是指利用美学观念和人体工程学观念设计产品。主要解决的问题是:界面布局与色调,界面的视觉冲击力和易操作性,媒体个性的表现形式,设计媒体之间的最佳搭配方式和空间显示位置,产品光盘装潢设计和外包装设计,使用说明书和技术说明书的封面设计、版式设计。

以上 3 项设计涉及的专业知识比较广泛,需要设计群体的共同努力才能完成。在设计过 程中,应广泛征求使用者各方面的意见,不断修改和完善设计方案,使多媒体产品更具科学性,更贴近使用者的要求。

7.1.3 用 PPT 设计制作多媒体作品基本思路

PowerPoint,简称 PPT,是一个容易掌握、演示效果好、具有简单控制功能、被广泛使用的软件,使用该软件制作的多媒体演示作品主要用于会议交流、多媒体教学、汇报报告、广告宣传等领域。PowerPoint 可以把文字、图形、图像、音频、视频、动画等几乎全部的多媒体对象组合起来。其控制功能包括：实现顺序翻页、演示页之间的转向，通过对象制作按钮，可以访问因特网、运行 Windows 环境中的应用程序等。

PPT 的应用范围非常广泛，可是基本的设计程序却是一致的。下面以设计 PPT 的程序为主线，对不同应用范围的 PPT 设计提出相应的设计思路。

1. 逻辑串联

逻辑串联是设计 PPT 的第一步，无论做的是什么 PPT，把选定要表达的内容要点进行合理的逻辑串联是必需的，如果在 PPT 中出现前后内容毫无关系的情况，PPT 的受众会很迷惑，不知道所要表达的东西到底是什么，表达的主题又是什么。所以，一个 PPT 必须要有合理的逻辑串联。

所谓合理的逻辑串联，实际上就是找到各内容之间的共通点，在内容进行更换时从这个共通点入手，强调这个共通点，从而有效地联系起不同的内容。

教学应用中的课件基本不用费力去想各个内容间的共通点，因为教材本身就已经是经过逻辑串联的东西了。

对于商务应用，某些时候则会由于事物的复杂性，使得几个内容之间看起来没有联系，却是要表达某一主题、解决某一问题所必需的元素。这就需要 PPT 制作者用心发现、用心安排，围绕主题，将各种元素进行合理的逻辑串联。

对于政府报告的 PPT，基本可以使用归类法对不同的内容进行逻辑串联。政府的工作范围广泛，只要把粗线条划定出来，归类很容易，逻辑串联也就顺理成章。

2. 配色风格

配色是制作 PPT 的一个非常重要的设计部分，是整个 PPT 的色彩风格。一个 PPT 需要有统一的风格。而不是每页都不同，一页一个颜色，使得整个 PPT 花花绿绿，杂乱无章。

色彩容易给人们造成心里暗示，合理的配色往往能够潜移默化地让观众进入一个特殊的氛围，在这样的氛围中更容易说服观众，更容易让观众接受传达的信息。

在商务应用中，通常需要表达出专业、严谨、具有实力的视觉效果，所以应用蓝色系、灰色系、黑色系比较多，然而，恰当地使用橙色、红色不仅能够让人眼前一亮，并且会使人产生一种积极认同的心态，因为这样的色彩能够激发人们的热情。

对于教学用课件，除了幼教的课件，丰富的配色能有效吸引孩子的注意力外，年龄稍微大一点的孩子都不适合，这样反而会分散他们的注意力，使他们对主要内容视而不见。教学课件的配色要表达的是专业和严谨，具体使用的色系没有特定的要求，颜色不要过多，风格差别不要太大，色彩不要太混杂。

3. 排版风格

在 PPT 的排版中，常用的形式有如下几种。

(1) 图形元素构图型排版。在页面中利用各种图形、图片、图表等元素与文字组合编排形成协调、优美的完整画面。这种排版风格与下面将要说到的框型排版、线条型排版、项目符号型排版有着很大的区别，着重强调构图。

(2) 框型排版。文字、图片、图表等内容在框子里，主题在框子上方。框型有很多种，如圆形、方形、圆角方形、复合曲线形等。甚至用一些图形、色块作为框子。

(3) 线条型排版。以线条为主导主题的关键设置，线形可直可曲，可粗可细，还可让线条色彩渐变。线条还可以分层级用以表达不同层次的主题。在这种排版中，主题、各种标题与图形、图表以及线条相配合。

(4) 项目符号型排版。以各种图形作为项目符号，甚至以巨大的文字作为项目符号。

(5) 复合型排版。这样的排版实际上融合了框型、线条型与项目符号型的特点，综合运用，使得版式非常醒目。

4. 动画风格

在PPT中设置动画效果，现在非常流行，因为它灵活生动，很容易抓住观众的视觉重心，引起观众的注意。当然，在PPT中动画效果并不是越多越好，要根据PPT的应用场合、主题，针对的受众适当应用，脱离主题，过度地运用动画效果，会分散受众的注意力，干扰主题。

在商务PPT中，动画的使用要大方、大气，而且决不能在演讲、演示的时候运行无关的动画，符合演讲、演示进程的动画才有必要保留。商务交流中特别容易用到图形、图表，针对图形、图表的动画效果就非常有意义，动态的图形、图表远比静态的精彩得多，而某些图形、图表是有立体效果的，给人的印象就会更加深刻。

通常，政府的报告、宣讲用的PPT较少使用动画，可是随着PPT动画的广泛应用以及技术水平的不断提高，现在很多政府部门也喜欢在报告及宣讲中使用动画了，因为这样看起来更加大气、专业，更受欢迎。

目前，在教学课件中使用动画非常普遍，我们所看到的优秀课件几乎没有哪一个是没有动画的，这是因为教学上动画的使用非常有益于学生对各种重点、难点的理解，引发学生更多的思考和创造，静态的图形根本无法达到这样的效果。

7.2 用PowerPoint设计制作多媒体作品

下面以“风筝传奇”为主题，用PowerPoint设计制作一个多媒体作品，通过文字、图形、图像、声音、视频以及动画等媒体形式，展示风筝魅力，宣传风筝文化。

7.2.1 PPT演示文稿的设计

用PowerPoint制作一个演示文稿，介绍风筝的起源、风筝的流派、世界风筝之都、风筝之最和风筝精品等方面的情况，展示风筝的魅力和传奇。该演示文稿可以由讲演者按照顺序播放，也可以由读者进行交互式浏览。

1. 信息框架设计

按照创意和设计，规划系统结构和各部分逻辑关系，首先对信息分类，然后对信息分层次，最后确定各部分的任务和目标。“风筝传奇”演示文稿的信息框架如图 7-1 所示。

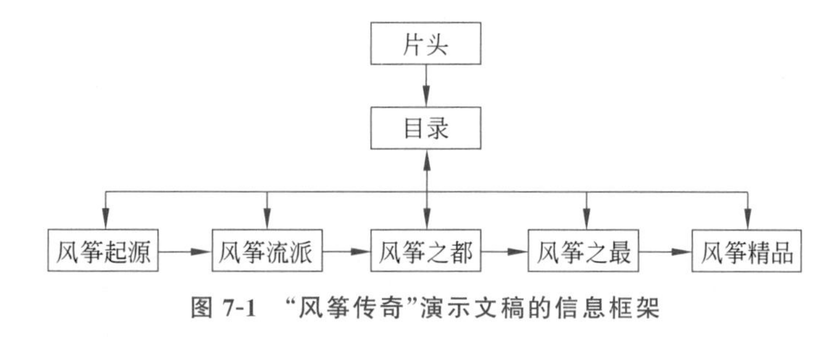

图 7-1 “风筝传奇”演示文稿的信息框架

2. 文档设计

确定了信息框架之后，开始文档的设计与编写，给每一项任务和目标确定显示内容。应确保所有文档整体风格的一致性和逻辑结构的一致性。

3. 背景设计

如何使演示文稿背景的视觉效果更为舒适，更能烘托主题，是制作背景需要考虑的问题。PowerPoint 背景一般采用以下 3 种模式。

(1) 采用单一颜色或颜色过渡。

(2) 采用 PowerPoint 自带的花纹图案。

(3) 采用经过加工的图片。

本例采用了单一颜色和一系列图片作为演示文稿的背景，图片的风格一致，又根据具体的内容有所不同。

4. 导航和交互设计

为了便于用户浏览，本作品制作了一个目录页，可以通过目录进入某一个条目，每一个页面有一组按钮，可以前后翻页，也可以随时返回目录页。在演示文稿播放过程中，可以通过 PowerPoint 中的一些控制功能来控制播放顺序。

7.2.2 素材的加工与制作

1. 文字的整理与应用

演示文稿中需要的文字，用 Word 等软件录入或用扫描仪扫描等方式形成文本文件，对于少量的文字，也可以在演示文稿制作过程中直接录入。

在多媒体作品中，为了加强作品的艺术效果，经常会用到一些常用字库里没有的特殊字体，这类字体可以从网上下载，然后复制到 C:\Windows\Fonts 目录下，即可使用。本作品中采用的特殊字体为“长城古印体繁”，如图7-2所示。

2. 图形图像素材的制作

图7-2 长城古印体繁

对于特殊字体，没有安装该字体的系统将无法显示，可以用Photoshop等图像处理软件将其保存为图片，然后应用到多媒体作品中。

演示文稿中用到的背景、图片等素材，用Illustrator、Photoshop等图形图像处理软件进行加工处理，形成.AI、.JPEG、.GIF以及.PNG等格式的文件。

3. 视频文件的制作

用Premiere等视频处理软件制作数字视频，并导出为.AVI、.MPG、.MOV等格式的视频文件。

4. 动画素材的制作

对于作品中用到的动画素材，可以用Flash制作的.SWF文件以及相关软件制作的GIF动画文件等。

7.2.3 创建演示文稿文件

创建演示文稿

1. 创建幻灯片

(1) 启动PowerPoint后，将创建第1张幻灯片，默认为空白的标题幻灯片，如图7-3所示。PowerPoint的界面与其他软件类似，将类似的功能划分到一个组，放在一个选项卡内，方便在这个组(选项卡)的功能区(工具箱)内快速找到想要的功能。

各选项卡的主要功能如下。

- 开始：常用操作。
- 插入：添加新的元素。
- 设计：对幻灯片的主题进行预设。
- 切换：幻灯片页与页之间的过渡效果。
- 动画：针对画面上某个具体元素的动画效果。
- 幻灯片放映：播放幻灯片的相关设置。
- 审阅：审查PPT内容，进行校正、勘误、修改。
- 视图：对幻灯片的不同浏览查看方式。

(2) 单击标题占位符并输入“风筝传奇”，建立标题，如图7-4所示。

(3) 调整标题的位置，执行“插入”|“图片”命令，在弹出的“插入图片”对话框中，找到“放风筝图案.png”图片文件，将其插入，如图7-5所示。这样就很容易建立起了一张演示文稿的封面幻灯片。

图 7-3　空白的标题幻灯片

图 7-4　输入标题

（4）执行“文件”|“保存”命令，将演示文稿保存为“风筝传奇.pptx”文件。

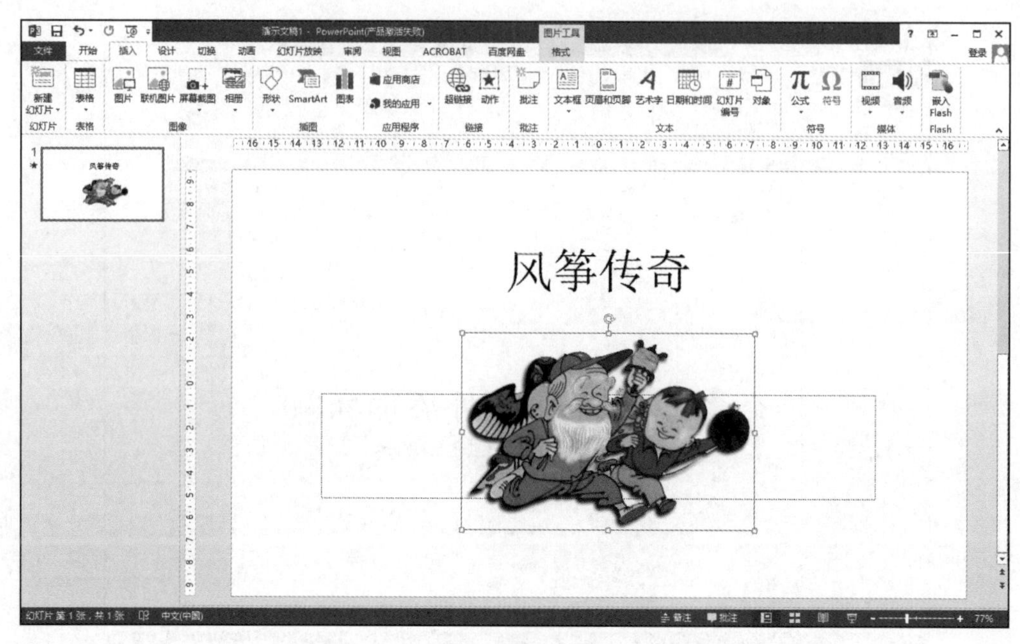

图 7-5　插入图片

2. 新建幻灯片

(1) 单击“新建幻灯片”按钮，将为演示文稿插入一张空白的普通幻灯片，如图 7-6 所示。

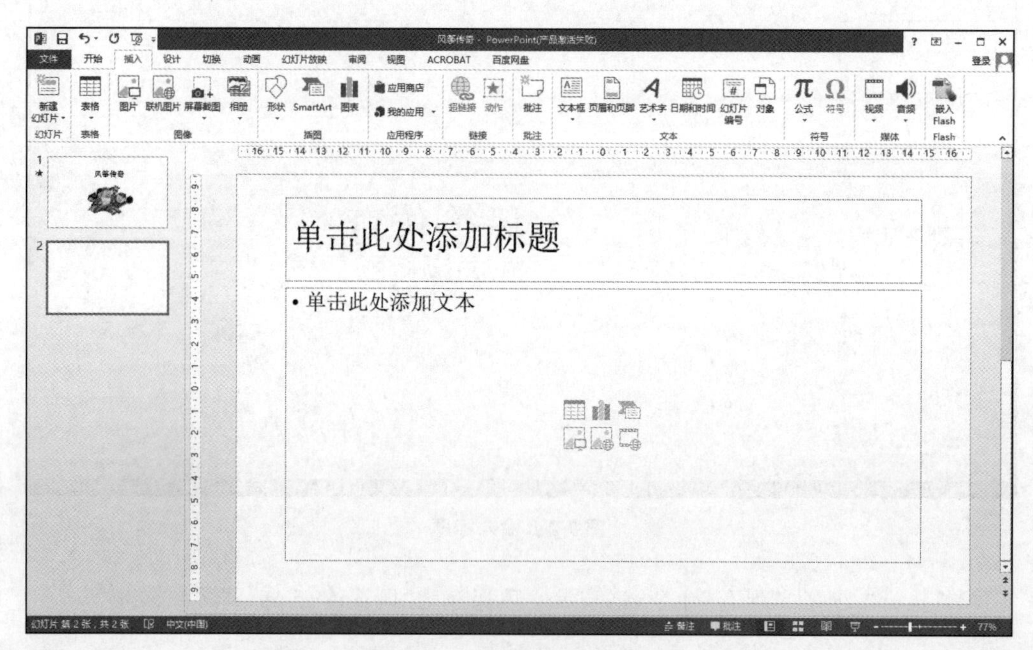

图 7-6　空白的普通幻灯片

（2）添加标题“风筝的起源”，并将准备好的文本内容添加到文本框中，如图 7-7 所示。

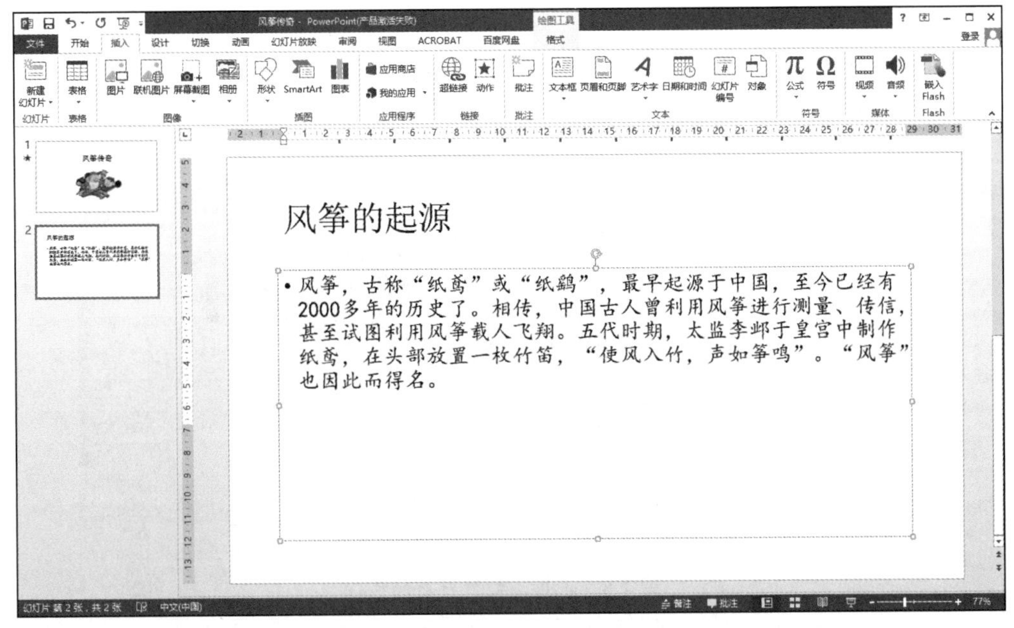

图 7-7　为幻灯片添加标题和内容

3. 设置幻灯片背景

把第 1 张幻灯片设置为单一颜色的背景，为第 2 张幻灯片添加用 Photoshop 制作的背景。

（1）单击选中第 1 张幻灯片，选择“设计”|“设置背景格式”命令，打开“设置背景格式”对话框。在“纯色填充”|“颜色”下拉菜单中选择“其他颜色”选项，弹出“颜色”对话框，并选择“自定义”选项卡，分别将 R、G、B 设置为 238、239、233，如图 7-8 所示。

（2）在“颜色”对话框中单击“确定”按钮，即可为第 1 张幻灯片的背景设置颜色。单击“关闭”按钮，关闭“设置背景格式”对话框。

（3）单击选中第 2 张幻灯片，选择“设计”|“设置背景格式”命令，打开“设置背景格式”对话框，然后选择“填充”|“图片或纹理填充”选项，如图 7-9 所示。

（4）单击“文件”按钮，打开“插入图片”对话框，如图 7-10 所示。

（5）选择“风筝起源背景.jpg”图片后，单击“插入图片”对话框中的“插入”按钮，则该图片就应用到第 2 张幻灯片中，作为幻灯片的背景，如图 7-11 所示。

（6）因为图片中带有标题，所以删除幻灯片中的标题“风筝的起源”，调整幻灯片正文文本框的大小并将其移动到合适的位置，将其中的文字设置为楷体，28 号，如图 7-12 所示。这样就建立了一张关于风筝起源的幻灯片。

（7）继续插入新幻灯片，或复制原有的幻灯片进行修改，用同样的方法，可以建立“风筝流派”“风筝之都”“风筝之最”以及“风筝精品”等部分的幻灯片，并为其设置相应的

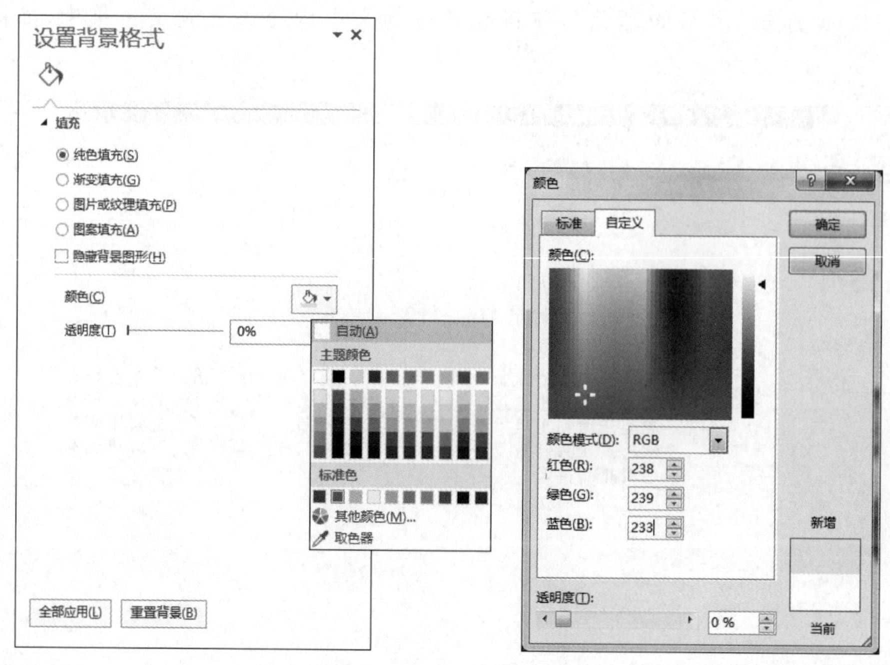

图 7-8　设置幻灯片背景颜色

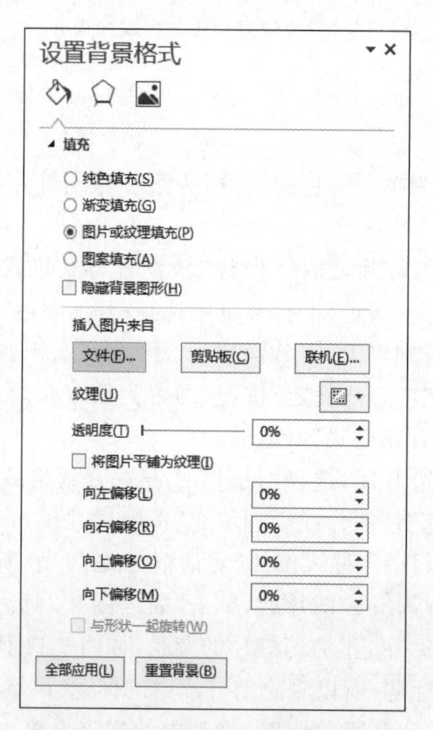

图 7-9　选择“图片或纹理填充”选项

背景。

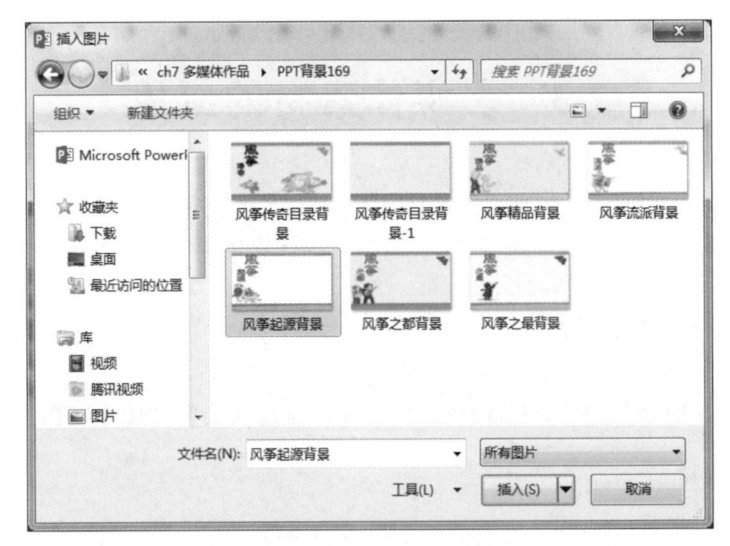

图 7-10 “插入图片”对话框

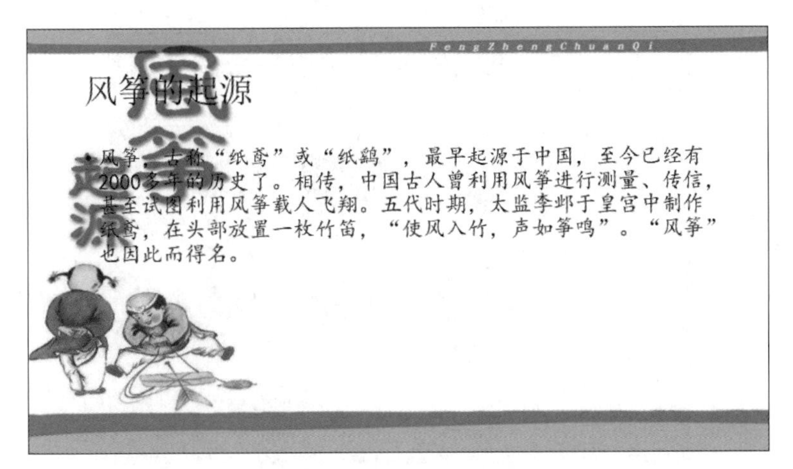

图 7-11 为幻灯片设置背景

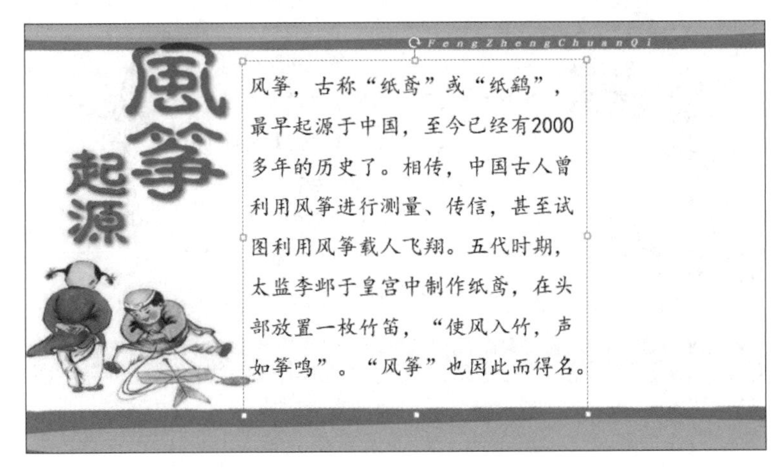

图 7-12 调整文字的位置

7.3 多媒体素材的应用

在 PowerPoint 中，除了用前面介绍的方法输入文字和插入图片外，还可以用多种方法为幻灯片添加图形、图像、音频、视频及动画等多种媒体形式的素材。

7.3.1 图形图像的应用

PowerPoint 中，可以插入外部的图片，也可以通过其绘图功能绘制图形。

1. 插入图片

(1) 选择“插入”|“图片”命令，在弹出的“插入图片”对话框中选择一个图片文件“木鸢.jpg”，单击“插入”按钮将其插入到幻灯片中，调整图片的大小和位置，如图 7-13 所示。

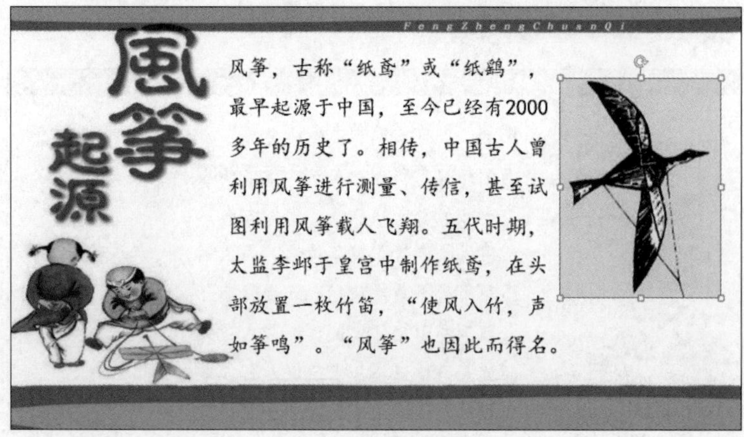

图 7-13 插入图片

(2) 由于插入的图片带有灰色的背景，插入到 PPT 中不太美观，可以用 PowerPoint 中的“删除背景”功能将背景去掉。选中图片，在“图片工具”|“格式”选项卡中单击“删除背景”按钮，如图 7-14 所示。

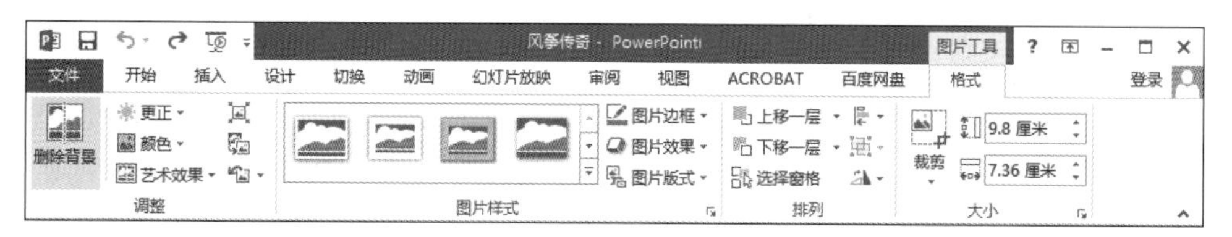

图 7-14　单击“删除背景”按钮

(3) 执行“删除背景”命令后，图片的背景将变成紫色，并出现图片在去除背景后显示的范围，调整该范围，并在图片的范围之外单击鼠标，即可将图片的背景部分去除掉，如图 7-15 所示。

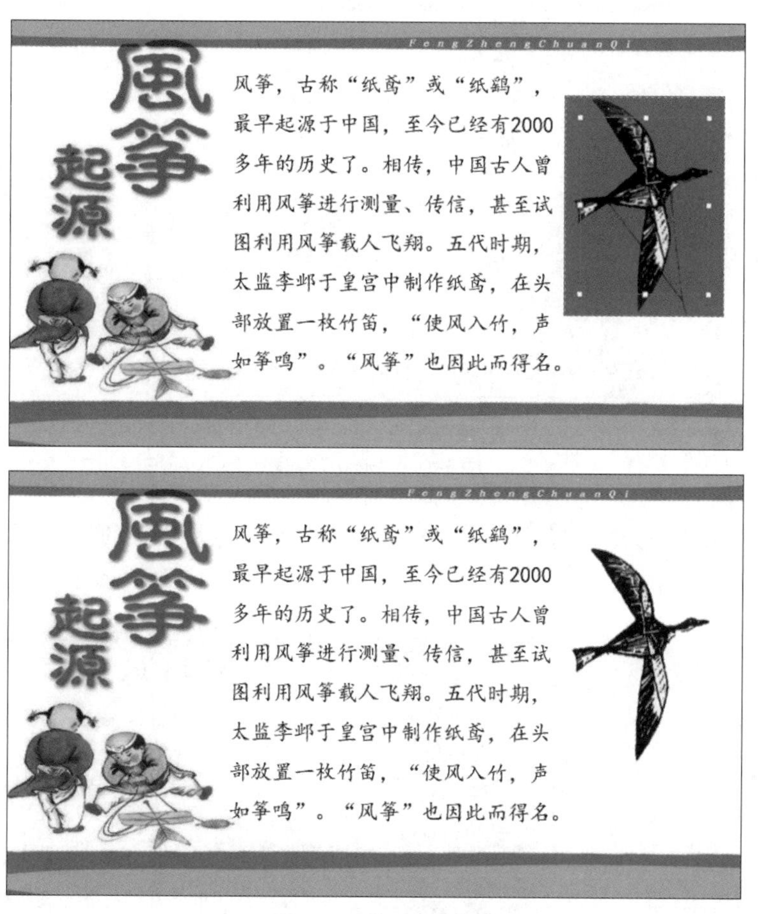

图 7-15　选删除背景

说明：最常用的图片文件格式有.jpg 文件和.png 文件。其中，.png 文件支持透明背景，而.jpg 文件不支持透明背景，所以 PPT 中常用.png 文件，如果使用.jpg 文件，也可根据需要，通过“删除背景”命令将其背景去掉，前提是图片的背景颜色单一或接近。

2. 绘制图形

自选图形是 PowerPoint 中自备的图形，绘制方法非常简单，只要稍微设置一下，就能产生良好的效果。

(1) 单击“开始”|“形状”按钮，弹出“形状”列表，如图 7-16 所示。“形状”列表中包括线条、矩形、基本形状、箭头、公式形状、流程图、星与旗帜、标注、动作按钮等不同的形状，可以根据需要选择使用。

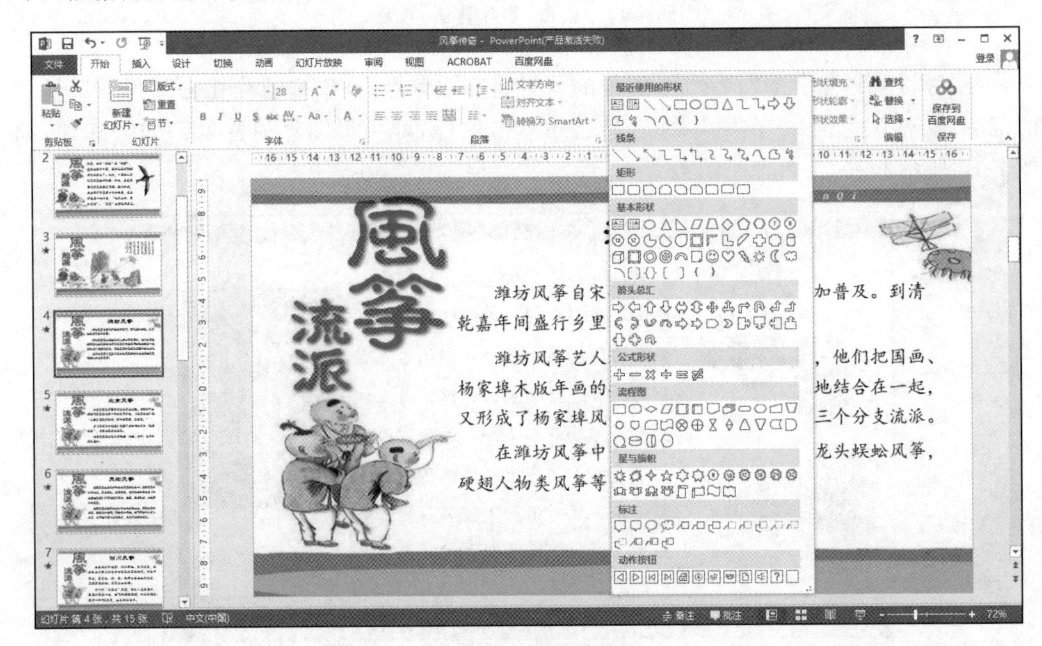

图 7-16 “形状”列表

(2) 在“形状”列表中选择“直线”。然后用鼠标在幻灯片标题的下方画出一条直线，如图 7-17 所示。

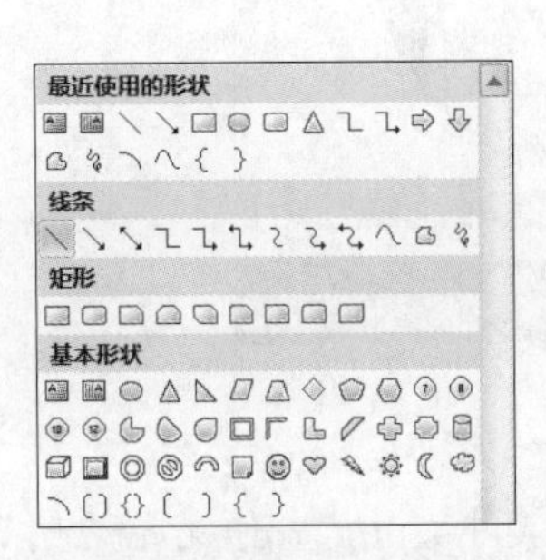

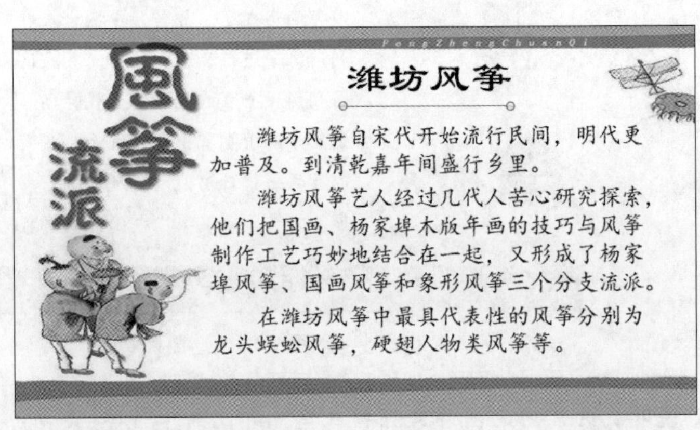

图 7-17 绘制直线

（3）右击绘制的直线，在弹出的快捷菜单中选择“设置形状格式”，出现“设置形状格式”对话框，设置线条颜色为“实线”，浅蓝色；设置线型的宽度为 4 磅，设置参数及效果如图 7-18 所示。

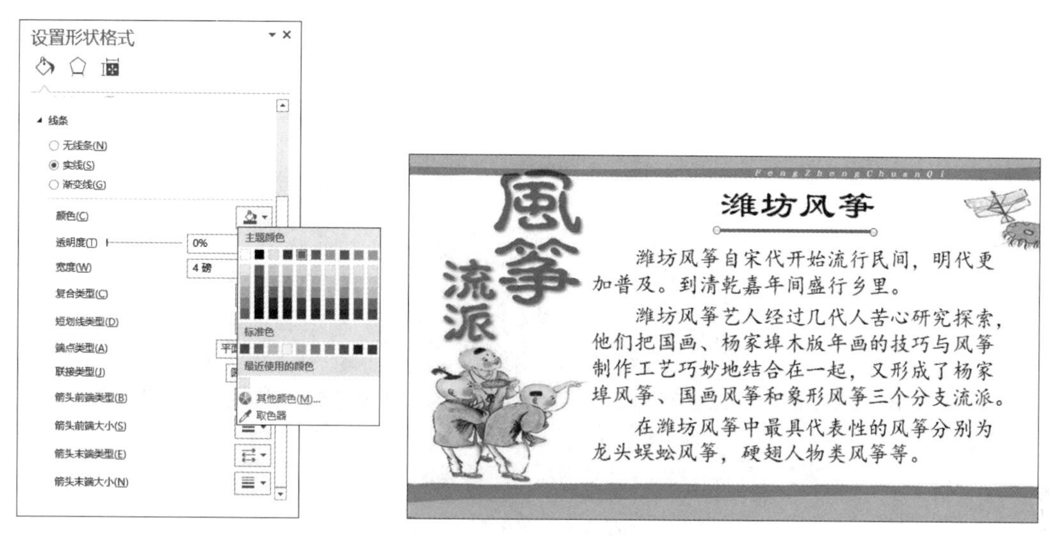

图 7-18　设置线条颜色及宽度

（4）将绘制好的线条复制到“风筝流派”的其他幻灯片中。

7.3.2　音频的应用

（1）执行“插入”|“音频”|“PC 上的音频”命令，在弹出的“插入声音”对话框中选择“解说.mp3”文件，单击“确定”按钮后，即可将音频插入幻灯片中，幻灯片页面将出现音频图标🔊，如图 7-19 所示。

（2）选中音频图标，打开“音频工具”|“播放”选项卡，如图 7-20 所示，对音频的播放方式进行设置。单击“开始”选项，弹出下拉列表。选择“自动”，当播放到该幻灯片时自动开始播放声音；而如果选择“单击时”，则当播放到该幻灯片时不会自动开始播放声音，单击声音图标后，才开始播放。如果勾选“跨幻灯片播放”复选框，将在幻灯片翻页时不停止，继续播放音频。

（3）默认情况下，在播放音频时将显示音频图标，若不想让它显示，可在“播放”选项卡中勾选“播放时隐藏”复选框。也可以将音频图标拖动到幻灯片页面的外面，以便在幻灯片播放时只听到声音而图标不可见。

7.3.3　视频的应用

多种格式的视频文件可以应用在 PowerPoint 中，如 AVI、MPG、MPEG、WMV、ASF、MP4 等格式。

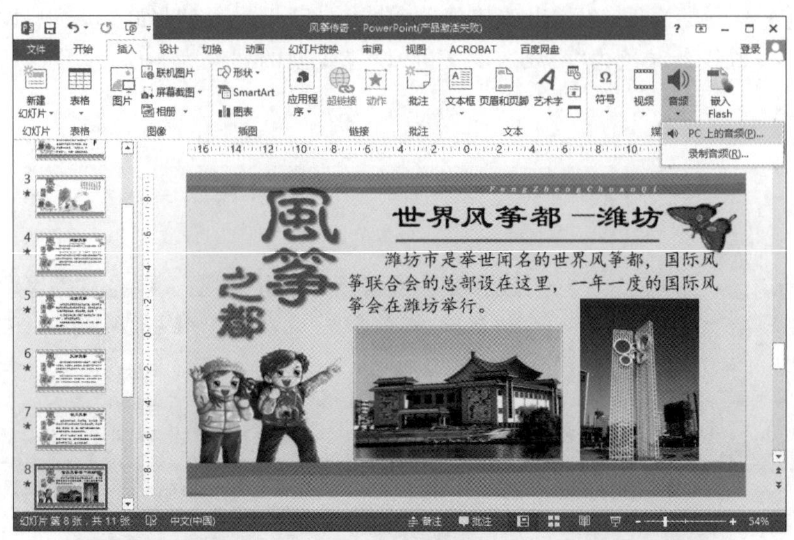

图 7-19　插入音频

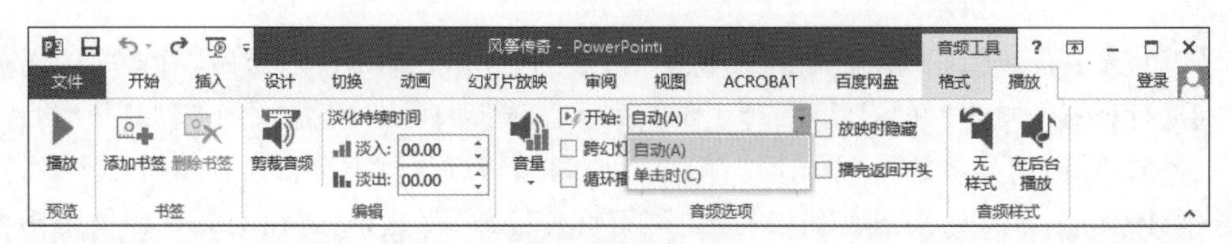

图 7-20　“播放”选项卡

(1) 与声音的插入类似，选择“插入”|“视频”|“PC 上的视频”命令，在弹出的“插入影片”对话框中选择“最大风筝.mp4”视频文件，将视频插入幻灯片中，如图 7-21 所示。

(2) 在“视频工具”|“播放”选项卡中，单击“开始”选项，弹出下拉列表，选择“自动”，以便当播放到该幻灯片时自动开始播放视频。

(3) 以同样的方法将“最长风筝.mp4”视频文件插入幻灯片中，如图 7-22 所示。

说明：在插入声音和视频文件时，采用了一种关联方式，并没有真正放到 PowerPoint 中。如果不小心删除了或更换了路径和文件名，将无法播放该文件。

图 7-21　将“最大风筝.mp4”视频插入幻灯片中

图 7-22　将“最长风筝.mp4”视频插入幻灯片中

7.4　创建动画

与许多其他多媒体软件一样，PowerPoint 具有丰富的动画功能。在 PowerPoint 中，可以设置幻灯片的切换效果，对于幻灯片上的文本、形状、声音、图像或者其他对象，可以添加动画效果，以达到突出重点、控制信息流程、提高演示文稿生动性的目的。

1. 创建风筝“浮入”的动画效果

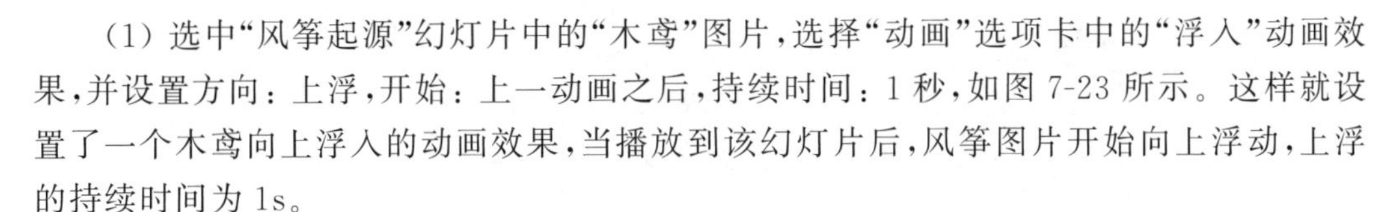

（1）选中“风筝起源”幻灯片中的“木鸢”图片，选择“动画”选项卡中的“浮入”动画效果，并设置方向：上浮，开始：上一动画之后，持续时间：1 秒，如图 7-23 所示。这样就设置了一个木鸢向上浮入的动画效果，当播放到该幻灯片后，风筝图片开始向上浮动，上浮的持续时间为 1s。

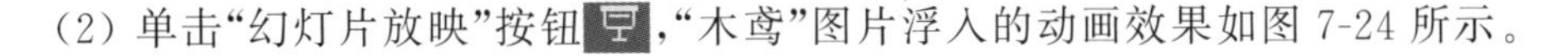

（2）单击“幻灯片放映”按钮，“木鸢”图片浮入的动画效果如图 7-24 所示。

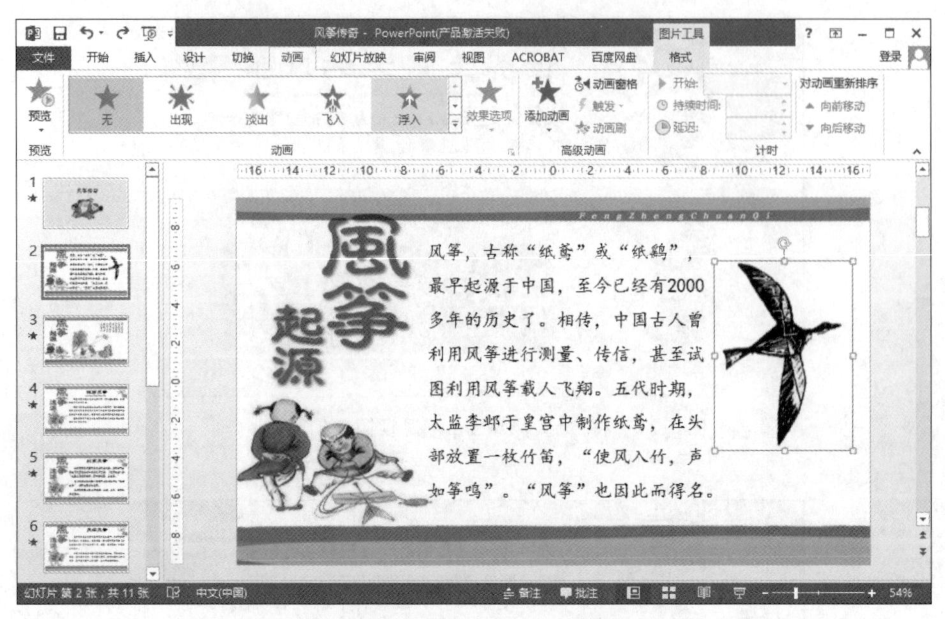

图 7-23　创建“浮入”动画效果

图 7-24　“木鸢”图片浮入的动画效果

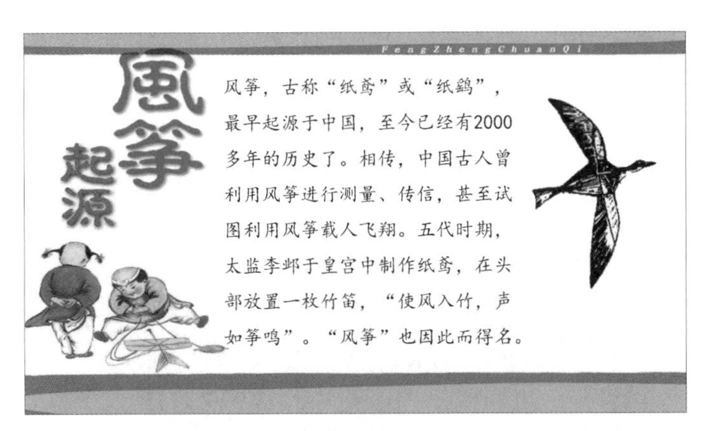

图 7-24（续）

2. 制作系列精品风筝滚动显示的动画效果

用 4 张.png 格式的风筝图片，制作从左往右滚动显示的效果。制作动画效果的思路为：将这 4 张图片放在幻灯片的右侧，制作从左侧飞入的动画效果，飞入的持续时间都为 12s，4 张图片同时开始飞入，只是较前一张每张延迟 3s，并设置循环播放，即可产生 4 张图片按顺序滚动显示的动画效果。可以制作遮罩效果，使风筝图片在指定的区域显示。

(1) 执行“插入”|“图片”命令，插入准备好的 4 张风筝图片，如图 7-25 所示。

图 7-25　插入的 4 张风筝图片

(2) 选中右面第 1 张图片，在“动画”选项卡中选择“飞入”选项，并设置效果选项的方向：自左侧，开始：与上一动画同时，持续时间：12 秒，延迟：0 秒。设置参数如图 7-26 所示。

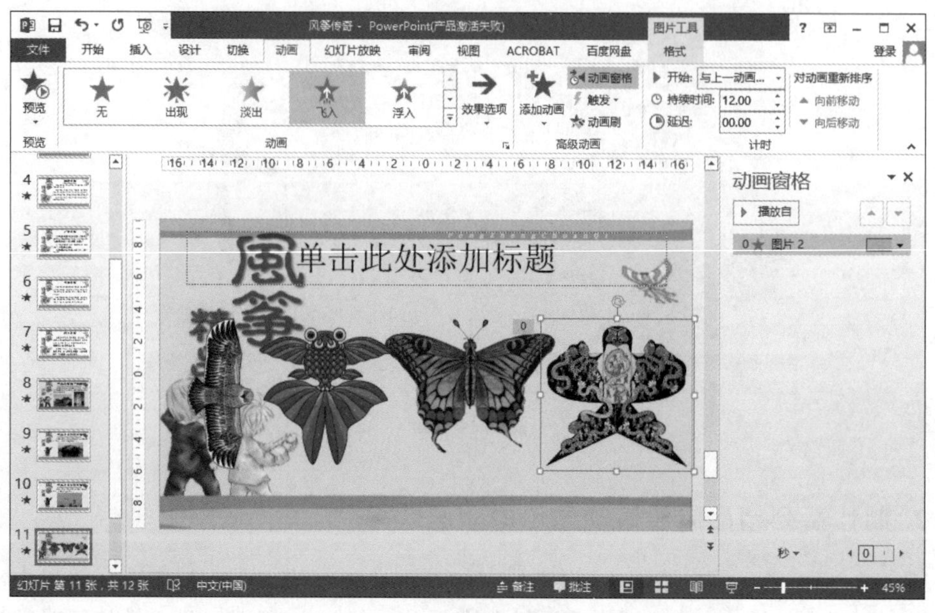

图 7-26　设置动画效果

(3) 选中右面第 2 张图片，在“动画”选项卡中选择“飞入”选项，并设置效果选项的方向：自左侧，开始：与上一动画同时，持续时间：12 秒，延迟：3 秒。

(4) 选中右面第 3 张图片，在“动画”选项卡中选择“飞入”选项，并设置效果选项的方向：自左侧，开始：与上一动画同时，持续时间：12 秒，延迟：6 秒。

(5) 选中右面第 4 张图片，在“动画”选项卡中选择“飞入”选项，并设置效果选项的方向：自左侧，开始：与上一动画同时，持续时间：12 秒，延迟：9 秒。

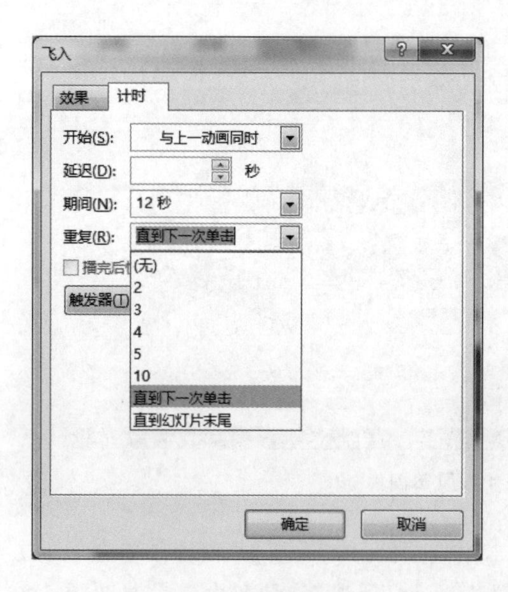

图 7-27　设置重复

(6) 在动画窗格中同时选中 4 张图片的动画效果，右击，在弹出的快捷菜单中选择“计时”命令，在弹出的对话框中设置“重复”为“直到下一次单击”，如图 7-27 所示。

(7) 同时选中幻灯片右面的 4 张图片，单击“图片工具”|“格式”选项卡中的“对齐”按钮，在弹出的“对齐”快捷菜单中依次选择“左右居中”和“上下居中”命令，如图 7-28 所示。

(8) 4 张对齐的图片如图 7-29 所示。

(9) 将“精品风筝背景”图片插入到幻灯片，并调整至如幻灯片页面同样大小，如图 7-30 所示。这时，图片遮挡了 4 张风筝图片，使其不可见。

(10) 下面开始制作添加遮罩效果。执行“插入”|“形状”命令，在幻灯片上绘制一个

图 7-28　设置对齐

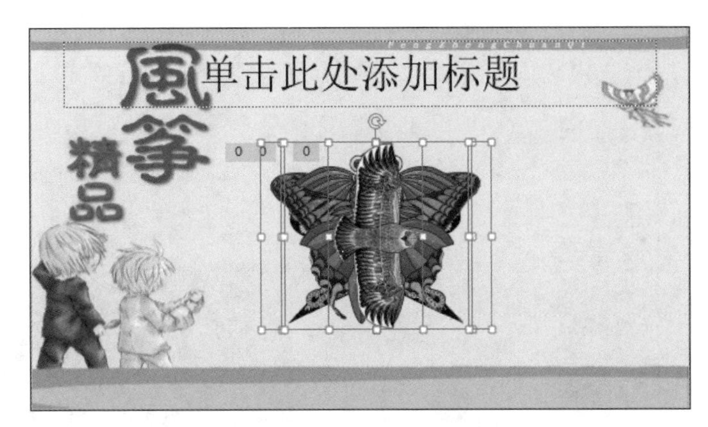

图 7-29　图片对齐效果

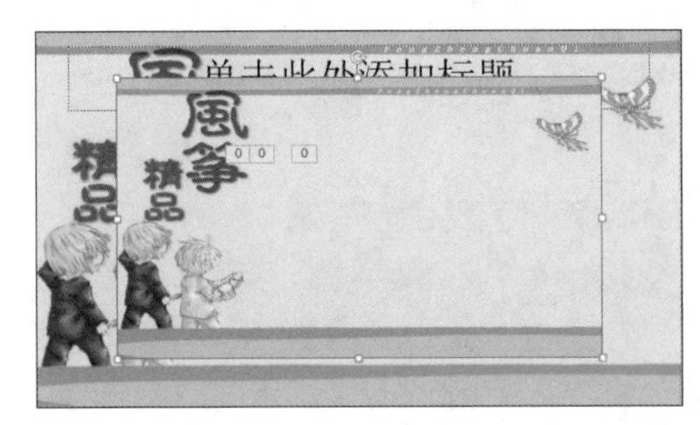

图 7-30　插入图片

矩形,如图 7-31 所示。

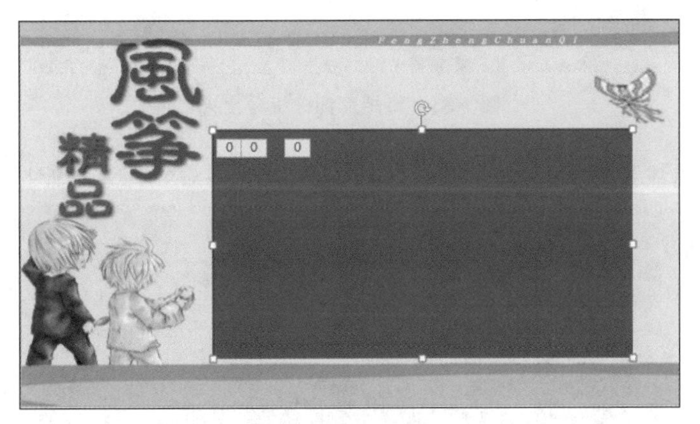

图 7-31　绘制矩形

(11) 同时选中绘制的矩形和“精品风筝背景”图片,单击“绘图工具”|“格式”选项卡中的“合并形状”按钮,弹出下拉菜单,如图 7-32 所示。

(12) 在“合并形状”菜单中选择“拆分”命令,就将“精品风筝背景”图片中的矩形部分拆分出来,如图 7-33 所示。

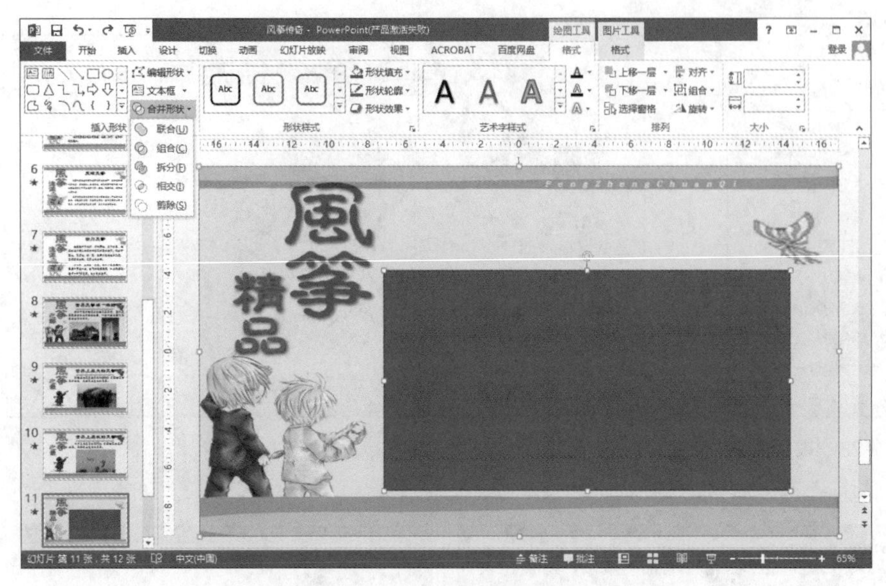

图 7-32 “合并形状”菜单

图 7-33 将矩形部分拆分出来

（13）单击选中矩形部分，按 Delete 键将其删除，即可显示原来被遮挡的风筝图片，如图 7-34 所示。

图 7-34 删除矩形显示风筝图片

(14) 将 4 张风筝图片调整到靠近幻灯片右侧的合适位置，如图 7-35 所示。

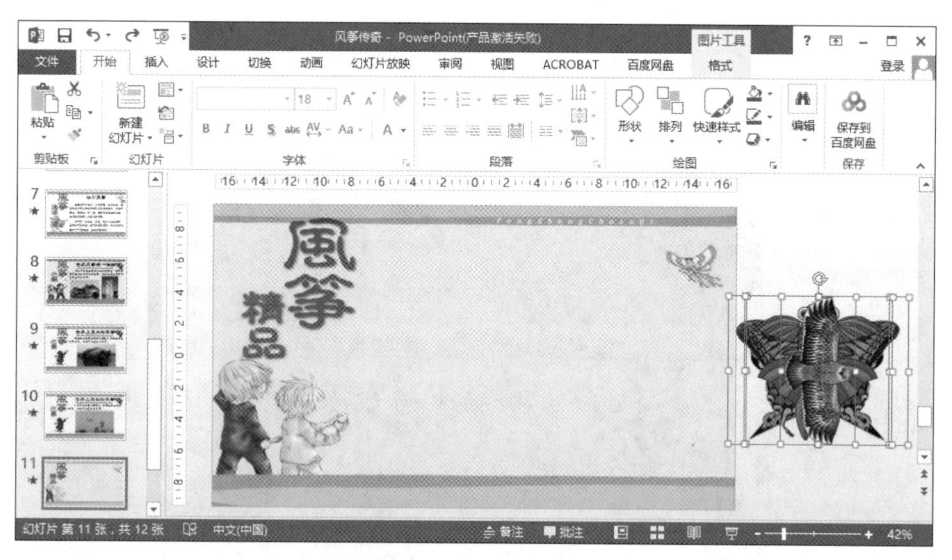

图 7-35 调整图片位置

(15) 执行“插入”|“文本框”命令，添加“精品风筝展示”文本，如图 7-36 所示。

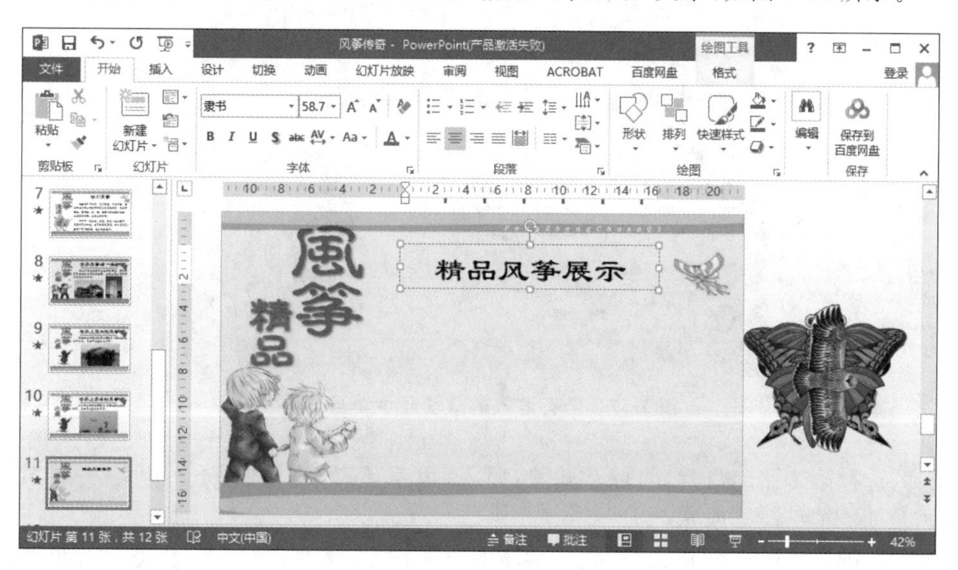

图 7-36 添加文字

(16) 单击“幻灯片放映”按钮 ，带有遮罩的图片滚动显示效果如图 7-37 所示。

3. 制作封面动画

下面结合动画的“进入”及“强调”功能制作演示文稿的封面动画。动画的过程是图案从左上角徐徐进入，并不断放大；然后“动画传奇”文字图片由小到大出现，出现后“脉动”两次。

图 7-37 带有遮罩的滚动显示动画效果

(1) 选择第 1 张幻灯片,将标题删除,插入“风筝传奇”字样的.png 图片,将图案调整到适当位置,如图 7-38 所示。

(2) 选中放风筝的图片,在“动画”选项卡中选择“飞入”动画效果,并设置效果选项的方向:自左上部,开始:与上一动画同时,持续时间:2 秒,延迟:0 秒,如图 7-39 所示。

(3) 在选中放风筝的图片的情况下,单击“动画”选项卡中的“添加动画”按钮,弹出可添加动画的列表,在其中的“进入”列表框中选择“缩放”,并设置效果选项的方向:自左上部,开始:与上一动画同时,持续时间:2 秒,延迟:0 秒,如图 7-40 所示。

注意:这里是为一个对象建立两个并行的动画,即在“飞入”的同时进行“缩放”,所以,在制作第二个动画时,要单击“动画”选项卡中的“添加动画”按钮,而不能直接选择动画,若直接选择,将替换掉这个对象前面设置的动画。

图 7-38　封面图案布局

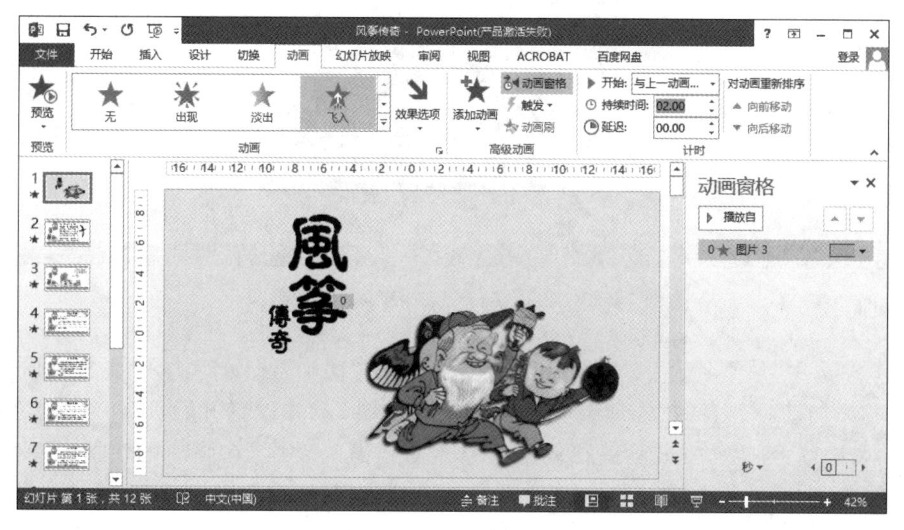

图 7-39　设置动画效果

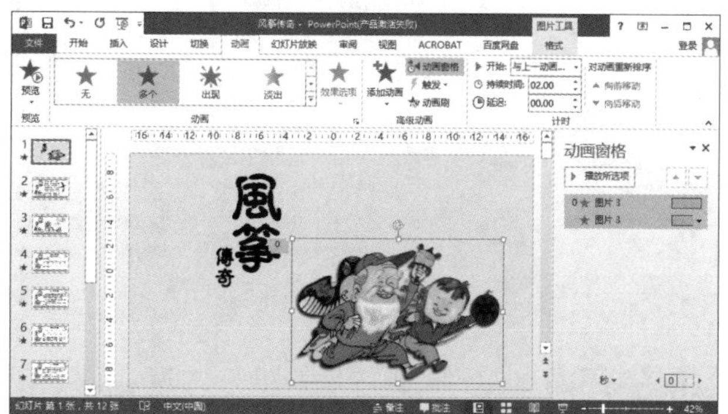

图 7-40　添加“缩放”动画

（4）选中“风筝传奇”的文字图片，在“动画”选项卡中选择“缩放”动画效果，并设置效果选项的消失点：对象中心，开始：上一动画之后，持续时间：1.5 秒，延迟：0 秒，如图 7-41 所示。

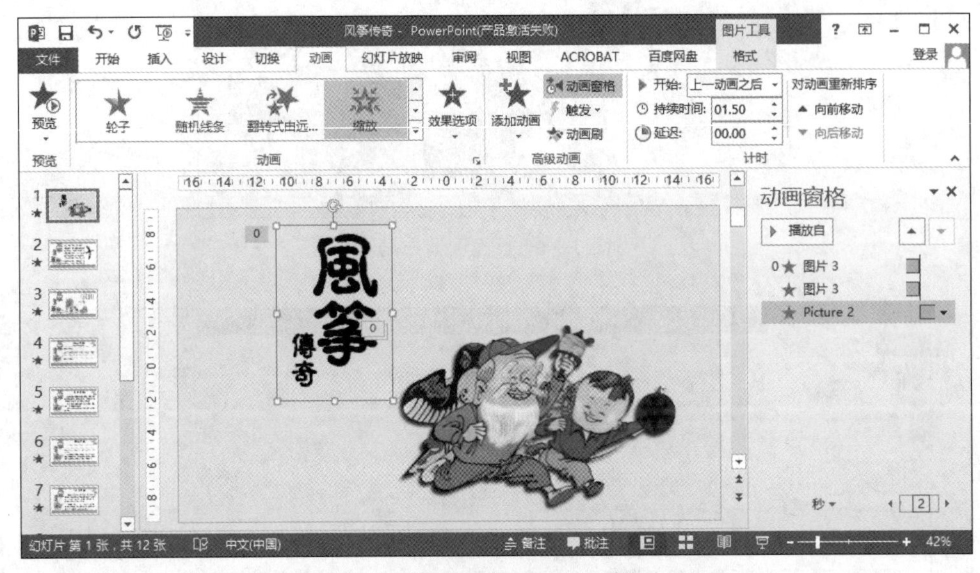

图 7-41　为“风筝传奇”文字添加缩放效果

（5）在选中“风筝传奇”文字图片的情况下，单击“动画”选项卡中的“添加动画”按钮，在弹出的添加动画列表的“强调”列表框中选择“脉冲”。并设置开始：上一动画之后，持续时间：0.5 秒，延迟：0.25 秒。在动画窗格中右击这一动画，在弹出的快捷菜单中选择“计时”命令，出现“计时”对话框，如图 7-42 所示，设置重复次数为：2。

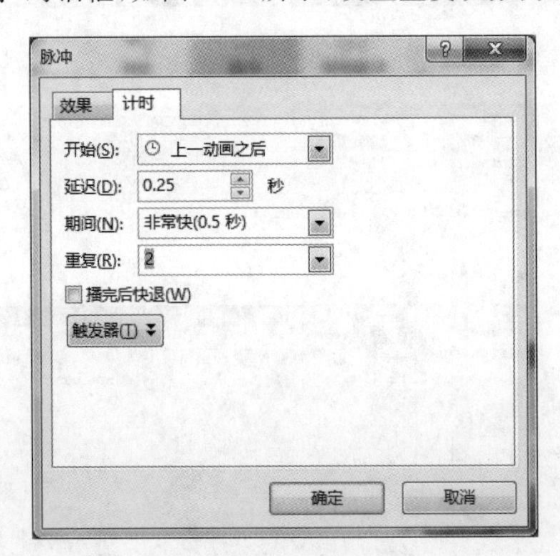

图 7-42　“计时”对话框

（6）制作好的片头动画效果如图 7-43 所示。

图 7-43　片头动画效果

4. 设置幻灯片的切换方式

(1) 在幻灯片视图模式下，选择要设置切换效果的一张或多张幻灯片。

(2) 选择“切换”选项卡中的一种切换方式，如“淡出”，并设置效果选项、持续时间(切换速度)、切换方式等选项，如图 7-44 所示。

其中，切换方式分为“单击鼠标时”和“设置自动换片时间”两种。

- 勾选“单击鼠标时”复选框，通过单击鼠标控制幻灯片的翻页。
- 勾选“设置自动换片时间”复选框，并输入时间，可根据输入的时间实现幻灯片的切换。
- 当两者都勾选时，在设置的时间内单击鼠标，可实现幻灯片的切换；若不单击鼠

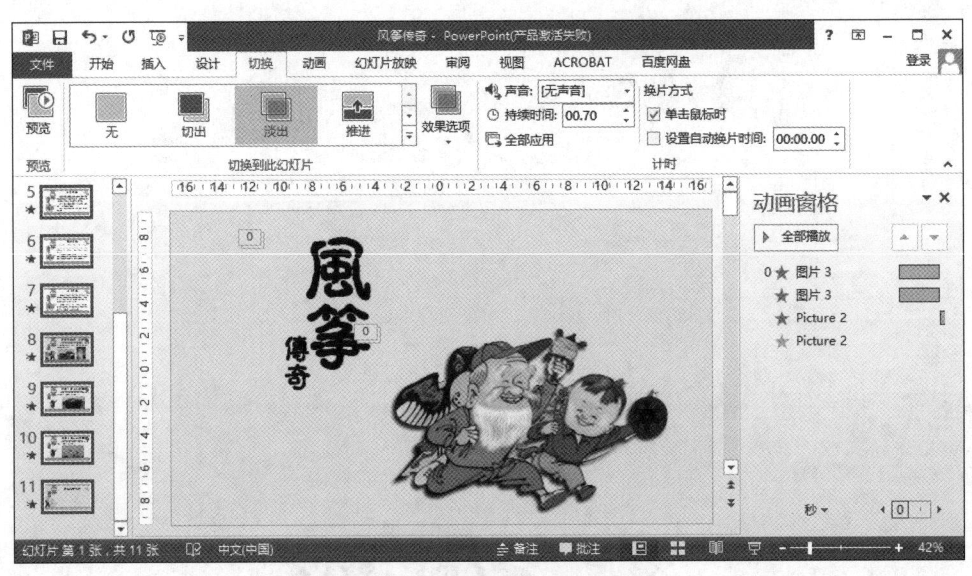

图 7-44　幻灯片切换方式的设置

标，达到设置时间时幻灯片将自动切换。

- 当两者都不勾选时，可通过按钮等其他交互方式实现幻灯片的切换。

7.5　演示文稿的交互设计

1. 设置放映方式

演示文稿以什么样的方式播放，是设计制作演示文稿的重要环节。

在“幻灯片放映”选项卡中单击“设置幻灯片放映”按钮，打开“设置放映方式”对话框，如图 7-45 所示。可根据不同的需要对放映方式进行设置。

(1) 演示文稿主要用于帮助演讲，如果在会议上使用，可以选择“演讲者放映(全屏幕)”方式。这样演讲者就可以根据自己的节奏人工放映幻灯片，控制动画效果或者选择播放幻灯片的次序。

(2) 如果演示文稿由观众自动操作，可以选择“观众自行浏览(窗口)”。如果选择了“观众自行浏览”，观众可以在标准窗口中进行观看。此时窗口仍有菜单和命令，这些菜单和命令都是用于播放演示文稿的，观众可以选择“浏览”菜单中的“前进”“倒退”或“定位”命令控制幻灯片，也可以按 PageDown 或 PageUp 键使幻灯片前进或后退。

(3) 如果需要幻灯片自行播放，如幻灯片展示的位置无人看管，可以选择“在展台浏览(全屏幕)”方式。使用此方式之前，必须为演示文稿设置排练时间，否则演示文稿将永远停止在第 1 张幻灯片。

(4) 播放演示文稿时，可以播放文稿的全部内容，也可以播放从第几张开始，到第几张结束的部分内容。

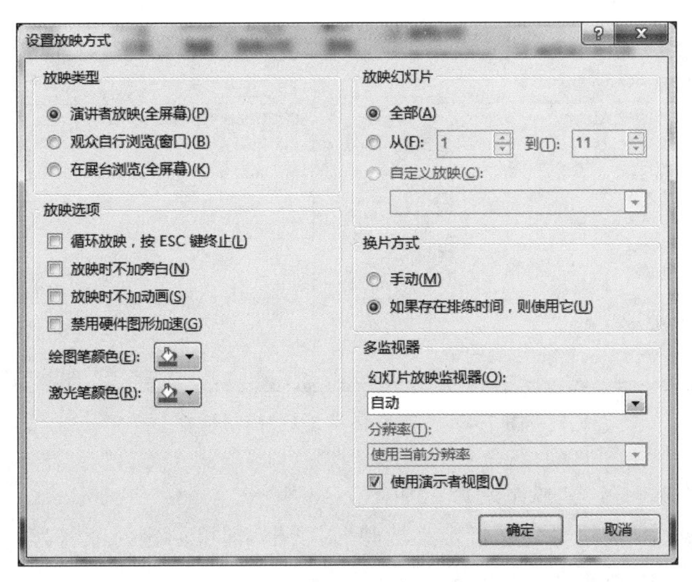

图 7-45 “设置放映方式”对话框

(5) 如果已为演示文稿设置了排练时间，可以在放映时确定是否使用排练时间。如果不使用排练时间，选择“手动”单选按钮。如果使用排练时间，选择“如果存在排练时间，则使用它”单选按钮。

(6) 单击“确定”按钮，回到幻灯片视图，此时如果放映演示文稿，就可以按照设置的放映方式播放。

2. 创建自定义放映

创建自定义放映时，把演示文稿分成几组，有选择性地播放文稿的内容。

(1) 执行“幻灯片放映”|“自定义放映”命令，打开“自定义放映”对话框，如图 7-46 所示，然后单击“新建”按钮，打开“定义自定义放映”对话框，如图 7-47 所示。

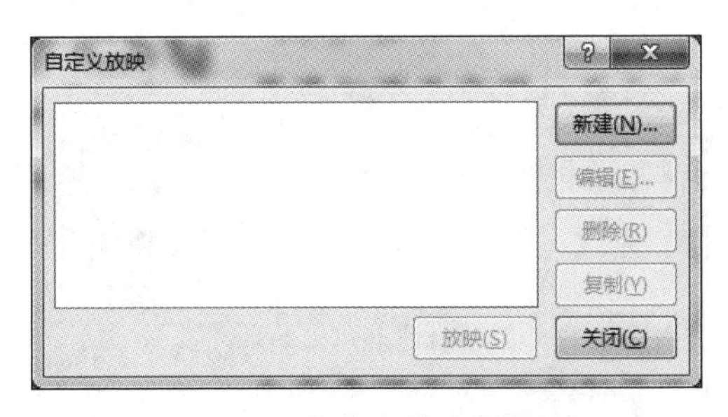

图 7-46 “自定义放映”对话框

(2) 在“定义自定义放映”对话框中，“在演示文稿中的幻灯片”列表列出了演示文稿中的所有幻灯片，“在自定义放映中的幻灯片”列表中，显示选择作为自定义放映的幻灯片。在“在演示文稿中的幻灯片”列表中选择第 2、3 两张幻灯片“风筝的起源”，单击“添加”按钮，将其添加到“在自定义放映中的幻灯片”列表中，并在“幻灯片放映名称”文本框

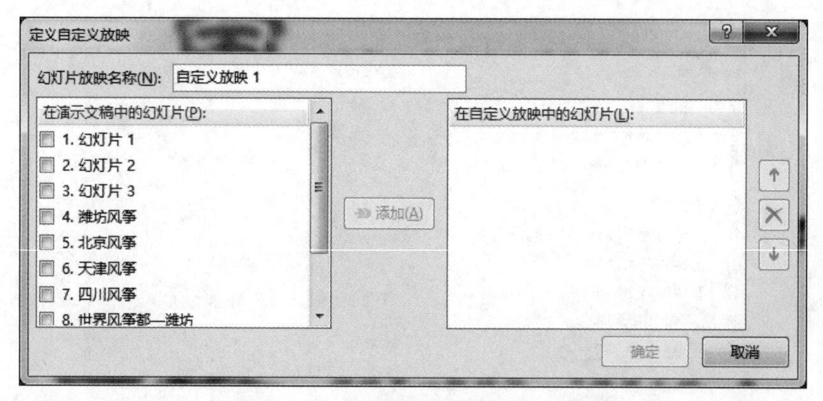

图 7-47 “定义自定义放映”对话框

中输入自定义放映的名称“风筝起源”,如图 7-48 所示。

(3) 单击“确定”按钮,回到“自定义放映”对话框,即可创建一个名为“风筝起源”的自定义放映,如图 7-49 所示。

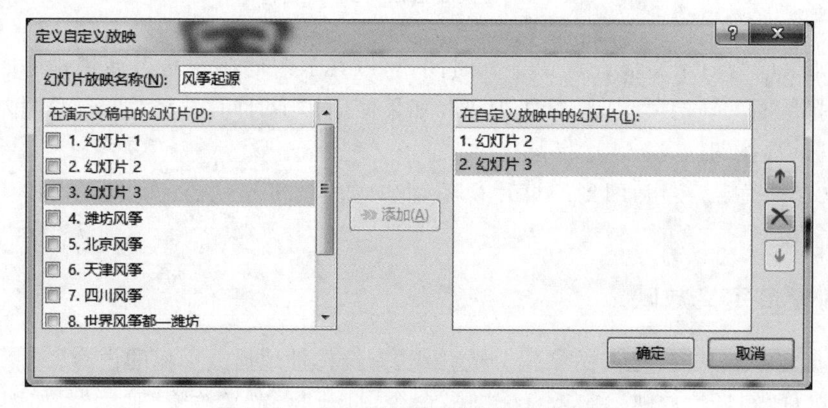

图 7-48 添加幻灯片到“自定义放映”中

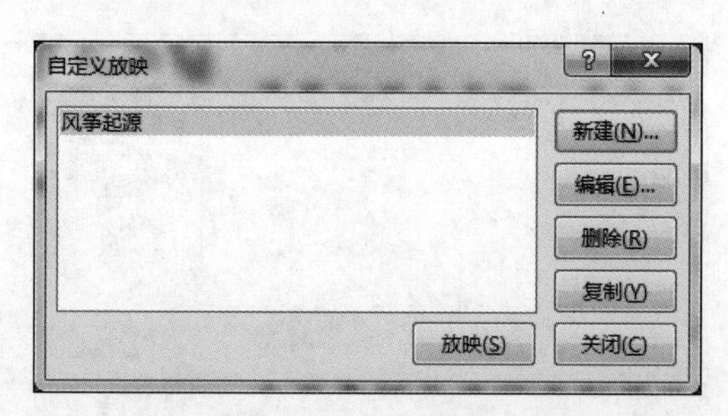

图 7-49 已创建的“自定义放映”

(4) 在“自定义放映”对话框中,再次单击“新建”按钮,依照上述步骤创建其余的自定义放映。本例按照主题共创建了 5 个自定义放映,这 5 个自定义放映在“自定义放映”对话框中列出,如图 7-50 所示。

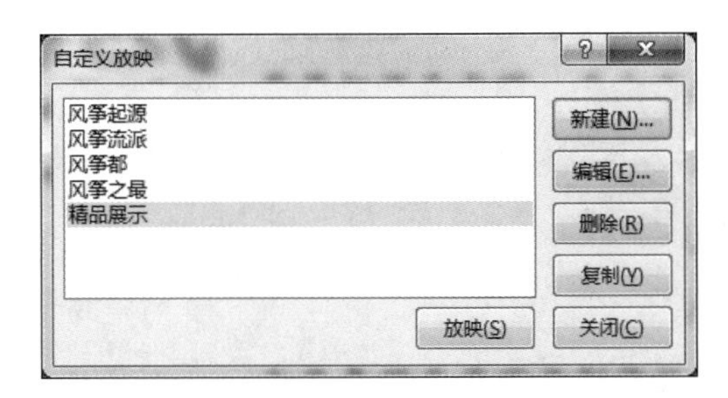

图 7-50 创建的 5 个“自定义放映”

3. 制作目录页幻灯片

目录页幻灯片是演示文稿内容的分类和浓缩，在这张幻灯片上列出了演示文稿的主要内容，并跟自定义放映建立超链接，当单击目录中某一个内容时，将跳转到相应的自定义放映中播放。

（1）选中第 1 张幻灯片，执行“新建幻灯片命令”，在演示文稿封面幻灯片的后面新建一张幻灯片，设置背景，以竖排文本框的方式分别输入各自定义放映的名称，为每个文本框中的文本添加项目符号，并将各文本框对象上对齐，水平分散对齐。目录幻灯片布局如图 7-51 所示。

图 7-51 目录幻灯片布局

（2）选择“风筝起源”文本框，右击鼠标，在弹出的快捷菜单中选择“超链接”命令，如图 7-52 所示，打开“插入超链接”对话框。

（3）对“插入超链接”对话框进行设置，如图 7-53 所示。链接到“本文档中的位置”，选择自定义放映中的“风筝起源”，勾选“显示并返回”复选框，这样，在播放时，播放完自定义放映的内容后，会自动返回目录页。

（4）以同样的方法为“风筝流派”“风筝之都”“风筝之最”“精品展示”等文本框建立超链接。这样，一个带有交互的目录页就建立完成。

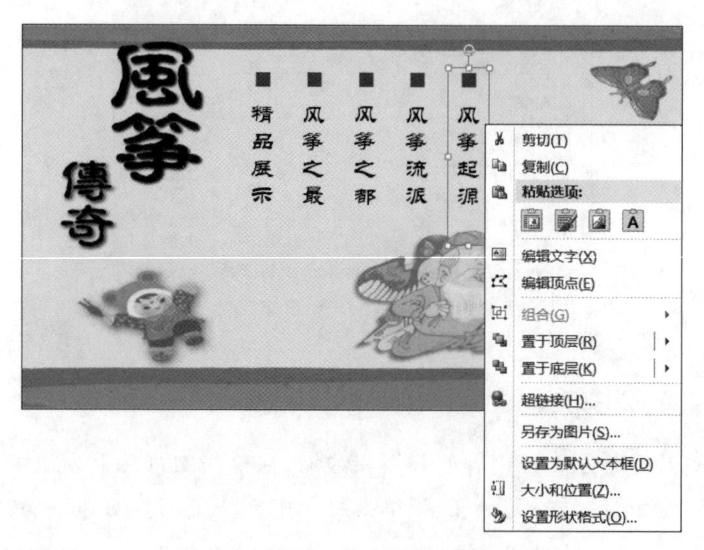

图 7-52　为文本框插入超链接

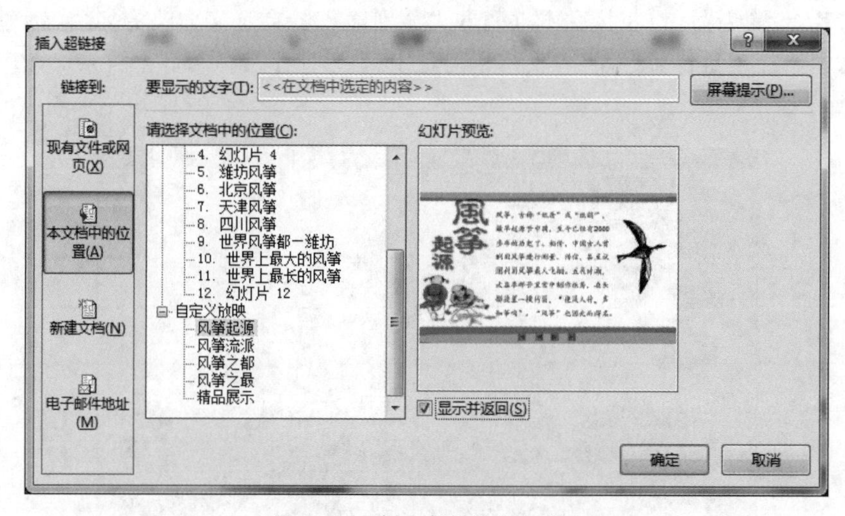

图 7-53　“插入超链接”对话框

4. 添加动作按钮

PowerPoint 在插入形状列表中,还提供了一组动作按钮,如图 7-54 所示。包含常见的按钮形状,可以将动作按钮添加到演示文稿中,这些按钮都是预先定义好的,如“后退”“前进”“开始”“结束”等,当然也可以在设置时对超链接重新定义。

图 7-54　“动作按钮”形状

下面给除封面和目录幻灯片外的每一张幻灯片添加“开始”“后退”“前进”“结束放映”以及“关闭”5 个按钮。在操作时,不需要为每一张幻灯片单独添加,可以在母版上添加按钮,然后将版式应用到需要添加按钮的幻灯片上即可。

(1) 单击“视图”选项卡中的“幻灯片母版”按钮，进入“幻灯片母版视图”。然后，在“幻灯片母版视图”面板上单击“插入新幻灯片母版”按钮，新建一个幻灯片母版，如图 7-55 所示。

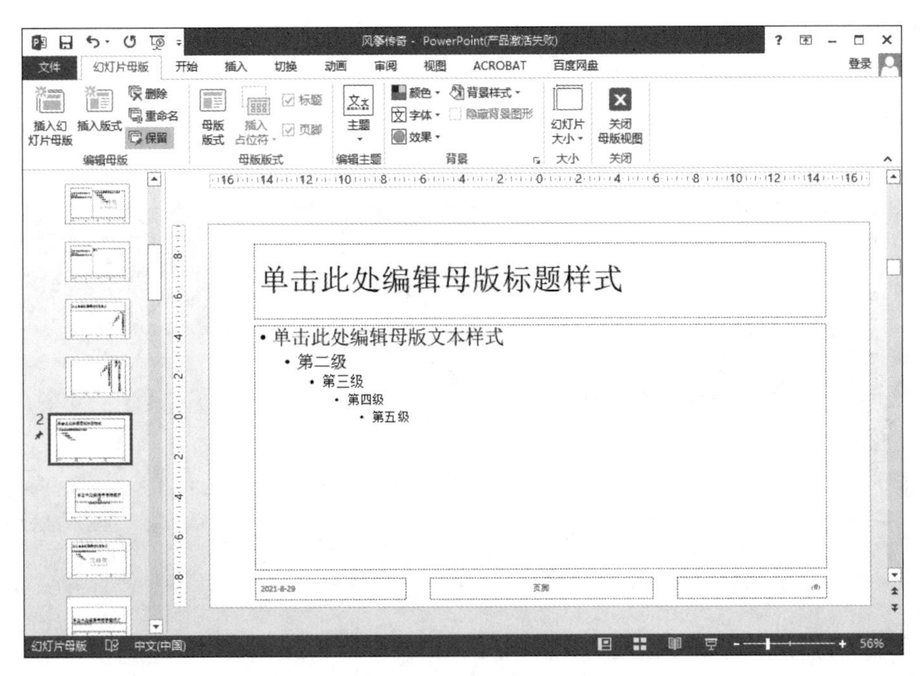

图 7-55　新建一个幻灯片母版

(2) 执行“插入”|“形状”命令，依次插入“开始”、“后退”、“前进”和“结束放映”4 个动作按钮；对于“关闭”按钮，动作按钮中没有相应的图形，可用公式形状中的“乘号”代替。插入的按钮布局如图 7-56 所示。

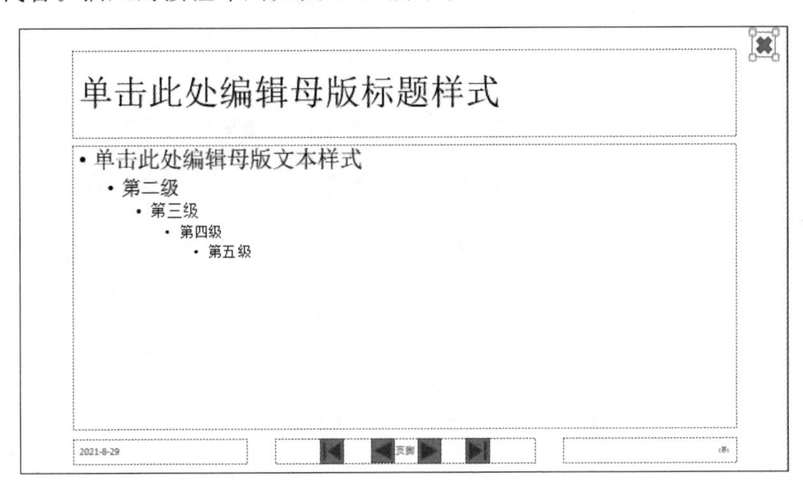

图 7-56　按钮布局

（3）在插入动作按钮形状后，将弹出一个“操作设置”对话框，下面分别对各动作按钮进行设置。

① 插入“开始”动作按钮时，弹出的“操作设置”对话框默认超链接到“第一张幻灯片”。这个按钮设置为返回目录页，即第二张幻灯片，所以，将“超链接到”设置为“幻灯片2”，如图7-57所示。

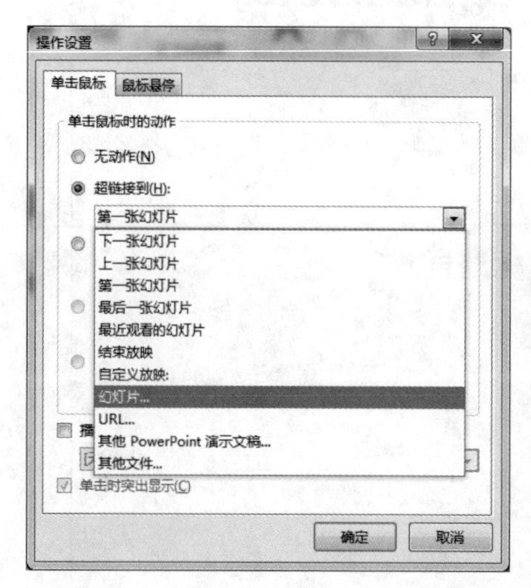

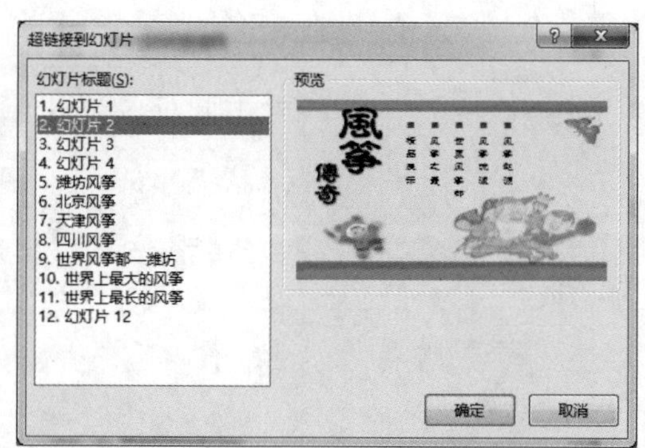

图 7-57　超链接到“幻灯片 2”

② 插入“后退” 动作按钮时，在弹出的“操作设置”对话框设置“超链接到”为“上一张幻灯片”，如图7-58所示。

③ 插入“前进” 动作按钮时，在弹出的“操作设置”对话框设置“超链接到”为“下一张幻灯片”，如图7-59所示。

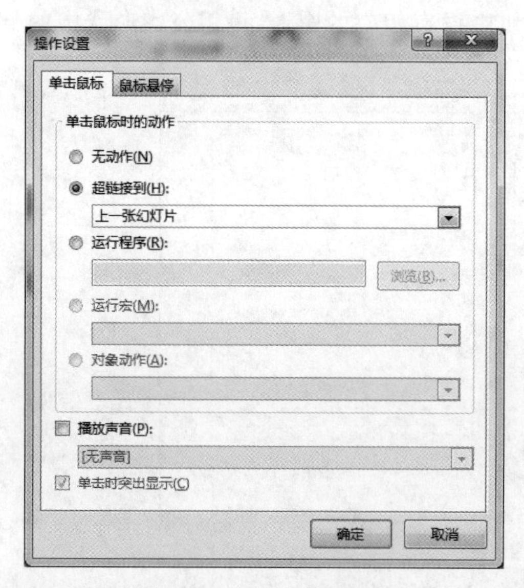

图 7-58　“后退”按钮设置

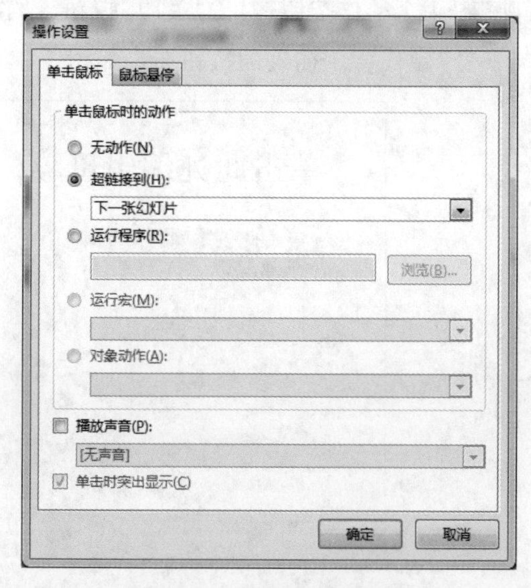

图 7-59　“前进”按钮设置

④ 插入“结束”动作按钮时，在弹出的“操作设置”对话框设置“超链接到”为“最后一张幻灯片”，如图 7-60 所示。

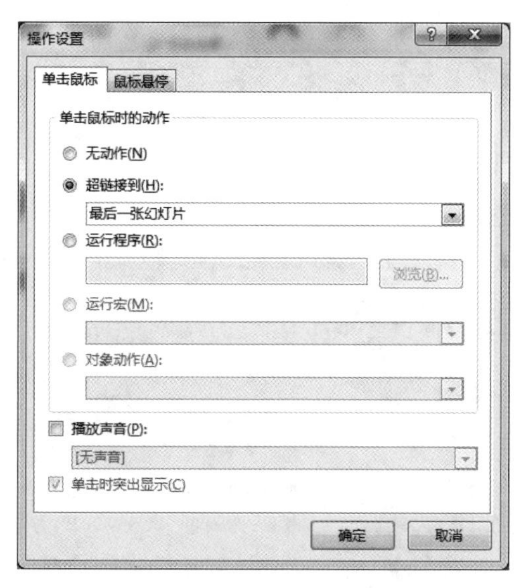

图 7-60　“结束”按钮设置

⑤ 插入“关闭”按钮后，再插入一个“自定义”动作按钮，在弹出的“操作设置”对话框设置“超链接到”为“结束放映”，如图 7-61 所示。然后将“自定义”动作按钮叠加到“关闭”按钮上，右击，在弹出的快捷菜单中选择“设置形状格式”命令，在弹出的“设置形状格式”对话框中选择“无填充”和“无线条”，如图 7-62 所示，使其变为透明，在播放幻灯片时，单击“关闭” 按钮，即单击这个透明的自定义动作按钮，即可退出播放，关闭程序。

图 7-61　“结束放映”按钮设置

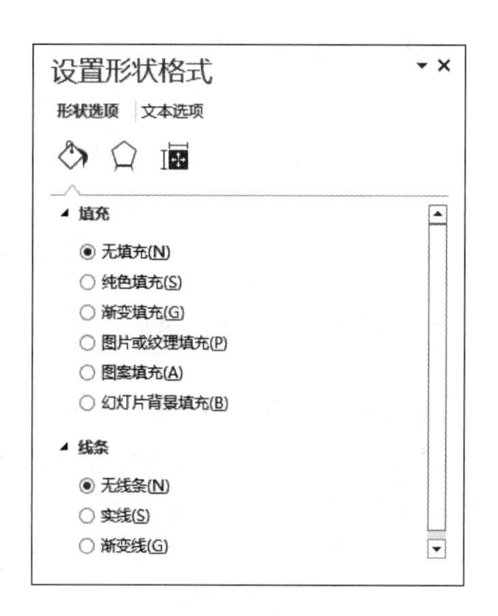

图 7-62　将“自定义”按钮设置为透明

（4）关闭幻灯片母版视图，选择除封面和目录幻灯片外的所有幻灯片，右击，在弹出的快捷菜单中选择“版式”命令，如图 7-63 所示。然后在自定义设计方案中选择“空白”，如图 7-64 所示。

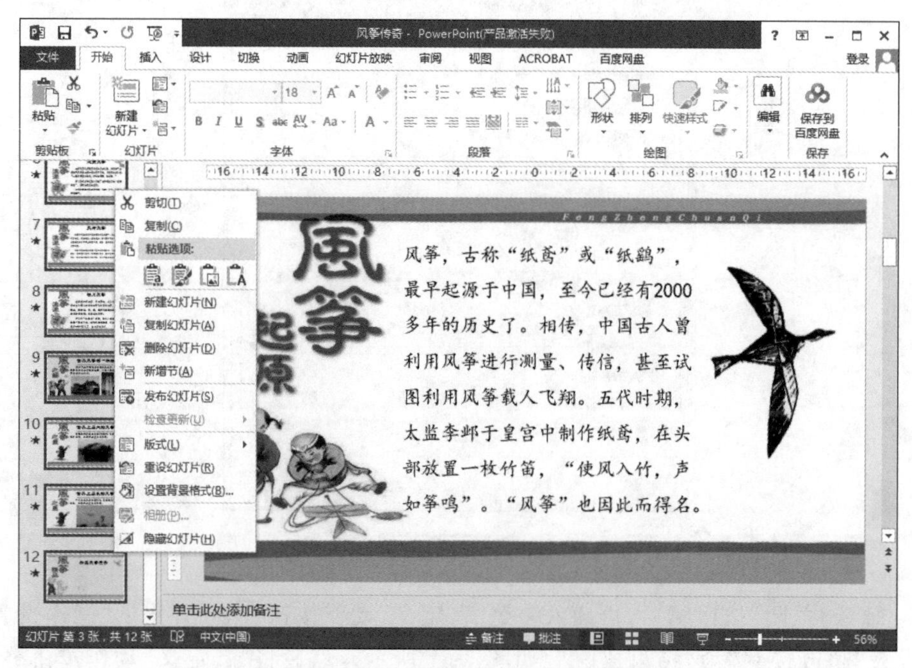

图 7-63　在快捷菜单中选择“版式”命令

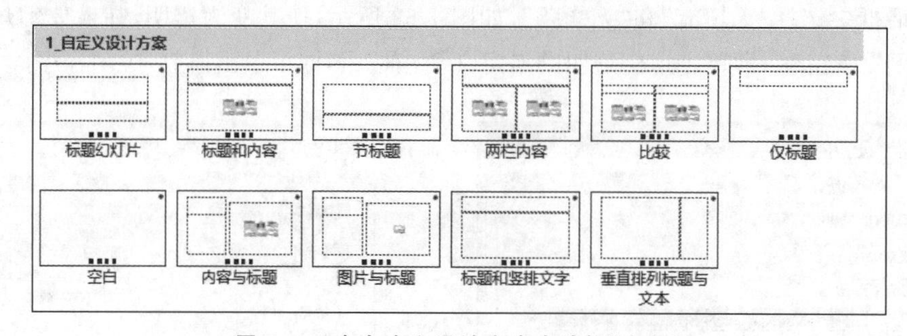

图 7-64　在自定义设计方案中选择“空白”

（5）选择幻灯片母版的版式后，所设置的按钮将添加到所选的每一张幻灯片上，如图 7-65 所示。

添加版式后，版面布局可能发生变化，可以对幻灯片布局进行适当调整。为此，也可以先添加动作按钮，再制作幻灯片页面。

在用按钮交互的方式控制幻灯片播放后，可以将切换方式的“单击鼠标时”和“设置自动换片时间”两个复选框都设置成不勾选，以免误操作单击页面时翻页。

至此，PPT 演示文稿就成为一个交互式电子杂志作品。

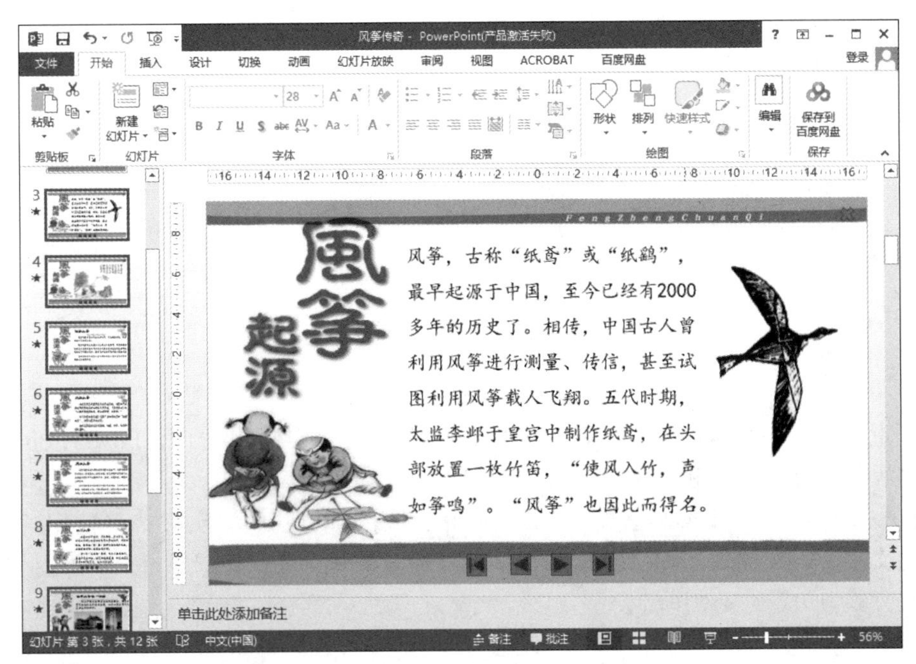

图 7-65　将按钮添加到所选的每一张幻灯片上

7.6　演示文稿的播放模式

为了使 PowerPoint 演示文稿能够被其他软件调用，或者在使用演示文稿时能够直接启动，需要对 PowerPoint 演示文稿的播放模式进行设置。

1. 结束模式的设置

PowerPoint 演示文稿的默认结束模式是：最后一个演示页结束后，不立即停止演播，而是显示黑色画面，并提示“放映结束，单击鼠标退出”。

执行“工具”|“选项”命令，打开“选项”对话框，选择“视图”选项卡，单击“以黑幻灯片结束”选项，使其失效。修改模式后，最后一个演示页结束后，立即退出。

2. 播放模式的设置

PowerPoint 演示文稿的播放模式分为“进入编辑”和“直接演播”两种，其播放模式与文件格式有关。当采用默认的 PPT 格式保存演示文稿时，双击文件名时，进入编辑状态；若使 用 PPS 格式保存演示文稿，则在双击该文件名时，将直接演播。

保存演示文稿时，执行“文件”|“另存为”命令，在“另存为”对话框的“保存类型”列表框中选择“PowerPoint 放映(＊. ppsx)”选项，可将演示文稿保存成 PPS 格式。也可直接把 PPT 格式文件的扩展名“.pptx”改成“.ppsx”。

如果希望编辑PPSx格式的演示文稿，先启动PowerPoint系统，然后选择“文件”|“打开”命令，打开该格式文件即可。

3. 演示文稿转换为视频

将PowerPoint演示文稿保存为视频格式，即可将演示文稿转换为视频文件。需要注意的是，要转换为视频的演示文稿的切换方式要设置为自动切换。

小　结

本章介绍了多媒体作品设计制作的基本过程，并通过实例介绍了用PowerPoint设计开发多媒体作品的方法和技巧。

PowerPoint是一个容易掌握、演示效果好、具有简单控制功能、被普遍使用的软件。可以把文字、图形、图像、音频、视频等几乎全部的多媒体对象组合起来，添加动画效果，设置交互方式，形成多媒体作品。

习　题

1. 多媒体作品的基本模式有哪些？

2. 多媒体作品创意设计的作用是什么？有哪些具体体现？

3. 请说明用PPT制作多媒体作品的基本思路。

4. 用PowerPoint制作一个演示文稿，其背景自己制作，内容自定，要求能够围绕一个主题综合利用文字、图形图像、声音、视频等素材，并在其中设置相应的动画效果。

5. 用PowerPoint制作一个关于校园文化的交互式电子杂志，要求导航合理，功能完善，画面美观。

6. 用PowerPoint制作一段关于中国传统节日的视频，并配有背景音乐，保存为.mp4格式文件。

参考文献

[1] 林福宗. 多媒体文化基础[M]. 北京：清华大学出版社，2010.

[2] 郭芬. 多媒体技术及应用[M]. 北京：电子工业出版社，2018.

[3] 陈幼芬. 数字多媒体应用基础(采集、制作与处理)[M]. 北京：人民邮电出版社，2011.

[4] 刘大智. Adobe 创意大学 Photoshop CS6 标准教材[M]. 北京：北京希望电子出版社，2014.

[5] 瞿颖健，曹茂鹏. Adobe 创意大学 Illustrator CS6 标准教材[M]. 北京：北京希望电子出版社，2013.

[6] 张凡. Illustrator CS6 中文版基础与实例教程[M]. 北京：机械工业出版社，2014.

[7] 石雪飞，郭宇刚. 数字音频编辑 Adobe Audition CS6 实例教程[M]. 北京：电子工业出版，2013.

[8] 董安安. 影视动画声音制作[M]. 沈阳：辽宁美术出版社，2020.

[9] 庄元，王定朱，张弛. 数字音频编辑 Adobe Audition 3.0 实用教程[M]. 北京：人民邮电出版社，2012.

[10] 陕华，朱琦. Premiere Pro CC 2017 视频编辑基础教程[M]. 北京：清华大学出版社，2017.

[11] 姜自立，季秀环. Premiere Pro CC 教学影视剪辑(全彩慕课版)[M]. 北京：人民邮电出版社，2020.

[12] 潘强. Animate CC 2019 核心应用案例教程[M]. 北京：人民邮电出版社，2020.

[13] 赵一丽，衷文，封绪荣. Animate CC 中文全彩铂金版动画设计案例教程[M]. 北京：中国青年出版社，2018.

[14] 许江林. 揭秘：优秀 PPT 这样做[M]. 北京：电子工业出版社 2011.

[15] 杨青，郑世珏. 多媒体技术与应用教程[M]. 北京：清华大学出版社，2008.

[16] 康卓，熊素萍，张华. 多媒体技术与应用[M]. 北京：机械工业出版社. 2008.

[17] 赵子江. 多媒体技术应用教程[M]. 北京：机械工业出版社，2008.

[18] 雷云发，田惠英. 多媒体技术与应用教程[M]. 北京：清华大学出版社，2008.

[19] 宗绪锋，韩殿元. 多媒体制作技术及应用[M]. 2 版. 北京：中国水利水电出版社，2008.

[20] 刘甘娜，翟华伟. 多媒体应用技术基础[M]. 北京：中国水利水电出版社，2006.

[21] 郭丽丽，张强华. 多媒体技术应用教程[M]. 北京：清华大学出版社，2008.

[22] 冯博琴，赵英良，崔舒宁. 多媒体技术及应用[M]. 北京：清华大学出版社，2005.

[23] 高文胜. 计算机图形图像制作[M]. 北京：清华大学出版社，2010.

图书资源支持

感谢您一直以来对清华版图书的支持和爱护。为了配合本书的使用，本书提供配套的资源，有需求的读者请扫描下方的“书圈”微信公众号二维码，在图书专区下载，也可以拨打电话或发送电子邮件咨询。

如果您在使用本书的过程中遇到了什么问题，或者有相关图书出版计划，也请您发邮件告诉我们，以便我们更好地为您服务。

我们的联系方式：

地　　址：北京市海淀区双清路学研大厦 A 座 714

邮　　编：100084

电　　话：010-83470236　010-83470237

客服邮箱：2301891038@qq.com

QQ：2301891038（请写明您的单位和姓名）

资源下载：关注公众号“书圈”下载配套资源。

资源下载、样书申请

书圈

图书案例

清华计算机学堂

观看课程直播